BIOLOGISCHE STUDIENBÜCHER

HERAUSGEGEBEN VON WALTHER SCHOENICHEN · BERLIN

IX

EINFÜHRUNG IN DIE BIOLOGIE DER SÜSSWASSERSEEN

VON

DR. FRIEDRICH LENZ
HYDROBIOLOGISCHE ANSTALT DER
KAISER WILHELM - GESELLSCHAFT
IN PLÖN ⟨HOLSTEIN⟩

MIT 104 ABBILDUNGEN

BERLIN
VERLAG VON JULIUS SPRINGER
1928

ISBN 978-3-642-49450-5 ISBN 978-3-642-49729-2 (eBook)
DOI 10.1007/978-3-642-49729-2

SOFTCOVER REPRINT OF THE HARDCOVER 1ST EDITION 1928
IN BERLIN.

Vorwort.

Als im Jahre 1885 der Kieler Schulrektor Fr. Junge sein Buch über den „Dorfteich" schrieb, ging es dem Pädagogen in erster Linie darum, ein noch junges Wissensgebiet fruchtbar zu machen für den Unterricht und das Selbststudium. Er hatte den richtigen Blick dafür, daß sich hier ein wissenschaftliches Neuland erschloß, das wie kein anderes für die Zwecke natur- und heimatkundlichen Unterrichtes nutzbar zu machen sei. Obwohl in der Folgezeit dies neue Gebiet, die Süßwasserforschung, einen raschen Entwicklungsgang erlebte und an Bedeutung gewann, brachte es doch recht wenig Werke von der Art des „Dorfteiches" hervor. Der Grund liegt in der Sache selbst: handelt es sich doch um eine im Ausbau begriffene Wissenschaft, deren Werdegang erst das allerletzte Jahrzehnt einigermaßen hat ausreifen lassen. Ja noch in diesen Tagen sind die Forscher dabei, dies Wissensgebiet abzugrenzen. So ist es denn verständlich, daß die Versuche, zusammenfassende, für weitere Kreise bestimmte Darstellungen aus dem Gebiet der Hydrobiologie zu schreiben, bis jetzt ziemlich vereinzelt geblieben sind. Die wenigen zu allgemeiner Bedeutung gelangten Werke dieser Art sind in unserem Literaturverzeichnis hervorgehoben. Da nunmehr die Hydrobiologie einen gewissen Abschluß ihrer ersten Entwicklung erreicht zu haben scheint, dürfte der Zeitpunkt gekommen sein, ihre Forschungsergebnisse und Problemstellungen in einer Form zur Darstellung zu bringen, die den verschiedenen Ansprüchen gerecht wird, die also sowohl dem Autodidakten wie dem forschenden Biologen, dem Lehrer wie dem Schüler etwas gibt. In diesem Sinne, d. h. durch Darlegung des ganzen Problemkomplexes auf streng wissenschaftlicher Grundlage unter Wahrung der Allgemeinverständlichkeit, haben wir versucht, unsern Stoff zu behandeln. Dieser stellt zwar ein spezielles Thema aus dem Gesamtgebiet der Süßwasserforschung dar, ist aber in ganz besonderem Maße geeignet zur Einführung in die Problemstellung dieses Gebietes. Der See ist geradezu das Paradigma für die ganze hydrobiologische Forschung. In deren Problemstellungen möge unser Buch einführen und dabei einen Begriff gewähren von dem reichen wissenschaftlichen Tatsachenmaterial, das ein Süßwassersee bietet. Im Interesse derjenigen, die an selbständige hydrobiologische Forschungen herantreten wollen, und zur Erleichterung des Lehrers, der den gebotenen Stoff im Unterricht verwerten will, haben wir den einzelnen Abschnitten Anweisungen über Methodik und Technik sowie ganz kurze Hinweise auf etwa vorzunehmende Übungen beigegeben. Diese Anweisungen machen keinen Anspruch auf Vollständigkeit. Hinsichtlich der Methodik wurde fast ausschließlich berücksichtigt die vorherrschend vergleichende Arbeitsweise der heutigen Seenforschung; sie legt das Hauptgewicht auf die Freilandarbeit, die Sammel- und Beobachtungstätigkeit am See selbst, und hat bis jetzt, von einigen Ausnahmen abgesehen, leider — ich muß darin einer neuerlichen Äußerung WOLTERECKS (1928, S. 543) beipflichten — der experimentellen Laboratoriumsarbeit, „der physiologischen und morphologischen Analyse" der einzelnen Organismen sehr wenig Interesse entgegengebracht. Diese Einstellung ist verständlich aus der Entwicklung und dem synthetischen Aufbau der Seenforschung bzw. der Hydrobiologie überhaupt. Indessen wird die zukünftige Entwicklung dieses Wissensgebietes wohl in immer steigendem Maße die Anwendung der bisher vernachlässigten Arbeitsweise notwendig machen. In unserer Darstellung kann sie nur einen geringen Raum einnehmen. Doch hoffe ich, daß das Buch auch in der vorliegenden Form eine Lücke ausfüllen und unserer Hydrobiologie möglichst viele Jünger werben möge.

Bei der Beschaffung des Bildermaterials haben mich verschiedene Herren unterstützt, denen ich dafür meinen besten Dank abzustatten habe. Das gilt besonders für Herrn Dr. W. EFFENBERGER, Berlin, der die Mehrzahl der photographischen Aufnahmen eigens für diesen Zweck angefertigt hat, und dem ich für seine Mühe auch an dieser Stelle meinen besonderen Dank ausspreche.

Plön (Holstein), im September 1928.

FRIEDRICH LENZ.

Inhaltsverzeichnis.

Seite

Einleitung 1

I. Der Süßwassersee als Lebensraum (Physiographie des Sees) . 4

1. Das Seebecken (Topographie des Sees) 5
   a) Entstehung und Bau des Seebeckens 5
   b) Veränderungen des Seebeckens durch Ablagerungen 7
2. Das Wasser des Sees (Hydrographie des Sees) 12
   a) Der Wasserhaushalt. Strömungen 12
   b) Die Temperaturverhältnisse des Sees 13
   c) Die Optik des Sees 17
   d) Der Chemismus des Sees 19

Methodik und Technik 26
Übungen 35

II. Die Besiedlung des Binnensees 37

A. Die Region des freien Wassers (Pelagial) 39

1. Das Plankton 40
   a) Das Formproblem 41
   Die Lokalisation der Planktonorganismen 42
   Die Temporal- und Lokalvariationen 49
   Die Ernährung der Planktonorganismen 53
   Die Fortpflanzung der Planktonorganismen 59
   b) Das Verteilungsproblem 64
   Die örtliche Verteilung des Planktons 64
   Die zeitliche Verteilung des Planktons 71
   Methodik und Technik 75
   Übungen 79
2. Das Neuston 79
   Methodik und Technik 82
   Übungen 82
3. Das Pleuston 82
4. Das Nekton 83

B. Die Bodenregion (Benthal) 89

1. Die Uferregion (Litoral) 93
   a) Die litorale Steinzone 96
   Methodik und Technik 108
   Übungen 110
   b) Die litoralen Sandflächen 111
   Methodik und Technik 113
   Übungen 113
   c) Die Pflanzenregionen 114
   Methodik und Technik 135
   Übungen 137

Seite

2. Die Tiefenregion (Profundal) 138
   a) Das Eprofundal 138
   b) Das Euprofundal 143
   c) Die örtliche Verteilung der Tiefenorganismen 153
   d) Die zeitliche Verteilung der Tiefenorganismen 156
   e) Einwirkungen der Tiefenbesiedlung auf ihre Umwelt 159
   Methodik und Technik 163
   Übungen 167

III. Das Gesamtleben im See 168

1. Die Biozönosen in ihren Zusammenhängen 168
   a) Die Abgrenzung der Lebensbezirke 168
   b) Die Unterschiede der Hauptlebensgemeinschaften 169
   c) Die Beziehungen der Lebensgemeinschaften zueinander 171
   d) Verbreitungs- und Produktionsfaktoren 172
2. Der See als Gesamtlebensgemeinschaft und als Lebenseinheit . . 175
   a) Einwirkungen der Biozönosen auf den See 175
   b) Der Kreislauf des Stoffes im See 177
3. Der See in Vergangenheit und Zukunft 180
   a) Die Totengesellschaften (Thanatozönosen) 180
   b) Geschichte der Seen 182
   c) Die Entwicklung der Seen (Reifung, Altern) 183

IV. Die Seetypen 186

1. Das natürliche System der Seen 186
2. Fischereiliche Seetypen 195
3. Geographische Seetypen und ihre Besiedlung 196
4. Seen von abweichendem Charakter 199

Schlußwort 205
Literatur 206
Namen- und Sachverzeichnis 213

Verzeichnis der Abbildungen.

Abb. Seite

1. Der Untere Ausgrabensee bei Plön in Holstein 3
2. Schematisches Uferprofil (Erosionsküste) 6
3. Schilfstengelstücke mit Kalküberzügen, ausgeschieden durch die Aufwuchsalgen 8
4. See-Erz-Ablagerung aus dem Madüsee in Pommern 9
5. Ablagerung (gröbere Pflanzenreste) aus einem kleinen holsteinischen Waldsee 10
6. Bodenablagerung aus der Tiefe des Gr. Plöner Sees 11
7. Die Temperaturkurve und ihre Veränderungen im Laufe des Jahres (Montigglersee, Schweiz) 15
8. Schema der durch den Wind hervorgerufenen Zirkulationsströmung im See zur Zeit der thermischen Sprungschicht 16
9. Temperatur- und Sauerstoffkurve in einem oligotrophen See zur Zeit der Sommerstagnation 24
10. Temperatur- und Sauerstoffkurve in einem eutrophen See zur Zeit der Sommerstagnation 25
11. Becherlot und Rohrlot 27
12—13. Zwei Typen von Kippthermometern vor und nach dem Umkippen 31
14. Schöpfflaschen mit verschiedener Aufhängevorrichtung 32
15. Wasserschöpfer mit Transportkasten für die Wasserflaschen 32
16. Kieselalgenplankton 43
17. Kolonien der Spaltalge *Gloiotrichia echinulata* und Ruderfußkrebse im Plankton eines holsteinischen Sees 44
18. Frühjahrsplankton 45
19. Das Rädertier *Notholca longispina* 46
20. Die Faktoren der Bewegungsrichtung beim Wasserfloh *Bosmina* . . . 48
21. Temporalvariation des Wasserflohs *Hyalodaphnia cristata* 49
22. Kolonien von *Volvox aureus* (Kugeltierchen) 54
23. Die Kieselalge *Melosira spec.* mit Auxosporen 71
24. Spaltalgen-Plankton 72
25. Frühjahrsplankton 72
26. Rädertier-Plankton 74
27. Crustaceen-Plankton 75
28. Planktonnetze 76
29. Neustogene Färbung in einem Teich bei Alt-Peterhof 80
30. Kiemenfilter der kleinen Maräne 86
31. Kiemenfilter der Edelmaräne 87
32. Kiemenfilter der großen Maräne 87
33. Seeprofil mit Boden- und Freiwasserzonen 90
34. Muschelschalen aus dem Eprofundal eines holsteinischen Sees . . . 91
35—37. Seeprofil mit Bodenzonen . . . . 94—95
38. Grundloser See bei Lütjenburg mit Wasserrosenbestand 95
39. Brandungsufer im Großen Plöner See 97
40. Stein aus der Brandung mit seiner Besiedlung 98
41. Der Strudelwurm *Dendrocoelum lacteum* 100
42. Eikokons des Egels *Herpobdella* und des Strudelwurmes *Dendrocoelum punctatum* 100
43. *Dendrocoelum lacteum* mit zweitem Schwanzende 100
44. Der Egel *Herpobdella (Nephelis)* 100
45. Der Pferdeegel, *Haemopis sanguisuga* 100
46. Gehäuse der Larve der Köcherfliege *Goëra* 102
47. Gehäuse der Köcherfliegenlarve *Leptocerus* 102
48. Gehäuse der Puppen der Köcherfliege *Polycentropus* 103

Abb. Seite
49. Gehäuse der Larve der Köcherfliege *Crunoecia* 103
50. Von der Schlupfweste *Agriotypus* befallene *Goëra*-Larve 104
51. Dreiecksmuscheln auf einer Teichmuschelschale 106
52. Flohkrebse *(Gammarus pulex)* 106
53. Die Wasserwanze *Micronecta (Sigara) minutissima* (Larve) 107
54. Pfahlkratzer 109
55. Gehäuse der Köcherfliege *Molanna* 112
56. Handnetz 113
57. Siebbeutel 113
58. Schilfbestand im Behler See in Holstein 114
59. Schilfstengel mit verkalkten Spaltalgenkolonien als Aufwuchs und Köcherfliegenlarven 116
60. Kolonien des Wimperinfusors *Epistylis* auf Chironomidenlarve . . . 116
61. Moostierchenkolonie an einem Pflanzenstengel 117
62. Der Süßwasserschwamm *Spongilla lacustris* an einem Holzzweig . . 117
63. Gehäuse von Köcherfliegenlarven 117
64. Die Larve der Köcherfliege *Agraylea* im brillenfutteralähnlichen Gehäuse 118
65. Die Larve der Köcherfliege *Oxyethira* im flaschenförmigen Gehäuse 118
66. Ringförmiger Laich der Köcherfliege *Phryganea* 119
67. Laichablage der Libelle *Aeschna* in einem Wasserrosenblatt 119
68. Nymphen der Libelle *Aeschna viridis* 120
69. Fangmaske der Nymphe der Libelle *Gomphus* 120
70. Schwanzkiemen der Nymphe der Libellengattung *Lestes* 120
71. Der Schwimmkäfer *Acilius sulcatus* 120
72. Larve des Schwimmkäfers *Acilius* 121
73. Der Kolbenwasserkäfer *Hydrous piceus* 121
74. Der Gelbrand-Schwimmkäfer *Dytiscus marginalis* 121
75. Larven und Puppen des Schilfkäfers, *Donacia* 122
76. Laich des Schilfkäfers, *Donacia* 122
77. Larve der Schlammfliege, *Sialis* 123
78. Ein Laichkrautblatt mit den Miniergängen von Zuckmückenlarven . 125
79. Laich der Zuckmücke *Bezzia*, abgelegt an Schilfblättern 125
80. Schnakenlarve vom überspülten Seestrand 125
81. Die Wasserwanze *Macrocorixa Geoffroyi* 127
82. Raupe des Schmetterlings *Paraponyx stratiotata* 129
83. Die Wassermilbe *Piona nodata* 130
84. Die Flußmuschel, *Unio* 131
85. Die Teichmuschel, *Anodonta* 131
86. Dredgen verschiedener Größe 135
87. Dredgerückstand (Molluskenschalen) aus dem Eprofundal eines holsteinischen Sees 139
88. Larven der Zuckmücke *Chironomus bathophilus* 145
89. Hinterende der Larve der Zuckmücke *Chironomus plumosus* mit Analkiemen und Blutkiemen 147
90. Larve der Büschelmücke *Corethra plumicornis* 149
91. Kolonien der Spaltalge *Nostoc coeruleum* Lyngb. 155
92. Der Flohkrebs *Pallasea quadrispinosa* G. O. Sars 155
93. Puppe der Zuckmücke *Chironomus bathophilus* 157
94. Schlammoberfläche des Seebodens mit Tubificiden und *Chironomus-Larven* 161
95. Mikroschichtung im Schlammsediment eines Sees 162
96—97. Bodengreifer nach Birge-Ekman geöffnet und geschlossen 165—166
98. Schlammsauger nach Perfiliev 167
99. Schema des Stoffkreislaufes im See 179
100. Die holsteinische Seenplatte bei Plön 187
101. Das Weinfelder Maar in der Eifel 189
102. Kleiner holsteinischer Waldsee (Kolksee) 194
103. Der Wigrysee in Polen 195
104. Kolonie des Hydroidpolypen *Cordylophora lacustris* 202

Einleitung.

Der Begriff Biologie, in seinem weitesten Sinne gefaßt, bedeutet die Lehre vom Leben überhaupt. Die Forschung kann sich mit den lebenden Organismen nach verschiedenen Gesichtspunkten beschäftigen. Am besten hat TSCHULOK in seinem „System der Biologie" (1910) dargelegt, nach welchen Fragestellungen wir die Lebewesen studieren können. Er unterscheidet demgemäß die folgenden Gebiete: Systematik, Morphologie, Physiologie, Genetik, Chorologie, Ökologie und Chronologie. Gehört unser Thema in eines dieser Teilgebiete hinein? Zweifellos wollen wir eine ganz bestimmte Gruppe von Organismen behandeln, wenn wir von der Biologie der Binnenseen sprechen. Die hier zusammengefaßten Organismen stellen aber keine einheitliche, geschlossene systematische Gruppe dar, vielmehr sind ihre Glieder zu einer Einheit verbunden durch den gemeinsamen Lebensort. Diese Verbundenheit der Organismen eines Sees nehmen wir also von vornherein als etwas Gegebenes an. Allerdings erscheint dies zunächst als eine rein räumlich bedingte, also ziemlich äußerliche Beziehung der Organismen des Sees zueinander. Wir werden jedoch sehen, daß die räumliche Verbundenheit der Bewohner des Süßwassersees zahlreiche und enge Beziehungen wesentlicher Natur für das Verhältnis der Organismen zueinander und zum See als Lebensort im Gefolge hat. Diese Beziehungen sind maßgebend für die Art der Behandlung unseres Themas. Sie stehen im Mittelpunkte der Darstellung. Wir geben also keine Zoologie und Botanik des Sees, mit anderen Worten, wir behandeln nicht einfach die Organismen des Sees nach Systematik, Morphologie usw., sondern im wesentlichen nach ihrer Ökologie und nach ihrer Verteilung im Raum, d. h. ihrer Chorologie. Die Tiere und Pflanzen des Sees interessieren uns also insofern, als ihr Vorhandensein in Zusammenhang steht mit der charakteristischen Eigenart des Lebensortes (Chorologie) und ihr Bau und ihre Lebensweise bedingt sind durch die Milieuverhältnisse, die Umwelt (Ökologie). Dazu kommt dann noch die ganze Biozönotik des Sees, d. h. das Studium der Lebensgemeinschaften, ihre Beeinflussung durch die Umwelt und andererseits ihre Einwirkung auf den Lebensort selbst. Kurz gesagt, unser Thema fällt nach seiner Umgrenzung in das Gebiet der Hydrobiologie, und zwar im Sinne der Definition, die ihr THIENEMANN (1925, S. 15—17) in seinen „Binnengewässern Mitteleuropas" gibt. Die Auffassung dieses Autors vom Forschungsgebiet der Hydrobiologie lehnt es ab, die ganze Biologie der Süßwasserorganismen hineinzubeziehen, d. h. das Studium aller Tiere und Pflanzen des Süßwassers nach sämtlichen (TSCHULOKschen) Gesichtspunkten als Ziel und Aufgabe hydrobiologischer Forschung zu bezeichnen. Allerdings könnte man deren Grenzen auch so weit stecken, und das ist neuerdings auch bereits geschehen. Der schwedische Forscher NAUMANN (1925, S. 308) vertritt die Meinung, daß alle Forschungsprobleme, die sich mit den Organismen des Süßwassers beschäftigen, in dies Gebiet einzubeziehen seien. THIENEMANN dagegen will in der Hydrobiologie, soweit der Einzelorganismus in Frage kommt, nur die Ökologie und Chorologie und außerdem die ganze Biozönotik behandelt wissen. Vielleicht wird sich später NAUMANNS Ansicht durchsetzen. Heute jedoch entspricht THIENEMANNS System der augenblicklichen Lage, die ihrerseits geschaffen ist durch die Entwicklung unseres Forschungsgebietes; daher dürfte dies System auch zur Zeit die Anschauung der meisten Hydrobiologen darstellen. Wir haben unseren eigenen Ausführungen deshalb diese heute noch allgemein geltende Abgrenzung unseres Forschungsgebietes zugrunde gelegt.

Wir müssen indes die Behandlung unseres Themas noch weiter beschränken. Es würde viel zu weit führen und den Rahmen der Darstellung wohl überschreiten, wenn wir alle bis jetzt bekannten Einzelheiten der Ökologie und Chorologie der Organismen des Süßwassersees anführen und behandeln wollten. Das Buch soll ja kein Kompendium der Hydrobiologie sein; es will nur „einführen" in die Problemstellung der Hydrobiologie unter den besonderen Gesichtspunkten der Seenforschung. Dabei wird die Behandlung des Einzelorganismus bzw. der einzelnen Art sich in der Darstellung bestimmter Beispiele erschöpfen. Diese ausgewählten Beispiele — wir haben uns bestrebt, sie zahlreich und zweckentsprechend zusammenzustellen, müssen aber betonen, daß sie nur einen kleinen Bruchteil des so überreichen Gesamttatsachenmaterials des Süßwassersees darstellen — sollen in erster Linie die Beziehungen der Organismen zum besonderen Lebensort (dem See oder dem speziellen Milieu) zur Darstellung bringen, in zweiter Linie dagegen sich beschäftigen mit den „Anpassungen" an das Leben im Wasser überhaupt, da diese Problemstellung ja eigentlich mehr einer allgemein-hydrobiologischen Darlegung zukäme. Die Beziehungen zum besonderen Milieu leiten über zur Verbundenheit der Einzelorganismen zu Lebensgemeinschaften (Biozönosen). Und das biozönotische Moment ist ja das Wesentliche der ganzen Problemstellung. Biologie des Binnensees bedeutet nicht nur das Studium des Lebens im Binnensee, sondern auch die Erforschung der Lebensprozesse des Sees als einer Einheit.

Die zahlreichen Beziehungen zwischen den Organismen und den Lebensgemeinschaften einerseits und dem Lebensort andererseits machen diesen letzteren, den See, zu einer Einheit. Diese Einheit stellt sich aber in der Natur nicht in einer einzigen Form und Ausprägung dar, sondern die Binnenseen variieren, d. h. treten in verschiedenen Typen auf. Da wir hier eine Einführung geben wollen, so ergibt sich ohne weiteres als die zweckmäßigste Methode, einen bestimmten Typus von Seen herauszugreifen und an ihm das Studium der Gesetzmäßigkeiten und Zusammenhänge, sowie die zahlreichen Einzelprobleme zu zeigen. Daß wir hierzu einen weit verbreiteten, also bekannten und daher bis jetzt schon ziemlich gut studierten Seetypus wählen, ist nur natürlich. Wir nehmen dazu den norddeutschen See von der Art, wie er uns am häufigsten entgegentritt (Abb. 1). Ihn werden wir als Lebensort samt seiner Organismenwelt vor allem in den Zusammenhängen zu schildern versuchen, werden aber stellenweise auf Abweichungen von grundlegender oder besonders in-

Abb. 1. Der Untere Ausgrabensee bei Plön in Holstein. Phot. K. DIEDERICHS.

struktiver Art in anderen Seen aufmerksam machen. In einem letzten Abschnitt wollen wir in den Grundzügen kurz darlegen, wie sich die Unterschiede der Hauptseetypen in ihren biologischen Gesetzmäßigkeiten darstellen. Wir hoffen so, das Verständnis für die Biologie der Süßwasserseen zu vertiefen, indem wir einen kurzen Einblick gewähren in die über die rein biologische Problemstellung hinausgehende moderne Auffassung von der Seenforschung.

I. Der Süßwassersee als Lebensraum (Physiographie des Sees).

Wenn wir die Organismen des Binnensees in ihren Beziehungen zur Umwelt, zum Lebensort, studieren wollen, dann müssen wir zuvor diesen letzteren kennen lernen. Wir schicken demnach unseren Ausführungen über die Biologie der Binnenseen eine kurze Darstellung ihrer nicht biologischen Eigenschaften voraus. Diese sind nur zum Teil in gänzlicher Unabhängigkeit von dem biologischen Geschehen im See von vornherein gegeben; zum Teil haben sie sich in Abhängigkeit von den biologischen Prozessen im See erst im Laufe der Zeit herausgebildet, zum Teil werden sie dauernd von diesen Vorgängen beeinflußt. Wir müssen überhaupt unterscheiden zwischen dem ursprünglichen Zustand und den diesen umgestaltenden Veränderungen, die auf physikalisch-chemischen oder biologischen Vorgängen beruhen können. Beides zusammen ergibt die gegenwärtigen geographisch-hydrographischen Eigenschaften des Sees, deren Beschreibung und wissenschaftliche Erforschung man auch als die Physiographie des Sees bezeichnet.

Die Frage „Was ist überhaupt ein See?" beantworten wir mit der Definition Forels, des Begründers der Seenkunde, die den See als „eine allseitige geschlossene, in einer Vertiefung des Bodens befindliche, mit dem Meere nicht in direkter Kommunikation stehende stagnierende Wassermasse" bezeichnet (Forel 1901, S. 2). Diese Definition scheidet also das Meer und alle mit ihm in Verbindung stehenden Gewässer — wie Lagunen und andere — aus, scheidet weiterhin alle fließenden Gewässer aus, schließt aber auch andererseits solche Wasseransammlungen in den Begriff „See" ein, die wir heute in der Praxis nicht als Seen bezeichnen, nämlich die Tümpel, Weiher und Teiche. Sie grenzen sich gegen den eigentlichen See durch ihre geringe Tiefe ab, die den Wasserpflanzen allenthalben das Eindringen gestattet, während dem See die größere Tiefe eine mittlere pflanzenlose Region verschafft. Dabei können sich die Größenverhältnisse, d. h. die Flächenausdehnungen, von See und Teich gerade umgekehrt verhalten wie die Tiefen, indem ein Teich größer sein kann als ein See, wenn dies auch wohl nicht die Regel ist. Aus der Definition des Sees ist ersichtlich, daß zwei Hauptteile daran zu unterscheiden sind: die Bodenvertiefung oder Wanne und das sie füllende Wasser. Sie beide sind also auf ihre Eigenschaften hin zu untersuchen; die Topographie beschäftigt sich mit der Wanne, dem Seebecken selbst, die Hydrographie stellt die charakteristischen Eigenarten des Wassers fest. Beide Wissensgebiete zusammen bilden die Physiographie des Sees.

1. Das Seebecken (Topographie des Sees).

Vergleichende Beobachtung zeigt uns, daß die Seebecken uns in der Natur in recht verschiedener Form entgegentreten; bald sind sie groß, bald klein, hier tief, dort flach, an einer Stelle gegliedert, an der anderen einfach und von regelmäßigem Bau. Außerdem sind zeitliche Veränderungen an einzelnen Seewannen zu beobachten, sogar innerhalb kurzer Zeiträume. Alle diese Verschiedenheiten lassen es als notwendig und zudem interessant erscheinen, die erste Entstehung und den Bau der Seebecken, dann aber auch die Veränderungen, die sie im Laufe der Zeit erleiden, einem eingehenden Studium zu unterziehen, dessen wesentlichste Ergebnisse wir uns im folgenden kurz vor Augen führen.

a) Entstehung und Bau des Seebeckens.

Wir folgen einer naheliegenden Methode der Forschung, wenn wir die Frage nach den Ursachen für das Aussehen, den Bau eines Gegenstandes zunächst zu lösen versuchen auf historischem Wege, d. h. durch Erkundung der Entstehungsgeschichte des betreffenden Objektes. So müssen wir auch hier zum Verständnis der Gestalt eines Seebeckens uns zuerst dessen Entstehung vergegenwärtigen. Eine Wanne kann entstehen entweder durch Einsenkung des Bodens oder durch Aufdämmung. Beide Arten der Entstehung von Seebecken kommen vor. Wird die Senkung des Bodens durch plötzliche erdgeologische Vorgänge, etwa Einstürze, Vulkanausbrüche, hervorgerufen, dann entstehen Einsturzseen und Kraterseen. Auch tektonische Senkungen und Faltungen können Seewannen bilden. Allmählich ist die Vertiefung bei den Seen der norddeutschen Tiefebene entstanden: Gletschereis und Schmelzwasserströme der Eiszeiten haben sie ausgehöhlt und ausgestrudelt. Verstärkt wurde diese Wirkung durch die Aufschüttung von Moränenwällen, einer Anhäufung des vom Gletscher und seinen Schmelzwässern transportierten Materials. Wir sehen, die Art der Entstehung schafft schon von vornherein verschiedene Typen von Wannen. Mehr oder weniger verschieden verläuft dann weiterhin auch die Entwicklung, die eine solche Wanne als Seebecken durchmacht. Zu einem solchen wird sie natürlich erst durch die Wasseransammlung, die entsteht, wenn die Wasserzufuhr größer ist als die Verdunstung und der Abfluß. Der Bau des Beckens selbst ist von dem Augenblick an, da es mit Wasser gefüllt ist, der Veränderung unterworfen, einer Veränderung, die stetig fortschreitet und — wie wir sehen werden — letzten Endes den Charakter des Sees vollständig verändert. Es ist vor allem die Wirkung der Wellenbewegung und der Wasserströmung, die hier in erster Linie in Frage kommt. Die vom Wind in Bewegung gesetzten Wassermassen branden gegen das Ufer, unterwühlen und lockern die dort lagernden Gesteinsmassen, zerkleinern und zerreiben sie, transportieren sie weiter, lagern sie anderswo ab und bauen in dieser Weise an der einen Stelle auf, während sie an der anderen Stelle zerstören und abreißen. Es kann nicht unsere Aufgabe sein, diese Vorgänge in Einzelheiten zur Darstellung zu bringen, wir wollen uns lediglich die Haupttatsachen vor Augen führen: Die erodierende, auswaschende Wirkung der Brandungswellen verursacht eine Abflachung der ehedem steileren Küste. Seewärts wird die so geschaffene flache Uferbank verlängert durch Ablagerung der feineren, vom Ufer losgerissenen Gesteinstrümmer, in erster Linie Sand und Schlamm, die hauptsächlich durch die sich nach unten in entgegengesetzter Richtung zur Oberflächenströmung fortsetzende Wasserbewegung außerhalb des Bereiches der Wellenwirkung transportiert werden und zu Boden sinken. Das in Abb. 2 nach FOREL dargestellte Schema einer Erosionsküste gibt ein gutes Bild der geschilderten Vorgänge. Die so gebildete flache Uferbank oder Schar bildet seewärts eine steile Böschung, die man als Halde oder Scharberg bezeichnet. So bilden sich zwei Hauptbezirke des Seebodens heraus, die Uferregion (das Litoral) und die Seetiefe (das Profundal). Die Tiefenregion ist nach FOREL (1901, S. 26)

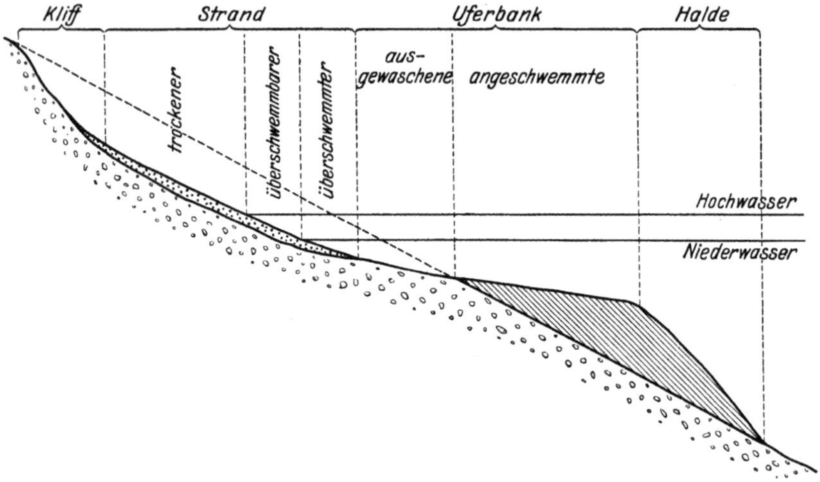

Abb. 2. Schematisches Uferprofil (Erosionsküste). (Nach FOREL.)

der Teil des Sees, „der durch seine Tiefe den umgestaltenden Kräften der litoralen Region", also der Wirkung des Wellenschlages, entzogen ist. Die Uferregion reicht demnach „bis zur unteren Grenze des direkten und indirekten Wellenschlages". Die Größe und Ausbildung der Uferzone ist natürlich nicht an allen Stellen des Sees die gleiche; wenn wir daran denken, daß das Seebecken in den verschiedenen Richtungen verschieden stark der Wind- und Wellenwirkung ausgesetzt ist, dann sehen wir ohne weiteres ein, daß auch die hiervon abhängige Uferbildung sich längs der ganzen Uferlinie des Sees in den verschiedensten Abstufungen ausprägen muß. Diejenige Uferpartie, die der vorherrschenden Wind- und Strömungsrichtung besonders stark ausgesetzt ist, stellt sich meist als stark abgeflacht heraus, während die von den Wellen weniger bearbeiteten Partien die schmälere Uferbank besitzen. Modifizierend an den betreffenden Stellen des Ufers wirken die Anschwemmungen, die von den Zuflüssen in den See eingeschleppt werden. Soweit sie von gröberer Beschaffenheit sind, bilden sie vor der Mündung des Flusses in den See einen teilweise bis über die Wasseroberfläche sich erhebenden Schuttkegel, ein Delta. Die feineren Bestandteile dieser von FOREL als Flußalluvionen bezeichneten Anschwemmungen werden über die Sohle des Beckens zerstreut und verbreitet. Das diese Art von Alluvionen in vielen Seen, so z.B. auch in den meisten Seen der norddeutschen Tiefebene, eine nur untergeordnete, bzw. gar keine Rolle spielen, leuchtet jedem Beobachter ein, der die nur geringfügigen Zuflüsse dieser Seen kennt. Anders z. B. im Bodensee, wo der Rhein ungeheuere Mengen von Gesteinsteilen in den See hinein verfrachtet.

Grundlegend für die Ausbildung der Uferbank des Sees überhaupt ist die geologische Beschaffenheit des Bodens, der die Wanne bildet. Hartem Urgestein, das zu Geröll und Kies durch die Brandung verarbeitet wird, auf der einen Seite im Gebirge steht auf der anderen Seite gegenüber der nicht einheitliche Aufschüttungsgrund der Gletschermoränen, in die unsere norddeutschen Seen eingebettet sind. Hier stellt sich die Alluvion, die auf der Uferbank angeschwemmt wird, hauptsächlich dar als eine Sand- und Tonablagerung, in die stellenweise kleinere oder größere Gesteinsblöcke eingelagert sind. Das Bodenmaterial wird hier feiner verarbeitet; eigentliche Geröllzonen sind selten, wenn auch die in Moränengrus eingebetteten Steine stellenweise zu einer Art Geröllansammlung zusammengeschwemmt bzw. freigespült werden. Charakteristisch sind hier die auf dem Strand und der Uferbank isoliert liegenden größeren Blöcke, die Findlinge.

b) Veränderungen des Seebeckens durch Ablagerungen.

Sahen wir also, daß die gröberen Anschwemmungen, sowohl die im See selbst geschaffenen Seealluvionen als auch die von außen kommenden Flußalluvionen, an der Bildung der Uferbank den Hauptanteil haben, so beeinflussen — was wir ja schon von den feineren Flußalluvionen erwähnten — die feineren Ablagerungen vor allem die Gestaltung der Tiefenregion. Der feine Seeschlamm, der bei unseren norddeutschen Seen größtenteils im See selbst erzeugt wird, verbreitet sich mit Hilfe der Strömung über die ganze Fläche des Profundals, ebnet dort alle Unebenheiten des Bodenprofils ein und lagert sich darüber hinaus zu einer mehr oder weniger mächtigen Sedimentschicht ab. Diese Schlammablagerungen in der Tiefe, die, wie wir später sehen werden, eine bedeutende Rolle in gewissen Lebensprozessen im See spielen, sind charakterisierend nicht nur für diese Zone sondern für den ganzen See. Auch in der Litoralregion finden sich Ablagerungen, wenn sie auch meist nicht die Rolle spielen wie die profundalen Sedimente.

Für eine Übersicht über die Ablagerungen in einem See ist vor allem wesentlich ihre Zusammensetzung aus organischen und anorganischen Bestandteilen, von denen je nachdem die ersteren oder die letzteren überwiegen können; außerdem ist wichtig ihre Herkunft von Organismen oder von rein physikalisch-chemischen Prozessen. (Vgl. hierfür GAMS 1921, NAUMANN 1921a und LUNDQVIST 1927.)

Von den anorganischen Sedimenten spielen in unseren norddeutschen Seen nur die Kalkablagerungen eine gewisse Rolle, und zwar die in kalkreichen Gewässern von gewissen Organismen ausgeschiedenen Kalkmassen, die also biogener Herkunft sind. Diese Kalkablagerungen treten in mancherlei Formen auf: Inkrustationen auf Steinen und größeren Pflanzen entstehen, wenn die deckenartig die Steine überziehenden Rasen von blaugrünen Algen (Schizophyceen) den Kalk ausscheiden (Abb. 3). Als Oolithen bezeichnet man die Kalkablagerungen, wenn sie sich — Gesteinsfragmente oder Molluskenschalenstückchen als Kern benutzend — als meist kleinere Kügelchen oder Knollen von verschiedener Form darstellen. Diese Kalkablagerungen sind aus Schweizer Seen unter dem volkstümlichen Namen „Schneggli-sand" bekannt geworden. Tuffbildungen, d. h. zusammenhängende Lager von Kalkkrusten, gehen zumeist auf Moose zurück. Inkrustationen auf höheren Pflanzen, bestehend aus dem physiologischen Übersättigungskalk, der infolge des Kohlensäureverbrauchs der Pflanzen aus

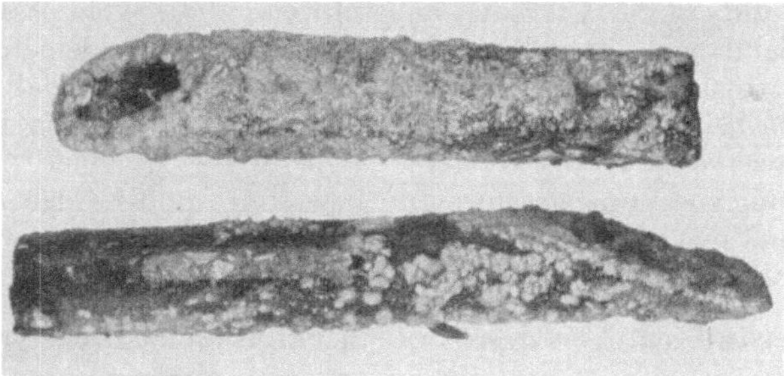

Abb. 3. Schilfstengelstücke mit Kalküberzügen, ausgeschieden durch die Aufwuchsalgen.
Phot. Dr. W. Effenberger.

dem Wasser ausgefällt wird, spielen in kalkreichen Seen eine große Rolle. Vor allem die Characeen sind an dieser Art der Kalkbildung sehr stark beteiligt.

Schließlich sind als biogen erzeugte Kalkablagerungen noch die Molluskenschalen zu nennen, über die an anderer Stelle noch berichtet wird.

Kalkablagerungen können auch anorganischen (minerogenen) Ursprunges sein; sie treten z. B. als Übersättigungskalk an unterseeischen Quellen auf, haben aber keine größere Bedeutung (Lenz 1924).

Eisen- und Manganablagerungen sind bisher für vorwiegend minerogenen Ursprunges gehalten worden; sie finden sich als See-Erz hauptsächlich in kalkarmen Gewässern. Die äußere Form, in der es auftritt, ist sehr verschieden, je nachdem, welcher Art die Gegenstände (Sandkörnchen, Molluskenschalen, Pflanzenreste, Pflanzenpollen u. a.) sind, die der Eisenansammlung als Kern dienen. So kommt Pulver-, Schrot-, Bohnen- und Pfennigerz zustande (Abb. 4).

Kaum ein Problem der Seenforschung ist so sehr umstritten wie die Frage nach der Rolle der Mikroorganismen bei der Entstehung der Erzablagerungen. Es stehen sich im wesentlichen zwei Ansichten gegenüber, deren eine für die andere gegen die Annahme einer Mitwirkung der Organismen bei der Bildung des See-Erzes sich ausspricht. Während bis in die jüngste Zeit hinein die Gegner der biogenen Entstehung des See-Erzes mit ihrer Ansicht zu dominieren schienen, haben neuerdings russische Forscher (Perfiliev 1927a, S. 359) durch vergleichende Beobachtungen und experimentelle Studien festgestellt, daß die eisenoxydierenden Mikroben eine erhebliche Rolle bei den Ablagerungsprozessen spielen, und daß demgemäß die Sedimentation von Eisen und Mangan in Seen wohl nicht als ein rein physikalisch-chemischer Prozeß anzusehen sei.

Die weiteren anorganischen Bestandteile, die im Seeschlamm auftreten können, spielen eine geringere Rolle als die genannten: Tonablagerungen, die dem Untergrund entstammen und Kieselablagerungen, die organischen oder anorganischen Ursprunges sein können.

Abb. 4. See-Erz-Ablagerung aus dem Madüsee in Pommern. Phot. Dr. W. Effenberger.

Die bisher genannten Ablagerungen treten — wenigstens primär — fast ausschließlich im Litoral der Seen auf. Sekundär kann natürlich der im Litoral von Pflanzen ausgeschiedene Kalk, von der Strömung in die Tiefe transportiert, einen erheblichen Bestandteil des Tiefenschlammes ausmachen, etwa in kleineren Seen. Jedenfalls werden die genannten anorganischen Ablagerungskomponenten samt und sonders im Litoral des Sees erzeugt und auch dort zunächst abgelagert. Man bezeichnet sie daher als autochthone Elemente. Autochthon, d. h. im See selbst erzeugt, sind auch normalerweise die organischen Bestandteile der litoralen Ablagerungen, nämlich die Reste der abgestorbenen Uferpflanzen, die je nach der Breite der Uferbank und der Größe des Sees von verschiedener Bedeutung sein können.

Diese biogenen — d. h. von Organismen stammenden — und organischen — d. h. aus organischer Materie bestehenden — Ablagerungen (der Uferzone) können aber auch allochthonen Charakters sein, dann nämlich, wenn sie in Gestalt von Blättern, Nadeln, Pollen usw. dem Pflanzenbestand der Umgebung des Sees entstammen oder in Form von Humusstoffen aus angrenzenden Torfmooren eingeschwemmt sind. Wir haben soeben schon angedeutet, daß die Bedeutung der litoralen Ablagerungen für den See abhängig ist vom Größenverhältnis der Litoralzone zur Tiefenregion. Je mehr sich dieses Verhältnis zugunsten der Uferzone verschiebt, um so maßgebender ist die Rolle der von ihr produzierten Ablagerungen. In den meisten Seen allerdings wird die Ablagerung der Tiefenregion kaum beeinflußt vom Litoral her. Von grundlegender Bedeutung dagegen für die Ausprägung der Ablagerungen kann der von außen kommende — also allochthone — Zuschuß von Humusstoffen sein, indem er die Ausbildung des als Dy bezeichneten Torfschlammes bewirkt. Es ist dies ein Sediment, das sich charakterisiert durch braune Farbe und die in unzerfallenem Zustande vorhandenen — da nicht faulenden, sondern humifizierten — Pflanzenreste (Abbild. 5).

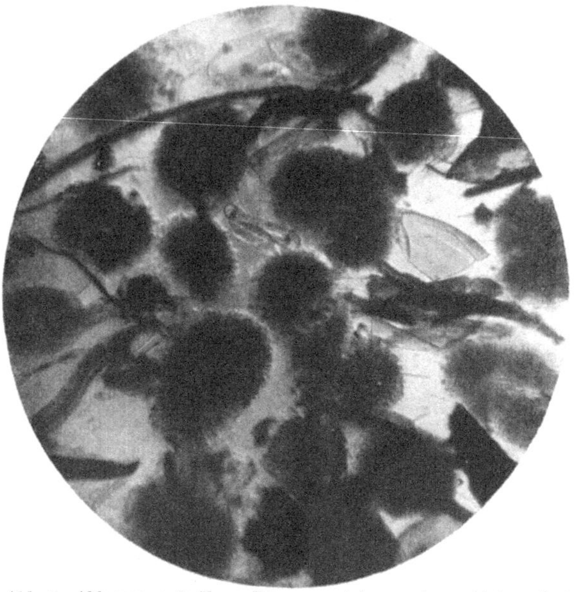

Abb. 5. Ablagerung (gröbere Pflanzenreste) aus einem kleinen holsteinischen Waldsee; jüngster Teil des Sedimentes (Oberschicht) aus Kolonien der Spaltalge *Gloiotrichia echinulata* bestehend. Phot. K. DIEDERICHS.

In allen Seen aber, denen diese allochthonen Humuszuflüsse fehlen, ist die Tiefenablagerung fast restlos limnoautochthoner Art, d. h. sie ist im See selbst produziert und ebenso fast vollständig biogener Art. Im Bodensee ist das Vorhandensein von minerogen gebildetem Kalkschlamm in der Tiefe nachgewiesen; jedoch sind diese Ausfällungsprozesse noch nicht einwandfrei geklärt. Zum Teil wird der in der Tiefe abgelagerte Kalk jedenfalls aus dem Wasser ausgefällt durch die Tätigkeit des Phytoplanktons, das in gleicher Weise wie die höheren Pflanzen des Litorals Kohlensäure dem Wasser entzieht und dadurch Ursache wird für die Ausfällung des „physiologischen Übersättigungskalkes". Das so gebildete Kalksediment ist demnach auch biogenen Ursprunges. Im übrigen aber setzt sich der Tiefenschlamm zum überwiegenden Teil zusammen aus den teils resistenteren, teils zerfallbaren Überresten der Planktontiere und -pflanzen des freien Wassers, das Pelagials. Man sieht ohne weiteres, daß sich hiernach die Tiefenschlammablagerung in dem Maße verschieden darstellt, als die Planktonproduktion nach Menge und Zusammensetzung von See zu See eine andere ist. An dieser Stelle auf Einzelheiten einzugehen, hieße demnach der Darlegung wichtiger Lebensprozesse des Sees vorzugreifen. Wir beschränken uns daher darauf, ganz kurz das Wesentlichste für die Charakteristik des Tiefenschlammes als eines an sich interessanten sowohl als auch für den ganzen See wichtigen Lebensgebietes anzuführen. Die Hauptmasse des Tiefenschlammes besteht meist aus leicht zerfallbarer organischer Materie. Hiermit vermischen sich die widerstandsfähigeren Chitinreste der Schalen der Planktonkrebse und der Bodentiere. Die Kieselskelette der Kieselalgen (Diatomeen) sind wohl der haltbarste Bestandteil des Schlammes (Abb. 6). Die weichen, organischen Bestandteile des Schlammes unterliegen einer steten Veränderung in Gestalt des mit Hilfe von Bakterien vor sich gehenden Zerfalles, mit anderen Worten der Fäulnis. Diese Zersetzung ist ein Abbau, der die komplizierten organischen Verbindungen in ihre einfachen Teilelemente zerlegt, die mineralischen, größtenteils in Wasser lösbaren Verbindungen. Der Prozeß wird daher auch Mineralisation genannt. Für das äußere Bild, in dem sich dieser Schlamm, den man Gyttja nennt, darstellt, ergibt sich aus dem Gesagten folgendes: Die Hauptmasse des Sedimentes ist von grauschwarzer bis schwarzer Farbe, lockerer Konsistenz und riecht meist mehr oder weniger stark nach Schwefelwasserstoff. Auf Schwefelverbindungen, die sich bei der Fäulnis bilden, geht auch die schwärzliche Färbung zurück.

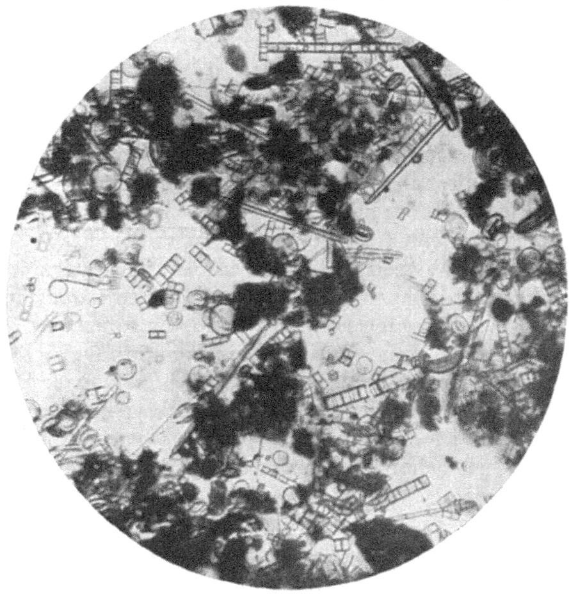

Abb. 6. Bodenablagerung aus der Tiefe des Gr. Plöner Sees mit den Skeletten der Kieselalgen *Melosira*, *Stephanodiscus* und *Cyclotella*. Phot. K. DIEDERICHS.

In dem Maße, wie der Abbau der fäulnisfähigen Stoffe voranschreitet, erscheint das Sediment immer heller, und die ganz oder fast ganz ausgefaulten Sedimente weisen bei mikroskopischer Durchsicht fast ausschließlich unzersetzbare Skeletteile auf, meist Kieselskelette von Diatomeen; auch die Schalenteile von kleinen Planktonkrebsen widerstehen der Zerstörung sehr lange, desgleichen gewisse chitinige Mundteile von Insekten und deren Larven. Die fortschreitende Fäulnis prägt sich in der Lagerung des Schlammsedimentes, wie es sich uns bei der Untersuchung darbietet, aus: ganz oben finden wir eine dünne — 1—2 cm dicke — Schicht, die durch grünliche Färbung sich deutlich als das allerjüngste, eben erst abgelagerte Sediment dokumentiert, in dem oft bestimmte Formen, die zur Zeit Massenproduktion aufweisen, vorherrschen (Abb. 5, 6). Der darunter liegende schwärzliche Faulschlamm ist natürlich je nach dem See bzw. Seeteil von verschiedener Mächtigkeit. Deutlich ist aber fast immer zu erkennen, wie die tiefer liegenden Massen heller gefärbt sind und — je tiefer, je ausgeprägter — nur mehr aus Skelettteilen bestehen. Im Züricher See hat man (NIPKOW 1920) in diesen gewissermaßen zur Ruhe gekommenen Sedimenten sogar eine Jahres- bzw. Halbjahrsschichtung festgestellt, die sozusagen als Geologie en miniature den Wechsel der Planktonproduktion in ihren abgelagerten Resten festhält und widerspiegelt. Eine derartige Schichtung ist, wie wir vor Jahren zeigen konnten, in unseren norddeutschen Seen nicht möglich, da hier die Fauna des Tiefenschlammes jede sich bildende Schichtung im Keime zerstören muß (LENZ 1921). In jüngster Zeit indes haben russische Forscher neue Gesichtspunkte zu dieser Frage aufgestellt. PERFILIEV (1923, 1927 b) weist nach, daß infolge der Tätigkeit der Mikroorganismen (Bakterien) sich auch in diesen Seen eine ganz feine Schichtung bilde. Ohne vorzugreifen können wir uns hierüber an dieser Stelle nicht näher verbreiten. Wir müssen bei Behandlung der Tiefenorganismen auf die Frage zurückkommen, da diese ja in engster Beziehung zu ihr stehen. Wir ersehen aus der angedeuteten Tatsache aber schon jetzt, daß die Gestaltung des Sees selbst gar nicht vollständig losgelöst von den Lebensprozessen behandelt werden kann, da sie teilweise direkt von ihnen abhängig ist.

2. Das Wasser des Sees (Hydrographie des Sees).

Die gleiche Feststellung, die wir soeben machten für den Bau und die Ausprägung des Seebeckens, gilt auch für das Wasser, das dieses füllt. Nur zum Teil können wir die Eigenschaften des Wassers als etwas von vornherein Gegebenes betrachten, zum anderen Teil zeigt sich auch hier eine starke Abhängigkeit von den Lebensvorgängen, die sich in dem ganzen Milieu abspielen. Versuchen wir zunächst uns ein Bild zu zeichnen von den physikalisch-chemischen Eigenschaften des Wassers, wie sie sich von vornherein ergeben, um dann die Beeinflussung zu erkennen, die auf die Wirksamkeit biologischer Faktoren zurückgeht.

a) Der Wasserhaushalt. Strömungen.

Woher kommt das Wasser des Sees? Es kommt entweder direkt als Niederschlag aus der Atmosphäre, oder es wird dem See durch Zuflüsse oder durch Grundwasserquellen zugeführt. Damit eine gewisse Konstanz vorhanden ist hinsichtlich der vorhandenen Wassermenge, die sich im Wasserstand anzeigt, muß ein ständiger Abgang von Wasser vorhanden sein; dieser stellt sich dar als regelrechter Abfluß und außerdem als eine innerhalb gewisser Grenzen schwankende Verdunstung. Aus dem Gesagten geht hervor, daß wir je nach den Verhältnissen mit mehr oder weniger starken Schwankungen des Wasserstandes rechnen müssen. Die Schwankungen treten vor allem als jährliche und säkulare Wasserstandsänderungen auf. Sogar tägliche Schwankungen sind vorhanden; sie sind indes so gering, daß ihnen gar keine Bedeutung zukommt. Wir werden ohne weiteres einsehen, daß die Wasserstandsschwankungen der Seen in Beziehung stehen müssen zum Klima. Heißes Klima, verbunden mit periodisch auftretender Regenzeit, bringt eine klar ersichtliche jahreszeitliche Folge von Wasserhochstand und -tiefstand mit sich. Kaltes Klima der Polargegend erzeugt im Winter bei Eisbedeckung den Tiefstand, im Sommer zur Zeit der Schnee- und Eisschmelze den Hochstand. Im gemäßigten Klima zeigt sich der Hochstand bereits im Frühjahr zur Zeit der Schneeschmelze; die Verdunstung des Sommers bringt Tiefstand mit sich. Der Herbst weist wieder ein Steigen des Wassers auf, der Winter oft ein Fallen.

Das Wasser eines Seebeckens ist bei den meisten Seen der Wirkung des Windes ausgesetzt; Wellenbewegungen und Strömungen sind das Ergebnis dieser Einwirkung. Den direkten Einfluß der Wellen auf das Seebecken haben wir schon kennen gelernt. Die Strömungsvorgänge äußern sich zunächst derart, daß durch den Wind an der Wasseroberfläche eine entsprechend der Windrichtung verlaufende Strömung entsteht; hierdurch wird an dem gegenüberliegenden Ufer, der Luvseite des Beckens, ein Stau hervorgerufen, dessen Ausgleich dann erfolgt durch Fortsetzung der Strömung nach unten und weiter am Grunde in entgegengesetzter Richtung (siehe Schema nach FOREL). So entsteht, da gleichzeitig an der Seeseite das Wasser von unten nach oben gezogen wird, eine Zirkulationsströmung, die eine Durchmischung der ganzen Wassermasse bewirkt. Diese Windstauströmungen, die — wie wir unten sehen werden — in noch komplizierterer Form auftreten können, spielen eine große Rolle im Leben des Sees, während eine andere Art von Strömungen, die Seiches (rhythmische Schwankungen der ganzen Wassermasse), biologisch von geringer Bedeutung sind. Die erstgenannten Strömungen spielen zunächst einmal eine große Rolle für den Temperaturhaushalt des Sees.

b) Die Temperaturverhältnisse des Sees.

Für die Temperaturverhältnisse des Seewassers sind zwei Faktoren von Wichtigkeit: einmal die stete Angleichung der Wassertemperatur an die Temperatur der atmosphärischen Luft, mit anderen Worten die auf das Oberflächenwasser wirkende Erwärmung oder Abkühlung, und zweitens der Temperaturausgleich innerhalb der ganzen Wassermasse bzw. der fehlende Ausgleich bei Vorhandensein von Schichten verschiedener Temperatur. Auch die Temperaturverhältnisse der Seen sind — und zwar nahezu ausschließlich — abhängig von dem Klima der Landschaft. Man unterscheidet demnach auf Grund der Temperaturverhältnisse drei durch die klimatische Lage bedingte Hauptgruppen von Seen: kalte Seen, deren Temperatur 4° C nicht übersteigt (Hochgebirge, Polargegenden), gemäßigte Seen, deren Temperatur im Sommer höher ist als 4° C, im Winter dagegen unter 4° C liegt (die meisten europäischen Seen) und schließlich warme Seen, deren Temperatur niemals niedriger ist als 4° C (Oberitalien, Genfer See). Auf der Grundlage des hierdurch gegebenen Temperaturbereiches vollziehen sich nun im einzelnen innerhalb jedes Sees die Temperaturveränderungen, d. h. Temperaturausgleiche, -schichtungen und -umschichtungen, die eine so große Rolle spielen in den Lebensvorgängen des Sees und grundlegend sind für eine ganze Reihe von Folgeerscheinungen. Die genannten Temperaturveränderungen innerhalb der Wassermasse des Sees — abgesehen also von der Aufnahme und Abgabe von und nach außen — beruhen letzten Endes vor allem auf der mit der Temperatur sich ändernden verschiedenen Dichte des Wassers, das bei 4° C am schwersten ist und oberhalb dieser Temperatur mit steigender Temperatur leichter wird (ebenso wie unterhalb bis 0° C mit fallender Temperatur). Demgemäß müssen sich also die verschieden temperierten Wassermassen nach ihrem Gewicht übereinander schichten bzw. umschichten oder auch ausgleichen.

Diese Verhältnisse machen wir uns am besten dadurch klar, daß wir den Temperaturzustand eines Sees unserer Breiten, also eines gemäßigten Sees, im Verlauf eines Jahres verfolgen. Wir gehen aus von dem Zeitpunkt, da die gesamte Wassermenge des Sees von der Oberfläche bis zur größten Tiefe etwa die gleiche Temperatur von 4° C hat; dies ist der Fall im Frühjahr nach erfolgter Durchmischung. Die im Frühjahr einsetzende und sich im Sommer steigernde Erwärmung beginnt naturgemäß an der Oberfläche und setzt sich immer weiter nach der Tiefe fort. Dabei bleiben die kälteren Wasserschichten der Tiefe ruhig liegen, da sie die schwereren sind, und das erwärmte, also leichtere Wasser, schichtet sich darüber. Diese Periode heißt, da sie keine Umschichtungen mit sich bringt, die Sommerstagnationsperiode. Die im Herbst wirksam werdende Abkühlung läßt immer fortschreitend das abgekühlte, also schwerer gewordene Oberflächenwasser in die Tiefe sinken, bis es die Schichten von gleicher Dichte erreicht; es vermischt eine Teilzirkulation das Wasser bis zu einer gewissen Tiefe und wird allmählich zur Vollzirkulation, die die ganze Wassermasse auf die gleiche Temperatur von schließlich 4° C bringt. Die Abkühlung geht während des Winters weiter, und nun sinkt das kältere Wasser der oberen Schichten nicht mehr in die Tiefe, da es ja leichter ist als das dort lagernde Wasser von 4° C. So haben wir wiederum einen Ruhezustand, die Winterstagnation, während deren die Oberfläche des Sees zufriert. Das Wasser zeigt also eine Schichtung, aber umgekehrt wie im Sommer, da ja das kältere Wasser über dem wärmeren liegt. Nach dem Auftauen des Eises erwärmen sich die oberen Wasserschichten wieder und sinken bis zu der Tiefe, wo sie Wasser von gleicher Dichte treffen. Wir haben wieder eine Teilzirkulation, die schließlich als Vollzirkulation die ganze Wassermasse durchmischt und auf 4° C bringt, den Zustand, von dem wir oben ausgingen. Man sieht aus dem Gesagten, daß die geschilderten Vorgänge von den verschiedensten Faktoren beeinflußt werden können; Tiefe des Sees, klimatische Lage und andere Dinge spielen dabei eine Rolle. Strömungsverhältnisse, vor allem die schon genannten Stauströmungen, können verstärkend oder auch störend auf den skizzierten Ablauf des Prozesses einwirken.

Wohl die interessanteste Erscheinung des ganzen Problemkomplexes weist die Sommerstagnation der meisten Seen auf in der sogenannten Temperatursprungschicht. Ihr Vorhandensein spricht sich darin aus, daß die Temperatur von der Oberfläche zur Tiefe nicht gleichmäßig, sondern in bestimmter Tiefe mit einem Sprung von meist mehreren Grad C sinkt. Dieser plötzliche Abfall läßt sich auf eine geringe Tiefendistanz, oft von nur einem Meter, festlegen. Kurventafel Abb. 7 zeigt die Bildung und den Verlauf der Sprungschicht. Wir sehen, daß sie im Verlauf des Sommers sich nicht nur immer schärfer ausprägt, sondern auch ihre Tiefenlage noch ändert, indem sie — von der Oberfläche her sich bildend — immer tiefer rückt und schließlich im Herbst verschwindet.

Die angeführten Beobachtungen geben die Hinweise für die Erklärung der Entstehung der Sprungschicht. Die Tiefe, in der sie durchweg liegt, ist abhängig von der Tiefe des Eindringens der Sonnenstrahlen in das Wasser und der Tiefe, bis zu der die direkten bzw. Stauströmungen wirksam sind. Die Sprungschicht entsteht also dergestalt, daß tagsüber zunächst die ganze, von den Sonnenstrahlen durchschienene Wassermasse zwar nicht gleichmäßig stark, aber immerhin in besonderer Weise erwärmt wird gegenüber den darunterliegenden Schichten. Es entsteht also in der Tiefe, bis zu der die Erwärmung erfolgt, eine zunächst geringe Temperaturdifferenz. Die nächtliche Abkühlung schafft an der Oberfläche dauernd kühlere Schichten, die nach unten sinken, aber — wenn erst einmal ein Sprung vorhanden ist — immer nur bis zu der Sprungschicht, da das darunterliegende Wasser viel dichter und die nächtliche Abkühlung während des Sommers nicht so groß ist, daß die abgekühlten Schichten tief genug

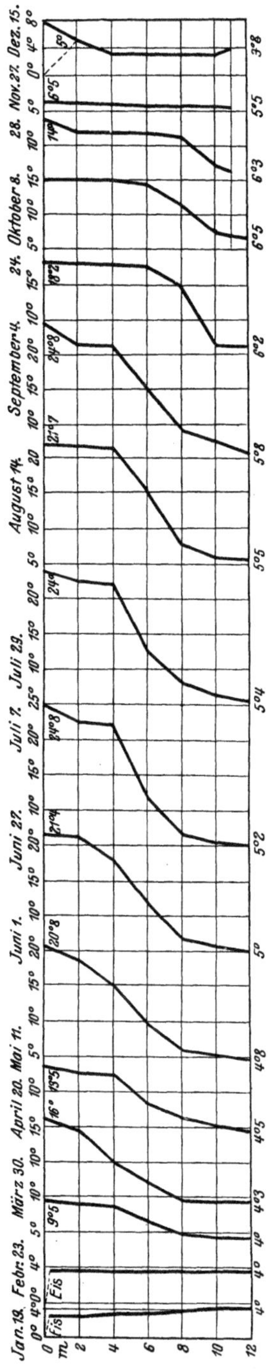

Abb. 7. Die Temperaturkurve und ihre Veränderungen im Laufe des Jahres (Montigglersee, Schweiz). (Aus Thienemann nach Huber.)

sänken. So wird die über der Sprungschicht liegende Wassermasse, die man das Epilimnion nennt, während der Nacht gemischt, und ihre Temperatur erhöht sich von Tag zu Tag in ihrer Gesamtheit, so daß der Unterschied gegenüber der unteren Wasserschicht, dem Hypolimnion, immer größer wird. Die durch Temperaturunterschiede der verschiedenen Wasserschichten hervorgerufenen Strömungen, thermische Konvektionsströmungen genannt, vermögen also während des Sommers nicht die Sprungschicht zu verwischen, im Gegenteil, sie tragen mit dazu bei, den Temperaturabfall vom Epilimnion zum Hypolimnion zu verschärfen. Da nun während dieser Jahreszeit auch die durch Wind und Wellen hervorgerufene Strömung, die Zirkulationsströmung, nicht wirksam genug ist, d. h. nur etwa bis zu der gleichen Tiefe reicht, wo die Sprungschicht auftritt, so kann auch sie diese nicht zerstören. Sie durchmischt, wenn sie stark genug ist, die Wassermenge des Epilimnions, so daß hier oft nahezu die Homothermie, d. h. die Temperaturgleichheit, erreicht wird. Es ist dies ein Zustand, der sich

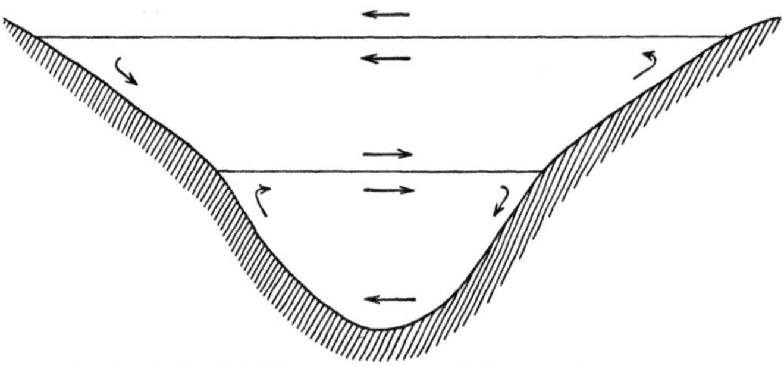

Abb. 8. Schema der durch den Wind hervorgerufenen Zirkulationsströmung im See zur Zeit der thermischen Sprungschicht. (Z. T. nach FOREL.)

normalerweise gegen Schluß der Stagnationsperiode herauszubilden pflegt, wodurch also die Temperaturkurve ein sehr charakteristisches Gepräge erhält (Kurventafel Abb. 7). Verschärft wird dieses Bild noch dadurch, daß auch die Temperatur des Hypolimnions sich der Homothermie nähern kann, d. h. es kann der allmähliche Abfall von der Sprungschicht bis zur Tiefe einer angenäherten Temperaturgleichheit Platz machen. Die Ursache hierfür liegt darin, daß die Zirkulationsströmungen des Epilimnions die Wassermasse des Hypolimnions derart zu beeinflussen vermögen, daß auch dort eine Zirkulation entsteht. Dem unmittelbar über der Sprungschicht sich bewegenden Gegenstrom entspricht demgemäß ein gleichgerichteter direkt unter der Sprungschicht, und dieser wiederum setzt sich fort im Kreislauf bis zur Tiefe, so daß unter der Sprungschicht ein dem oberen entgegengesetzt gerichtetes Zirkulationssystem entsteht (Abb. 8).

Wir stellen zusammenfassend fest, daß im wesentlichen also die folgenden Faktoren bedingend sind für die Temperaturschichtungsvorgänge: Intensität der täglichen Erwärmung, und zwar einerseits durch Strahlung, andererseits durch Wärmeleitung, Stärke der nächtlichen Abkühlung und Strömungsverhältnisse. Hiernach leuchtet ein, daß die geschilderten Temperaturschichtungsvorgänge entsprechend den Schwankungen der einzelnen Faktoren nicht immer und überall gleich verlaufen. Bald entsteht die Sprungschicht früher, bald später; hier liegt sie höher, dort tiefer; in einem Jahr tritt die herbstliche Durchmischung früh ein, in einem anderen Jahr später; bei besonders starker Erwärmung und großer Windstille bildet sich gar eine zweite Sprungschicht nahe der Wasseroberfläche.

Es ist hier nicht der Ort dazu, und es würde zu weit führen, wenn wir alle diese Einzelfälle hier behandeln wollten, wenn wir feststellen würden, wie in gewissen Seen der eine Faktor überwiegt, in anderen wieder ein zweiter und so fort. Wesentlich ist für uns in diesem Zusammenhang nur das Grundsätzliche; mit anderen Worten, wir wollen wissen, wie im Prinzip diese eigenartigen Temperaturverhältnisse zustande kommen, die ja bestimmend sind für zahlreiche Folgeerscheinungen. Wir werden diese Folgeerscheinungen später noch kennen lernen, wollen aber zwei Zusammenhänge an dieser Stelle noch erwähnen.

Großen Einfluß übt die Temperatur auf eine andere physikalische Eigenschaft des Wassers aus, nämlich die innere Reibung oder Viskosität. Man versteht darunter die Reibung der einzelnen Wasserteilchen gegeneinander, die auf die Bewegung der Masse hemmend wirkt. Wie wir später sehen werden, spielt die Viskosität eine große Rolle bei biologischen Problemen. Sie ist veränderlich, nimmt z. B. zu mit der Menge der gelösten Salze, nimmt aber vor allem sehr stark ab mit steigender Temperatur; bei 25° C ist sie nur mehr halb so groß wie bei 0° C. Was das bedeutet für die Schwimm- und Schwebefähigkeit gewisser Organismen dürfte ohne weiteres einleuchten.

Einige Besonderheiten der Temperaturverhältnisse dürfen wir wohl übergehen, da sie teils kein allgemeines Interesse haben, teils noch nicht genügend geklärt sind.

Auf die Bedeutung der hohen spezifischen Wärme des Wassers gegenüber dem festen Land sei noch aufmerksam gemacht. Auf Grund dieser Eigenschaft des Wassers halten die großen Süßwasserbecken die im Sommer aufgenommene Wärme länger als ihre Umgebung und sind für diese gewissermaßen Wärmespeicher, die auf die Herbst- und Winterabkühlung mildernd einwirken und so das Klima günstig beeinflussen.

c) Die Optik des Sees.

Zu der physikalischen Charakteristik des Wassers gehören auch die optischen Eigenschaften. Es sind vor allem die Durchsichtigkeit und die Farbe des Seewassers, die für die Biologie des Sees eine große Bedeutung haben. Die Durchsichtigkeit wird gemessen als die sogenannte Sichttiefe mit Hilfe einer weißen Scheibe, die im Wasser versenkt wird bis zu der Tiefe, in der sie dem Beobachter unsichtbar wird. Die hierbei gemessene Tiefe nennt man Sichttiefe des betreffenden Wassers[1]. Die Sichttiefe ist abhängig in der Hauptsache von der Menge der im Wasser schwebenden festen Teilchen; dies können lebende Or-

[1] Diese zur Methodik gehörende Angabe ist hier nicht zu vermeiden, da sie zur Definition des Begriffes notwendig ist.

ganismen, also Planktontiere und -pflanzen, oder leblose Partikelchen sein. Hiernach leuchtet ein, daß die Sichttiefe nach Ort und Zeit starken Schwankungen unterliegen muß. Sie ist verschieden von See zu See, und innerhalb eines Sees ändert sie sich erheblich nach der Jahreszeit. Im alpinen See beträgt die größte Sichttiefe 15—20 m, stellenweise auch mehr. In unseren größeren norddeutschen Seen wird nur selten eine maximale Sichttiefe von 8—10 m gemessen. Meist weisen sie eine geringere Sichttiefe auf; in den Seen mit starker Planktonproduktion kann sie sogar bis 0,5 und 0,3 m heruntergehen. Die Planktonproduktion ist überhaupt in vielen Seen maßgebend für die Größe der Sichttiefe bzw. für deren Veränderungen im Verlauf des Jahres; in anderen Seen dagegen, in denen die Bedeutung der leblosen Schwebeteilchen die des Planktons übertrifft, haben wir naturgemäß einen anderen Verlauf der Sichttiefenkurve als in den erstgenannten Seen. In diesen liegt das Maximum der Sichttiefe meist im Herbst oder Winter, in jenen tritt es im Sommer auf. Einen Einfluß von nicht zu unterschätzender Bedeutung übt auch die Temperatur auf die Sichttiefe aus: zur Zeit ausgeprägter Schichtung, wenn sich also die Wassermassen im Zustand der Ruhe befinden, ist die Sichttiefe größer als zur Zeit der Konvektionsströmungen, wenn unter der Wirkung der herbstlichen Abkühlung die Schichten sich zu vermischen beginnen. So ist es zu erklären, daß in manchen Fällen die Sichttiefenkurve der Kurve der Oberflächentemperatur fast parallel verläuft. Die Messung der Sichttiefe ist, abgesehen davon, daß sie methodologisch ihren großen Wert als Indikator hat, eigentlich doch nur der Maßstab für die Beurteilung der Frage, wie groß die Lichtintensität in den verschiedenen Tiefen ist. Die für allgemeine limnologische Zwecke gut verwendbare Sichttiefenbestimmung gibt schließlich nur bestimmte Grenzwerte und keine Grade der Intensität an. Hierüber werden einige Angaben im Kapitel „Methodik" zu machen sein. Hier sei nur so viel gesagt, daß im Genfer See z. B. die absolute Dunkelheit — gemessen mit Hilfe der photographischen Platte — bei mehr als 200 m Tiefe lag. Eine Moosart, die doch als grüne Pflanze auf Licht angewiesen ist, kommt noch in 60 m Tiefe vor.

Im engeren Zusammenhang mit der Durchsichtigkeit des Wassers steht seine F a r b e. Das Wasser hat bekanntlich eine Eigenfarbe. Sie kann recht verschieden sein, schwankt sie doch von Blau über Grün bis Braun. Wodurch ist sie bedingt? Jeder Binnensee enthält mehr oder weniger gelöste Humusstoffe; sie färben das Wasser braun. Dieser braune Farbton als solcher tritt nur da in Erscheinung, wo sehr große Mengen von Humusstoffen sich im Wasser befinden, bei geringerer Menge erscheint das Wasser gelblichgrün oder grün; und ist schließlich nur verschwindend wenig Humusstoff im Wasser gelöst, so nähert sich die Wasserfarbe dem blauen Ton, und zwar um so mehr, je weniger Humus vorhanden ist. Es leuchtet ein, daß demgemäß die Farbe des Wassers einen wichtigen Indikator darstellt für einen chemischen Faktor im Seehaushalt, der von der größten Bedeutung ist; und somit ist sie — wie wir später sehen werden — auch Indikator für den Gesamtzustand des Sees. Den blauen Farbton finden wir in den verschiedenen Abstufungen bei alpinen Seen, während die meisten norddeutschen Seen eine gelblichgrüne Wasserfarbe aufweisen. Hier tritt uns der Zusammenhang zwischen Sichttiefe und Farbe des Wassers entgegen: mit der blauen Farbe verbindet sich die größere Sichttiefe, mit der grünen die geringere. Braun sind die im moorigen Gelände liegenden, meist kleineren Humusseen. Planktonentwicklung, vor allem in ihrer stärksten Form, der sogenannten Wasserblüte, kann die Eigenfarbe des Wassers ändern; jedoch hat das natürlich mit dem ursprünglichen Grad der Eigenfarbe nichts zu tun.

d) Der Chemismus des Sees.

Die Behandlung der Farbe des Wassers als eines Indikators für den Gehalt des Wassers an bestimmten Stoffen leitet über zum Chemismus des Seewassers überhaupt. Die chemische Zusammensetzung des Seewassers ist, obwohl von grundlegender Bedeutung für den Charakter des Sees und die Abwicklung der Lebensvorgänge in ihm, infolge ihrer Vielgestaltigkeit und Kompliziertheit doch noch recht unvollkommen bekannt. Vor allem ist dabei zu beachten, daß sie ja nicht ein für allemal gegeben und unveränderlich ist; der Gesamtgehalt an gelösten Stoffen kann sich prozentual erhöhen oder erniedrigen, je nachdem, ob die Wassermenge sich verringert (durch Verdunsten) oder vermehrt (durch Niederschläge). Außerdem unterliegt der Chemismus des Wassers steter Veränderung infolge von chemischen Umsetzungen und biologischen Vorgängen.

Der ursprüngliche Gehalt des Wassers an Stoffen ist abhängig in erster Linie von der geologischen Eigenart der Umgebung. Die Zuflüsse, die den See mit Wasser versorgen, reichern sich mehr oder weniger während ihres Laufes mit gelösten Gasen, Salzen und organischen Substanzen an. Hieraus ist ersichtlich, daß auch die Art der Zuflüsse eine Rolle spielt, vor allem der Umstand, ob es sich um eigentliche Flüsse oder um Grundwasserquellen handelt. Im letzteren Falle werden dem See größere Mengen von gelösten Stoffen zugeführt, als es durch Flüsse geschieht, die einen Teil der ursprünglich gelösten Stoffe unterwegs wieder ausscheiden. Die Niederschlagsmengen, soweit sie direkt und nicht durch Zuflüsse in den See gelangen, führen dem See naturgemäß nur sehr wenig Stoffe zu; sie sind fast als chemisch rein zu bezeichnen, haben allerdings auf ihrem Weg durch die Atmosphäre ein gewisses Quantum an Gasen (Sauerstoff, Stickstoff, Kohlensäure u. a.) aufgenommen. Jedenfalls aber verursacht der Regen eine Verdünnung der Konzentration, wie schon oben erwähnt wurde.

Die rein chemischen Umsetzungen, soweit sie sich darstellen als Bildung von Niederschlägen aus übersättigten Lösungen, bzw. umgekehrt als Lösung von Niederschlägen, sind hauptsächlich abhängig von den Temperaturschwankungen, die ja die Löslichkeit der verschiedenen Stoffe wesentlich beeinflussen. Weit wichtiger sind die durch biologische Vorgänge hervorgerufenen Veränderungen der chemischen Zusammensetzung des Wassers, die wir aber an dieser Stelle noch nicht besprechen wollen. Überhaupt interessiert uns in diesem Zusammenhang der Chemismus des Wassers ja nur soweit, als er von Bedeutung ist für die Biologie des Sees.

Bei den im Wasser gelösten Stoffen handelt es sich um Salze und um Gase. Der Gesamtgehalt an Salzen unterliegt großen Schwankungen von See zu See. Der Abdampfrückstand gibt uns ein Bild davon.

Diese Schwankungen hängen von den verschiedensten Ursachen ab, die sich im wesentlichen zusammenfassen lassen unter den beiden schon erwähnten Gesichtspunkten: geologische Eigenart des Einzugsgebietes, d. h. des Gebietes aus dem das Seewasser einfließt, und der Wasserhaushalt, d. h. das Verhältnis von Wasserzufluß und -abgang. Die Mehrzahl unserer norddeutschen Seen hat einen gewissen Reichtum an Salzen, die alpinen Seen haben größtenteils geringeren Gehalt an solchen; arm an Salzen sind auch die in Skandinavien zahlreichen Humusgewässer des kalkarmen Urgebirges. Strandseen haben einen besonders großen Reichtum an Salzen, und am größten ist der Salzgehalt in den abflußlosen flachen Salzseen vorwiegend heißer Gegenden.

Innerhalb des Sees kann der Salzgehalt in der Vertikalen eine Differenzierung aufweisen, d. h. eine Schichtung nach dem Grad der Konzentration. Im Lunzer Untersee ist eine derartige „saline“ Schichtung festgestellt worden im Zusammenhang mit der thermischen Schichtung. Auch in anderen Seen sind ähnliche Beobachtungen gemacht. In manchen Fällen geht eine solche saline Schichtung auf bestimmte, ohne weiteres erkennbare Ursachen zurück: wenn unterirdische Quellen dem See in der Tiefe stärker salzhaltiges Wasser zuführen, so kann dieses schwerere Wasser in der Tiefe liegen bleiben, ohne von der durch die Temperaturveränderungen hervorgerufenen Umschichtung berührt zu werden. In einem Falle, beim Hemmelsdorfer See, einem nahe der Lübecker Bucht gelegenen See, lagert in der Tiefe des Sees eine Schicht stark salzhaltigen Wassers, das den Rest des vor einigen Jahrzehnten anläßlich einer Sturmflut eingedrungenen Ostseewassers darstellt.

Die zeitlichen (jährlichen) Schwankungen des Gesamtsalzgehaltes eines Sees sind im allgemeinen ziemlich unbedeutend. Vielleicht wird das nähere Studium der Zusammenhänge zwischen dem Salzgehalt und den biologischen Vorgängen im See (Produktionsverhältnisse) auch hier noch Einzelheiten von Interesse zu Tage fördern. Gewisse Ausnahmefälle sind bekannt, wo starke zeitliche Schwankungen des Salzgehaltes vorliegen; es handelt sich dabei um meist kleinere Seen, die durch starke Zuflüsse von schwankender chemischer Konzentration gespeist werden.

Wesentlich für die Seencharakteristik sind naturgemäß die Unterschiede in der qualitativen chemischen Zusammensetzung des Seewassers. Von den im großen und ganzen dabei vorkommenden Bestandteilen seien einige erwähnt: Kalk (CaO), Schwefelsäure (SO_3), Magnesia (MgO), Chlor (Cl), Eisen (Fe_3O_4), Ammoniak (NH_3), salpetrige Säure (HNO_2), lösliche Kieselsäure (SiO_2), Natron (Na_2O), Kali (K_2O), Chlornatrium ($NaCl$), Chlorkalium (KCl). Chlor tritt in Verbindung mit Na und K auf, Schwefelsäure mit Na und K, sowie mit Mg und Ca. Die meisten Stoffe treten als Karbonate auf.

Welche Stoffe überwiegen, das hängt natürlich von der Art und Lage des Sees ab. Die hauptsächlich durch Grundwasser gespeisten norddeutschen Seen enthalten überwiegend Kalk und Magnesiasalze gegenüber den Alpenseen. Ein vom Meer gespeister See enthält naturgemäß vor allem Chloride von *Na*, *K*, *Mg* und *Ca* sowie Sulfate von *Ca*. Es sind in Norddeutschland vorzugsweise die ständig oder zeitweilig mit dem Meere in Verbindung stehenden Strandseen, in denen vor allem das Kochsalz (*NaCl*) eine bald größere, bald geringere Rolle spielt. Es kommen hier also nur wenige Seen in Betracht. Wichtiger als für den Gesamtcharakter des Sees bestimmender Faktor ist der Kalkgehalt des Wassers. Hier treten uns in den verschiedenen Seen alle Grade der Ausbildung von äußerster Armut bis zu größtem Reichtum an Kalk entgegen. Die Seen der norddeutschen Tiefebene haben meist hartes, also kalkreiches Wasser; die Seen des Kalkgebirges weisen naturgemäß hohen Kalkgehalt auf. Kalkarmes, weiches Wasser finden wir in den Seen des Urgebirges, in allen Humusgewässern. Die kalkreichen Seen haben im Durchschnitt etwa 60—100 mg *CaO* im Liter. Aber auch in Norddeutschland kommen — meist kleinere — Seen vor mit nur etwa 5—20 mg *CaO* pro Liter. Der Kalkgehalt ist starkem jahreszeitlichen Wechsel unterworfen, und zwar in erster Linie durch die Tätigkeit der Organismen im See. Wenn wir von den Tieren absehen, die ja im wesentlichen den schon von Pflanzen abgeschiedenen Kalk verarbeiten, so sind es die grünen Pflanzen, die im Sommer durch ihren Kohlensäureverbrauch große Mengen von Kalk aus dem Wasser ausfällen. Wir haben oben (S. 8) schon auf diese Verhältnisse hingewiesen; hier interessiert uns die Veränderung des Kalkgehaltes des Wassers innerhalb des Jahres. Da wir im Sommer Stagnation bzw. höchstens eine Teilzirkulation des Wassers haben, so erstreckt sich die Entkalkung nur auf das Epilimnion; dem Hypolimnion fehlen die grünen Pflanzen, es bleibt also an Kohlensäure und demnach auch an Kalk reich bzw., da es einen Teil des im Epilimnion ausgefällten Kalkes wieder auflöst, reichert es sich weiter an mit Kalk. Im Winter, infolge der Zirkulation, tritt in dem an CO_2 ärmeren Wasser eine Übersättigung mit Kalk und demgemäß ein rein chemisches Ausfällen von Kalk ein. Näheres über die sogenannte biogene Entkalkung werden wir in einem späteren Kapitel ausführen.

Der Gehalt des Seewassers an Kieselsäure ist sehr gering (0—5 mg pro Liter), kann aber in kalkarmen Seen, deren Boden viel Kies oder Sand enthält, den Kalkgehalt übersteigen. Die Schwankungen des Kieselsäuregehaltes im jahreszeitlichen Verlauf sind von keiner großen Bedeutung. In der Zeit der Sommerstagnation ist Zunahme von oben nach unten beobachtet. Ausschlaggebende Bedeutung hat die Kieselsäure wohl nur für die Kieselalgen. Diese aber sind auf sie angewiesen, d. h. sie verlangen, um sich entwickeln zu können, ein gewisses Minimum von Kieselsäuregehalt im Wasser.

Gerade die in geringer Menge im Wasser vorhandenen Stoffe können überhaupt eine große Rolle im Stoffhaushalt des Sees spielen, da sie am ersten in die Lage kommen, einem Organismus oder gar einer ganzen Gruppe von Organismen die Existenz in dem betreffenden See unmöglich zu machen, dann nämlich, wenn sie das erforderliche Minimum nicht darbieten. Das gilt vor allem auch für die *N*- und *P*-haltigen Stoffe, Nitrite, Nitrate, Albuminoid-Ammoniak und Phosphorsäure, die zu den unentbehrlichen Aufbaustoffen der Pflanzen gehören, aber oft nur spurenweise vorhanden sind. Vor allem die Stickstoffverbindungen kommen in den verschiedensten Formen vor. Was bis jetzt über die sicher sehr wichtige, ja ausschlaggebende Rolle dieser Stoffe im See bekannt ist, stellt lediglich ein Anfangsstadium der Erforschung dieses Problemkomplexes dar. Im großen und ganzen sind alle diese Verhältnisse ungeklärt, und hier liegt ein Hauptaufgabenfeld der Seenforschung für die nächste Zeit. Die Bedeutung der N- und P-haltigen Verbindungen ist seit langem erkannt. Das zeigt uns ein Blick in die auf diesem Gebiet grundlegenden Arbeiten NAUMANNS. Dieser Forscher gründet bekanntlich seine Charakteristik und Einteilung der Gewässer in erster Linie auf die Ausbildung der ausschlaggebenden chemischen Faktoren. Er unterscheidet für jeden Faktor einen Poly-, Meso- und Oligotypus der Ausbildung. Alle Möglichkeiten bzw. Grade der Ausbildung des Faktors bilden zusammen sein Spektrum (NAUMANN 1921b, S. 4). Und so ist in seinem Schema die Ausbildung des N- und P-Faktors, d. h. die Menge der N- und P-haltigen Stoffe, maßgebend für die Zugehörigkeit zu einem der Hauptseentypen. Dazu kommen noch als weitere grundlegende chemische Faktoren der Kalkgehalt und der oben schon behandelte Humusgehalt. Näheres werden wir später darüber ausführen.

In diesem Zusammenhang soll nur ein Begriff noch dargelegt werden, der in diesen Gedankenkomplex hineingehört und der ebenfalls auf NAUMANN (1921b, S. 8) zurückgeht; es ist der Begriff „regionale Limnologie“. Er gründet sich auf die schon erwähnte Tatsache, daß die im Wasser der Seen gelösten Stoffe in ihrer Zusammensetzung und Mengenentwicklung abhängig sind vom geologischen Aufbau der Umgebung und daß eben diese Abhängigkeit uns ein Mittel an die Hand gibt, die regionale Verteilung der durch ihren Chemismus charakterisierten Seetypen zu bestimmen. Die geologische Karte gibt uns — wenn wir erst einmal die grundlegenden Zusammenhänge kennen — schon die Möglichkeit, bis zu einem gewissen Grade den Charakter der Seen für die einzelnen Gebiete zu bestimmen. Wir werden später sehen, wie auch die Biologie der Seen den hieraus gewonnenen Erkenntnissen folgt und sie bestätigt.

Neuerdings gewinnt unter den chemischen Faktoren in den Gewässern besonders einer — auch unter die physikalischen Faktoren gerechnet — immer mehr an Bedeutung für die biologischen Geschehnisse im Wasser, das ist die Wasserstoffionenkonzentration. Ihre Zahlenwerte charakterisieren die aktuelle Reaktion des Wassers. In der Praxis der hydrobiologischen Forschung hat sich bisher die Charakterisierung der aktuellen Reaktion erschöpft in der Kenntnis der drei Grenzbegriffe „sauer“, „neutral“ und „alkalisch“. Die Wasserstoffionenkonzentration gibt uns die Möglichkeit, diese drei Begriffe, die ja nur Hauptbereiche der Reaktion darstellen, in exakte zahlenmäßige Stufen zu gliedern, mit anderen Worten die aktuelle Reaktion eines Gewässers durch eine Zahl zu versinnbildlichen. Auf die Theorie der Wasserstoffionenkonzentration können wir naturgemäß hier nicht eingehen; es wird dafür auf die einschlägige Literatur verwiesen (MICHAELIS 1922). Die aktuelle Reaktion des Wassers stellt sich in der Wasserstoffionenkonzentration derart dar, daß die Zahl der freien Wasserstoffionen im Liter als Maßstab zugrunde gelegt wird. Benutzt wird in der Praxis allerdings nicht diese Zahl selbst, wohl deshalb, weil ihre Größe sie für den Gebrauch unbequem macht. Das Produkt aus den H^+- und den OH^--Ionen des Wassers beträgt nämlich 10^{-14}. Dieser Wert ist konstant. Man bezeichnet ein Wasser als neutral, wenn die Mengen der darin enthaltenen H^+- und OH^--Ionen gleich groß sind. In diesem Fall ist also sowohl die Zahl der Wasserstoffionen (h) als auch die Zahl der Hydroxydionen (oh) $= 10^{-7}$. Wenn demnach $h > 10^{-7}$ ist, dann ist $oh < 10^{-7}$; in diesem Falle ist das Wasser sauer; ist $h < 10^{-7}$ und $oh > 10^{-7}$, dann ist das Wasser alkalisch. Da das Produkt aus h und oh immer gleich ($= 10^{-14}$) ist, so pflegt man den Wert der Reaktion nur durch die Zahl der Wasserstoffionen auszudrücken und benutzt dabei in der Praxis den Exponenten der Zahl. Genau ist also p_H = Logarithmus des reziproken Wertes des Gehaltes an freien Wasserstoffionen. $p_H = 7$ versinnbildet also ein neutrales, $p_H < 7$ ein saures und $p_H > 7$ ein alkalisches Wasser.

In den natürlichen Gewässern geht die aktuelle Reaktion in der Hauptsache auf das Gleichgewicht der Kohlensäure und ihrer Salze zurück. Demgemäß ist die aktuelle Reaktion den gleichen Schwankungen unterworfen, wie sie sich im wechselnden Mengenverhältnis von freier Kohlensäure und Karbonaten im Wasser darstellen. Schwankungen der Reaktion von Gewässer zu Gewässer und innerhalb eines Gewässers nach der Jahreszeit und der Vertikalverteilung verstehen sich hiernach von selbst. Sie sind abhängig von der geographisch-geologischen Lage des Gewässers, dem Bau des Beckens, den biologischen Prozessen. Gerade die nährstoffreichen Seen, wie sie uns in der Mehrzahl der norddeutschen Seen entgegentreten, zeigen bedeutende Reaktionsschwankungen; sie besitzen im allgemeinen eine neutrale bis alkalische Reaktion, während die Humusgewässer durch saure Reaktion gekennzeichnet sind. Im großen und ganzen ist in größeren Seen, also den meisten Seen, die Reaktion geringeren Schwankungen unterworfen als in kleineren. Die Schwankungen gehen größtenteils auf biologische Vorgänge zurück, z. B. äußern sie sich am deutlichsten während der Zeit der Wasserblüte in einem See. Wir werden auf diese Zusammenhänge später zurückkommen müssen, da der p_H-Faktor sich überhaupt als sehr einflußreich für die Ökologie der Wasserorganismen erweist.

Es sind nur wenige Gase, die im Leben des Sees eine Rolle spielen; ihre Bedeutung für die einzelnen Vorgänge ist dafür aber auch um so größer. In allererster Linie kommt hier der Sauerstoff in Frage. Das Seewasser enthält eine bald größere, bald kleinere Menge gelösten Sauerstoff, der größtenteils der atmosphärischen Luft entnommen wird da, wo das Wasser mit dieser in Berührung kommt, also an der Wasseroberfläche. Die Menge des gelösten Sauerstoffes wie überhaupt aller Gase ist abhängig von der Temperatur, und zwar löst — bei einem Luftdruck von 760 mm — Wasser von 0° in 1 Liter 9,70 ccm O_2, bei 10° löst die gleiche Menge Wasser nur 7,77 ccm und bei 20° nur 6,28 ccm O_2. Die Löslichkeit der Gase im Wasser ist weiter abhängig vom Salzgehalt des

Wassers, über welchen Zusammenhang in Seen aber noch wenig bekannt ist, und von dem Druck.

Die weiter oben (S. 13ff.) dargelegten Temperaturverhältnisse im See sind also bis zu einem gewissen Grade bestimmend für die Veränderungen im Sauerstoffgehalt der einzelnen Vertikalschichten des Seewassers. Wir sahen, daß die Verschiedenheit der Temperatur der einzelnen Schichten die Ursache wird für die Umschichtungen der Wassermenge innerhalb des Jahres. Diese Umschichtungen ziehen naturgemäß auch den Sauerstoffgehalt des Wassers in Mitleidenschaft. Die Vollzirkulation des Frühjahres und des Herbstes sorgt dafür, daß das mit O_2 gesättigte Wasser der oberen Schichten bis in die größte Tiefe geführt wird, und ruft so eine Sättigung der Gesamtwassermenge des Sees hervor. In manchen Seen hält sich dieser Sauerstoffreichtum auch während der Zeit der Sommer- bzw. der Winterstagnation, und zwar beträgt er auch im Hypolimnion, also unterhalb der thermischen Sprungschicht, stets mindestens 70 vH der bei der betreffenden Temperatur zu erwartenden Sättigung. Es sind die meisten Alpenseen, aber auch eine Reihe von norddeutschen Seen, die durch derartige Sauerstoffverhältnisse charakterisiert sind. THIENEMANN hat daher früher (1920a, S. 350) solche Seen, deren O_2-Kurve (Abb. 9) auch im Sommer einen gleichmäßigen Abfall zeigt, während die Temperaturkurve — wie wir schon sahen — zur Zeit der Stagnation durch einen Knick im Metalimnion gekennzeichnet ist, als subalpine Seen bezeichnet.

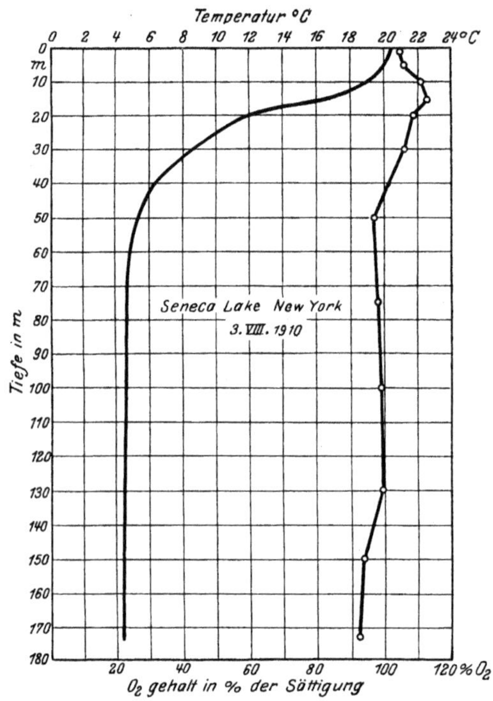

Abb. 9. Temperatur- (links) und Sauerstoffkurve (rechts) in einem oligotrophen See zur Zeit der Sommerstagnation. (Nach THIENEMANN.)

Demgegenüber weisen die meisten Seen der norddeutschen Tiefebene — die baltischen Seen THIENEMANNS — im Spätsommer eine O_2-Kurve auf, die der Temperaturkurve vollkommen parallel läuft (Abb. 10); mit anderen Worten zur Zeit der Stagnation enthält das Hypolimnion dieser Seen nur wenig Sauerstoff. Der Gehalt geht hier herunter bis 30 vH, 20 vH, 10 vH ja sogar 0 vH der Sättigung; zudem fällt er vom Epilimnion zum Hypolimnion nicht gleichmäßig, sondern wie die Temperatur sprungartig. Wir haben also in diesen Seen auch eine Sauerstoffschichtung zur Zeit der Stagnationsperiode. Sowohl die allgemeine Sauerstoffarmut im Hypolimnion als auch die plötzliche Abnahme im Metalimnion sind die Folge biologischer Prozesse. Die am Grunde des Sees faulenden organischen Substanzen verbrauchen für die Fäulnisvorgänge sehr viel Sauerstoff, den sie dem darüber lagernden Wasser entnehmen. Dieser Vorgang äußert sich noch in einer speziellen Erscheinung, die wir Mikroschichtung nennen und die in einem besonders starken Sauerstoffschwund der untersten unmittelbar über dem Schlamm lagernden Wasserschicht besteht. Die plötzliche Abnahme des Sauerstoffgehaltes im Metalimnion ist zurückzuführen auf die Fäulnis des absinkenden und im Metalimnion verzögert sinkenden Planktons; die thermische Sprungschicht ist „mischungsfeindlich" (SCHMIDT 1925, S. 70); die Turbulenzströmungen und damit der Austausch der Teilchen sind hier im Minimum ausgebildet (THIENEMANN 1928, S. 91). Dazu kommt noch als ins Gewicht fallender Unterschied zwischen Epilimnion und Hypolimnion die auf die oberen Wasserschichten beschränkte Wirksamkeit der Planktonpflanzen, die ihrerseits unter der Einwirkung des Lichtes Sauerstoff produzieren. Im obengenannten alpinen See ist zunächst einmal die Menge des Planktons, dann aber auch die des Bodenschlamms viel geringer, so daß hier im Hypolimnion kein nennenswerter Sauerstoffschwund während der Stagnation eintritt. In baltischen Seen kann auch im Winter ein starker Sauerstoffschwund eintreten, und zwar wenn es sich um kleinere, windgeschützt liegende Gewässer handelt, die in jedem Jahr zufrieren und deren Wassermenge im Verhältnis zur Schlamm-Menge zu gering ist, um bei Abschluß von der atmosphärischen Luft unbeeinflußt zu bleiben von dem erheblichen Sauerstoffverbrauch am Grunde.

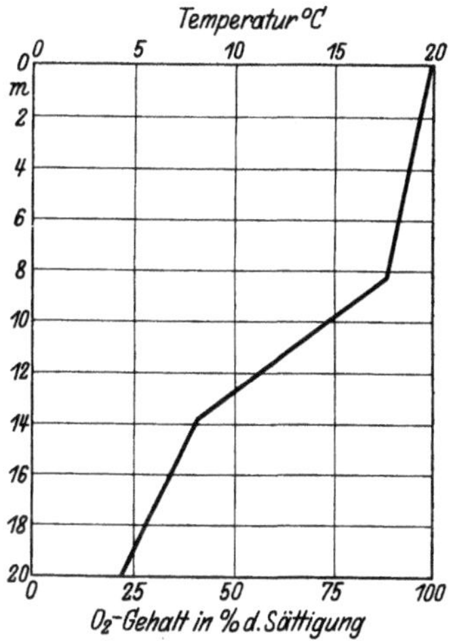

Abb. 10. Temperatur- und Sauerstoffkurve in einem eutrophen See zur Zeit der Sommerstagnation (schematisiert).

Die Humusgewässer zeigen im Sommer und im Winter unter Eis eine deutliche Sauerstoffschichtung. Der Sauerstoffschwund geht hier indessen nicht auf die Fäulnis des abgelagerten Planktons, sondern auf die unter dem Einfluß der Humusstoffe erfolgende Zersetzung der größtenteils von außerhalb des Sees stammenden Pflanzenreste zurück.

Hand in Hand mit den Fäulnisprozessen im Bodenschlamm der Seen geht meist eine mehr oder weniger große Produktion von Schwefelwasserstoff (H_2S), die aber für das Leben in einem größeren See nur untergeordnete Bedeutung hat. In dem oben schon genannten Hemmelsdorfer See mit seinem stark salzhaltigen Tiefenwasser allerdings ist die

H_2S-Produktion so ungeheuer groß (etwa 300 mg im Liter), daß jedes Leben in der Tiefe unmöglich ist.

Auch Sumpfgas, Methan (CH_4), kann sich in der Tiefe von Seen unter ähnlichen Bedingungen bilden wie Schwefelwasserstoff; aber auch hier handelt es sich nicht um Erscheinungen von allgemeiner Bedeutung, wenn auch vereinzelt in Seen Beobachtungen über das Auftreten größerer Mengen von Sumpfgas — vor allem bei Zersetzung organischer Stoffe unter O_2-Abschluß — gemacht sind. Das Sumpfgas ist im übrigen nicht leicht löslich und hat daher das Bestreben, in Bläschen an die Luft zu entweichen.

Eine weit größere Rolle als diese gewissermaßen für das Leben im See — d. h. für alle Organismen mit Ausnahme gewisser Bakterien — schädlichen Gase spielt die Kohlensäure, die als freie Kohlensäure und als chemisch gebundene in Form von Karbonaten und Bikarbonaten vorkommt. Die Rolle der freien CO_2 im Seewasser entspricht etwa der des Sauerstoffes, wenn beide auch nicht im gleichen Sinne wirken. THIENEMANN bezeichnet die beiden Gase im Seewasser als Antipoden. In den oberen Wasserschichten wird durch die Planktonpflanzen Sauerstoff produziert, Kohlensäure aber verbraucht durch den Assimilationsprozeß. Im Hypolimnion dagegen verbraucht die Fäulnis den Sauerstoff und produziert Kohlensäure. Also auch die Kohlensäure zeigt wie der Sauerstoff in den Seen des baltischen Typus eine sommerliche Schichtung. Da aber die Zahlenwerte des CO_2-Gehaltes ab- bzw. zunehmen im entgegengesetzten Sinne zum O_2-Gehalt, so verläuft die CO_2-Kurve zwar in der gleichen Form wie die O_2-Kurve, stellt sich aber als deren Spiegelbild dar. Auch die Kohlensäureschichtung verschwindet mit der Zerstörung der thermischen Schichtung durch die Herbstvollzirkulation. Großen Schwankungen ist im übrigen vor allem der Kohlensäuregehalt der oberen Wasserschichten ausgesetzt durch die Berührung mit der atmosphärischen Luft. Bei intensiven Assimilationsvorgängen im Wasser, d. h. starkem CO_2-Verbrauch, dürfte der Kohlensäurevorrat durch Entnahme aus der Luft ergänzt werden; umgekehrt aber wird, wenn bei geringerem Verbrauch die oberen Wasserschichten sich mit CO_2 anreichern, wobei die Atemtätigkeit der tierischen Organismen keine geringe Rolle spielt, der Überschuß von CO_2 an die Luft abgegeben, die ja an und für sich nur sehr wenig CO_2 enthält. In der Atmosphäre stellt der Anteil der Kohlensäure nur 0,03 vH des ganzen Gasgemisches dar. O_2 und CO_2 sind im Wasser weit löslicher als der Stickstoff, der bekanntlich in der atmosphärischen Luft etwa $^3/_4$ des ganzen Gemisches bildet, im Wasser aber quantitativ sehr zurücktritt.

Methodik und Technik.

Alles was wir in diesem Kapitel dargelegt haben, hat im Rahmen unseres Themas eigentlich nur mittelbare Bedeutung, insofern nämlich, als es zum Verständnis der Biologie des Sees notwendig ist. Diese Bedeutung der physiographischen Grundlage für die biologischen Vorgänge in einem See gebot aber für deren Darstellung eine gewisse Ausführlichkeit. Anders ist es mit der Darlegung der Methodik. Vielleicht fragt man überhaupt, ob sie hier nicht fehlen kann? Das halten wir allerdings nicht für richtig, denn wenn wir grundlegende Zusammenhänge zwischen biologischen Prozessen und physikalisch-chemischen Zuständen oder Vorgängen studieren wollen, so müssen wir auch die Mittel kennen, mit deren Hilfe wir diese letzteren zu untersuchen vermögen. Nun glauben wir allerdings nicht, die ganze Methodik geographisch-geologischer und physikalisch-chemischer Seenforschung hier behandeln zu müssen, da uns dies ohne Zweifel zu weit führen würde. Außerdem zeigt die Praxis, daß ein großer Teil der hier in Betracht kommenden Forschungen in der Regel nicht vom eigentlichen Hydrobiologen, sondern von dem betreffenden Fachwissenschaftler (Geologen, Geographen, Chemiker) betrieben wird. Über das Verhältnis dieser Forschungszweige zueinander werden wir am Schluß einige kurze Betrachtungen anstellen; jedenfalls handelt es sich jetzt nur darum, daß wir den Aufgabenkreis des eigentlichen Hydrobiologen behandeln, denn in diesen gehört unser Thema. Wir werden also nur von denjenigen physiographischen Untersuchungen die Methodik besprechen, die im allgemeinen vom Hydrobiologen selbst durchgeführt werden.

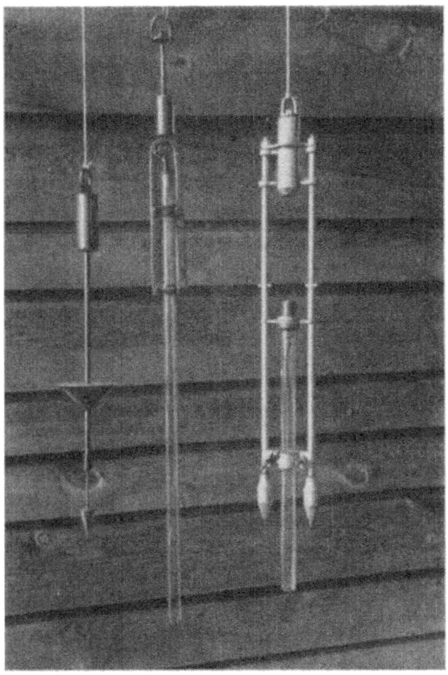

Abb. 11. Becherlot und Rohrlot nach NAUMANN, Rohrlot nach AUERBACH (rechts). Phot. LENZ.

Da können wir denn die eigentliche Geologie und Geographie des Sees fast vollständig übergehen. Die erforderlichen Angaben über die Topographie, den Bau und die Lage des Seebeckens, liefert uns der Geograph und der Geologe. Nur die Ablagerungsverhältnisse stehen in derart direktem, innigem Verhältnis zu den biologischen Vorgängen, daß ihr Studium größtenteils von Biologen betrieben wird. Die hierbei gebräuchliche Methode ist in der Binnenseeforschung erst im letzten Jahrzehnt ausgebaut worden. Es sind vor allem die von dem Schweden NAUMANN konstruierten Apparattypen, die nunmehr allgemeine Verwendung finden. Das Becherlot (Abb. 11), das durch die Verstellbarkeit des oberen Bechers die Möglichkeit bietet, in verschieden dickem Sediment verwendbar zu sein, stellt einen schnell arbeitenden Apparat von einfachster Konstruktion dar, der vorzüglich geeignet ist zu einer vorläufigen Orientierung über die Art der zu untersuchenden Ablagerung. Bei passend reguliertem Abstand zwischen beiden Bechern füllt sich der obere Becher mit dem oberflächlichen Sediment, während der kleinere untere Becher so tief eindringt, daß er die tiefer liegenden Ablagerungsschichten faßt. Die Handhabung des Becherlotes ist die denkbar einfachste, da es ohne weitere besondere Maßnahmen heruntergelassen wird, wobei lediglich darauf zu achten ist, daß es rasch genug herunterfällt und möglichst in senkrechter Lage den Grund erreicht, da es sonst vielleicht nicht eindringt. Beim Heraufziehen verhindern die den beiden Bechern lose aufliegenden Deckel, daß der gefaßte Schlamm vom Wasser herausgespült wird. Allerdings ist darauf zu achten, daß das Heraufziehen soweit möglich senkrecht geschieht. Das Boot wird in starker Strömung meist etwas abtreiben, wobei bei allzu starker Neigung der Zugrichtung des Becherlotes dieses vom Wasser leergespült wird. Wie schon betont, genügt dies Instrument zur schnellen Feststellung der Art und ungefähren Lagerung des Sedimentes.

Für die genaue Untersuchung des Sedimentbildes ist das sogenannte Rohrlot zu verwenden. Bei dem am häufigsten gebrauchten Rohrlottypus nach NAUMANN handelt es sich im wesentlichen um eine dickwandige, 50—80 cm lange Glasröhre von etwa 2—3 cm Durchmesser, die in einem beschwerenden Eisenrahmen befestigt und oben durch ein bewegliches Metallventil geschlossen ist (Abb. 11). Man läßt dies Rohrlot mit mäßiger Schnelligkeit in die Tiefe sinken und achtet dabei darauf, daß das Boot von dem aus die Lotung erfolgt, nicht abtreibt, da ein senkrechtes Eindringen in den Schlamm Bedingung ist für das Funktionieren des Lotes. Wir erhalten dann einen Ausstich des Sedimentes, der uns dessen Lagerung unzerstört zeigt, wir haben so ein Profil der Ablagerung. Allerdings läßt sich eine gewisse Kompression der Ablagerungsschichten in der Röhre nicht vermeiden, so daß die absoluten Zahlen, die uns das Profil über die Dicke der Schichten angibt, nicht der Wirklichkeit entsprechen, sondern — vor allem bei lockeren Sedimenten — zu niedrig erscheinen. Am besten arbeitet dies Profillot, wenn das Sediment eine nicht zu lockere Gyttja ist, die nach unten immer konsistenter wird — vielleicht noch tonige Beimischungen enthält —, so daß das Schlammprofil in einem fest schließenden Propf endigt. Liegt dagegen eine nur ganz lockere Gyttja in vielleicht nur dünner Schicht auf hartem, etwa sandigem Grund, so ist es sehr schwer, ein Schlammprofil mit der Röhre zu erhalten, da das Sediment selbst zu locker ist, um sich zu einem Propf zu verdichten und da andererseits der Untergrund der Röhre das weitere Eindringen nicht gestattet. Hier bewährt sich oft das AUERBACHsche Lot, dessen schwerer Rahmen unten in zwei seitlichen Spitzen endigt, die in den Boden eindringen und den Apparat aufrecht halten, während ein gleitendes Gewicht im oberen Teil des Rahmens die Möglichkeit gibt, durch Rammen, d. h. Heben und Fallenlassen des Gewichtes, die Röhre tief bis in den Untergrund hinein zu treiben. Allerdings ist hierbei mit häufigem Zerbrechen der Röhre zu rechnen. Diese Gefahr ist ausgeschaltet bei den LUNDQUISTschen Rohrlottypen, deren Glasröhre in einem Metallrohr geschützt liegt. Als Besonderheit der von LUNDQUIST in verschiedener Ausführung benutzten Modelle ist noch zu erwähnen, daß beim Arbeiten in Sedimenten von großer Mächtigkeit, das Ventil an das Ende eines am oberen Rohrende angebrachten Gummischlauches verlagert wird, einmal, um zu verhindern, daß das Ventil selbst in den

Schlamm hineingerät, und zum anderen, um die Kompression der Schlammwurst zu vermindern.

Zur Vermeidung dieser Kompression benutzt PERFILIEV Ventilvorrichtungen von gleichem Durchmesser wie die Röhre selbst. Die Lotröhren, die dieser Autor benutzt, sind aus Metall; erwähnenswert sind die dabei verwandten Beschwerungen. Ein anderes Instrument PERFILIEVS (1927 b), Stratometer genannt, besitzt ein unteres Ventil, das die Entnahme von flüssigen Sedimenten gestattet. Die ganze Apparatur zur Untersuchung der Ablagerungen ist überhaupt neuerdings von dem genannten Autor besonders gut ausgebaut worden. Eine ausführliche Beschreibung dieser Apparatur erscheint demnächst im 4. Band der „Verhandlungen der Internationalen Vereinigung für theoretische und angewandte Limnologie" (vgl. Referat bei LENZ 1927b, S. 627) und vor allem in „ABDERHALDENS Handbuch der biologischen Arbeitsmethoden". Wesentlich an der ganzen Apparatur ist ein Instrument, das — mikrotomartig arbeitend — die Zerlegung der Schlammausstiche in feine Längsschnitte gestattet und so erst die Schichtung klar erkennen läßt; das Instrument wird vom Autor Pelotom genannt und muß wohl als der wichtigste Bestandteil der ganzen Apparatur bezeichnet werden. Die mit Hilfe des Pelotoms gewonnenen Schnitte lassen sich — auf schmalen Metall-Leisten sitzend — in Glasröhren mit Alkohol konservieren und aufbewahren. Zur Entnahme von Sedimentproben aus tieferen Lagerungsschichten benutzt PERFILIEV einen sogenannten Kolbenbohrer, der sich ebenfalls als zweckentsprechend erwiesen haben soll.

Als letztes Instrument für die Erforschung der Ablagerungsverhältnisse ist noch der Torfbohrer zu nennen. Er kann nur in relativ flachem Wasser in Anwendung kommen und wird da gebraucht, wo man die Lagerung tieferer Schichten, die das Rohrlot nicht mehr erreicht, untersuchen will. Vor allem also tritt der Bohrer in Anwendung bei paläobiologischen Forschungen, bei Untersuchungen, die durch Feststellung der Mikrofossilien der Ablagerungsschicht Einblick gewähren sollen in die Geschichte der Gewässer. Der Bohrer stellt einen Apparat dar, der wegen seiner Schwere von einem einzelnen kaum zu tragen und zu handhaben ist. Er besteht aus der eigentlichen Bohrkanne, deren wesentliche Bestandteile ein innerer und ein äußerer Stahlmantel darstellen, die beide mit einer längsverlaufenden Öffnung versehen sind. Der Verschluß der inneren Kammer erfolgt durch die Drehung des äußeren Mantels, der an der Öffnung noch mit einer schräg nach außen gerichteten festen Klappe versehen ist. Ein kurzes Bohrgewinde am unteren Ende ermöglicht das Eindringen in den Boden. Eine Stahlstange von 0,5 bis 0,7 m Länge wird zwischen Bohrkanne und Quergriff festgeschraubt. Durch Drehen nach rechts wird die Bohrkanne in den Boden hineingebohrt. Bei tieferem Eindringen wird die Haltestange verlängert durch Anschrauben weiterer Stangen. Der Bohrer kann so — je nach der Stärke — auf eine Länge von 8—12 m gebracht werden. In der gewünschten Tiefe angekommen, öffnet eine kurze Drehung nach links die Kammer in der Bohrkanne, und die feste Klappe schneidet die Probe aus dem

Sediment heraus und läßt sie in die Kanne gleiten. Die Rechtsdrehung schließt die Kanne wieder, und der Bohrer kann herausgehoben werden. Aus der Gesamtprobe werden in bestimmtem vertikalen Abstand (10 bis 20 cm) kleine Proben entnommen, isoliert in kleinen Gläsern aufbewahrt. Konservierung der Proben nicht unbedingt erforderlich; wenn sie nicht sofort bearbeitet werden, so müssen sie durch Zusetzen von destilliertem Wasser (eventuell Formalin) vor dem Austrocknen geschützt werden. Manche Forscher allerdings bewahren die Proben in getrocknetem Zustande auf. Die Bearbeitung der Proben besteht darin, daß man ihre Struktur und daraus ihr Alter bestimmt und die Art und Lagerung der darin enthaltenen Mikrofossilien (Pflanzenpollen) feststellt (LUNDQUIST 1927, S. 13).

Die Methodik der hydrographischen Untersuchungen, der Feststellungen also, die sich auf die Eigenschaften des Wassers selbst beziehen, wäre eigentlich samt und sonders hier zu behandeln; aber wir werden uns wiederum nur auf diejenigen Arbeiten beschränken, die bisher im wesentlichen — naturgemäß wegen ihres engen kausalen Zusammenhanges mit biologischen Beobachtungen — vom Biologen ausgeführt wurden. Es sei ausdrücklich betont, daß wir ohne weiteres annehmen, daß manche der hier nicht näher behandelten Untersuchungsmethoden später wohl noch größere direkte Bedeutung auch für biologische Prozesse im See aufweisen werden, so daß der Biologe ihrer nicht entraten kann. Soweit solche Gebiete heute indes noch mehr oder weniger wissenschaftliches Neuland darstellen, wollen wir davon absehen, ihre Methodik zu behandeln. Es genügt, daß wir die erwiesene oder noch zu erweisende Bedeutung solcher Gebiete für die Biologie der Seen im Abschnitt I erwähnt haben. Hierher gehören z. B. die Untersuchungen über die Strömungsverhältnisse, die — wie wir sahen — von großer Bedeutung sind für bestimmte Vorgänge, über die wir aber noch recht wenig wissen.

Anders die Temperaturverhältnisse! Hier liegen ja schon seit langem eingehende Beobachtungen über die Zusammenhänge mit der Biologie der Seen vor, und die Temperaturmessungen gehören zu den allerersten Erfordernissen hydrobiologischer Forschungen. Die Methodik ist einfach: für Oberflächenmessungen kommt ein einfaches kleines Thermometer in Frage. Für Tiefenmessungen ist die zweckmäßigste Einrichtung das RICHTERsche Kippthermometer (Abb. 12, 13). Es besteht aus einem in einer Messinghülse sichtbar befestigten Thermometer von großer Empfindlichkeit, bei dem die Kapillare, in die der Quecksilberfaden hinansteigt, durch eine stark verengte Stelle vor der Kugel charakterisiert ist. Das Thermometer ist in einem viereckigen Metallrahmen so aufgehängt, daß es um 180° um eine Achse drehbar ist. Vor dem Herunterlassen wird das längere, schwerere Ende mit einem Hebel an einer Arretierung befestigt, die nach erfolgter Einstellung der Quecksilbersäule (nach 3—5 Minuten) mittels eines Fallgewichtes ausgelöst wird. In dem um die feste Achse umkippenden Thermometer reißt der Faden an der verengten Stelle der Kapillare ab, und die Einstellung des eigentlichen Quecksilberfadens wird während des Heraufholens des Instrumentes gar nicht oder doch kaum nennenswert verändert, da die etwaige Ausdehnung der sehr dünnen Säule, die ja getrennt ist von der Quecksilberkugel, verschwindend gering ist. Es gibt verschiedene Ausführungen dieses Thermometertypus; da sie aber alle im Grunde auf dem gleichen Prinzip beruhen und zudem der Typus von RICHTER am meisten eingebürgert ist, erscheint es überflüssig, die anderen noch zu beschreiben. Es sei nur erwähnt, daß man in Süßwasserseen bei geringerer Tiefe in Ermangelung eines Kippthermometers ohne große

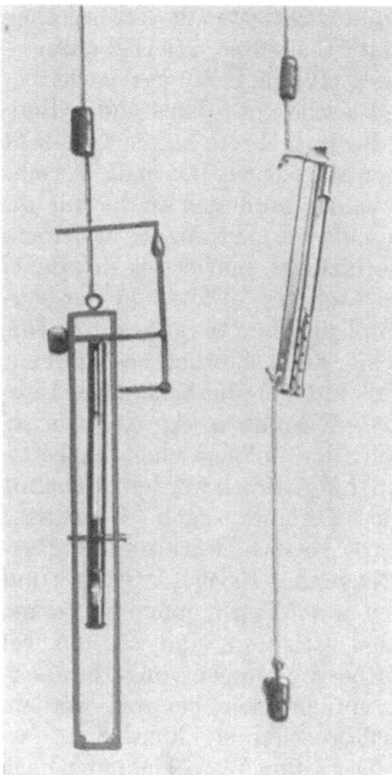

Abb. 12. Zwei verschiedene Typen von Kippthermometern vor dem Umkippen. Phot. LENZ.

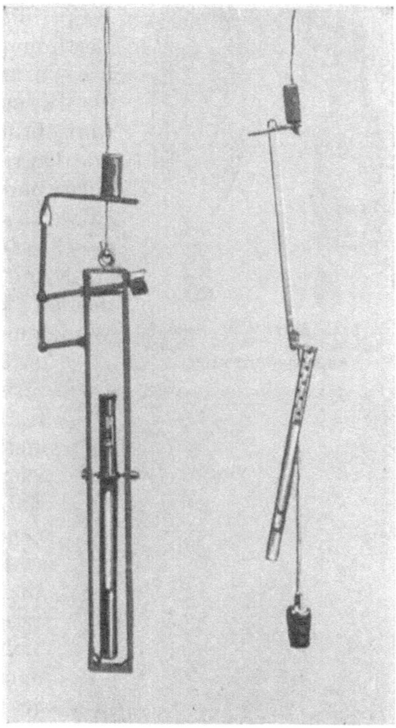

Abb. 13. Zwei verschiedene Typen von Kippthermometern nach dem Umkippen. Phot. LENZ.

Fehler die mit irgendeinem Schöpfapparat entnommenen Wasserproben zur Messung der Temperatur benutzen kann. In manche Schöpfapparate ist ein Thermometer eingebaut.

Wir schließen gleich die Behandlung der verschiedenen Schöpfapparate mit an. Sie dienen verschiedenen Zwecken; in diesem Zusammenhang interessieren sie uns als Instrumente zur Untersuchung des Chemismus des Wassers. Wenn wir Wasserproben aus verschiedenen Tiefen eines Sees brauchen, etwa um ihren Gehalt an Salzen festzustellen, so genügt im allgemeinen die MEYERsche Schöpfflasche; sie besteht aus einer einfachen starkwandigen Flasche (Bier- oder Sektflasche), die in verschiedenster Weise (Abb. 14) an der Halteleine befestigt werden kann, unten beschwert wird und deren Korken — an der Halteleine befestigt — durch ruckweises Ziehen an dieser Leine geöffnet wird. Diese Flaschen sind wegen der primitiven Art der Auslösung der Öffnung nicht in sehr großer Tiefe zu verwenden. Vollständig unbrauchbar indes sind sie für Beschaffung von Wasserproben für Sauerstoffbestimmungen, eine der wichtigsten wenn nicht die wichtigste der chemischen Bestimmungen im Binnensee. Hierbei kann — wie THIENEMANN (1920b, S. 80) gezeigt hat — die MEYERsche Flasche unter Umständen Endwerte bringen, die um mehrere hundert Prozent von den richtigen abweichen. Das in die Flasche einströmende Wasser muß sich an der aus ihr entweichenden Luft vorbeidrängen, und wenn es sehr sauerstoffarm ist, reichert es sich dabei stark mit Sauerstoff an. Diesen Fehler vermeiden die komplizierteren Wasserschöpfer. Wir können sie hier nicht sämtlich beschreiben; dafür muß auf die diesbezügliche Literatur (u. a. WAGLER in ABDERHALDENS Handbuch der biologischen Arbeitsmethoden) hingewiesen werden. Genannt seien die Schöpfer nach KRÜMMEL, BRÖNSTEDT, EKMAN, FRIEDINGER, PETTERSON-NANSEN, SPITTA-IMHOFF und schließlich zwei Typen nach RUTTNER. Die beiden letzteren sind es, die bei Sauerstoffbestimmungen von Süßwasserbiologen vornehmlich benutzt werden, und deshalb seien sie hier kurz dargestellt. Der ältere Wasserschöpfer nach RUTTNER (Abb. 15) besteht aus einem zylindrischen Messinggefäß, das oben und unten verschlossen ist. Ein dünnes Messingrohr, das oben in einer in der Mitte des Gefäßes liegenden kleinen Öffnung endigt und unten sich in einen kurzen Gummischlauch fortsetzt, geht in der Längsrichtung durch das Hauptgefäß hindurch. Neben den Endöffnungen der dünnen Röhre hat das Hauptgefäß oben und unten je eine kleine Öffnung. Die beiden oberen Öffnungen werden mit Hilfe eines mit Gummi abgedichteten Messingstöpsels, der durch eine Sperrvorrichtung festgehalten wird, verschlossen. Unten wird mit

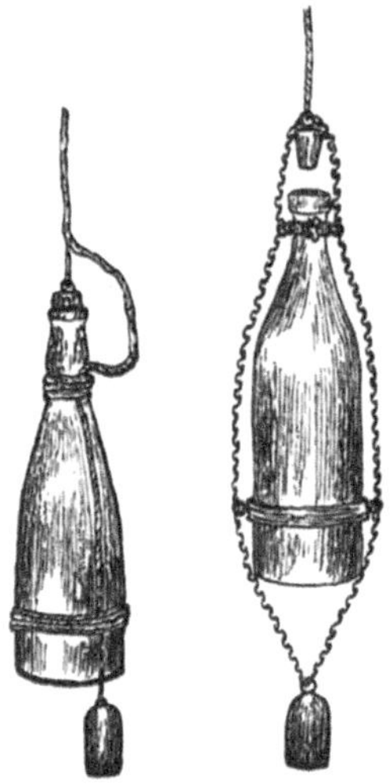

Abb. 14. MEYERsche Schöpfflaschen mit verschiedener Aufhängevorrichtung.

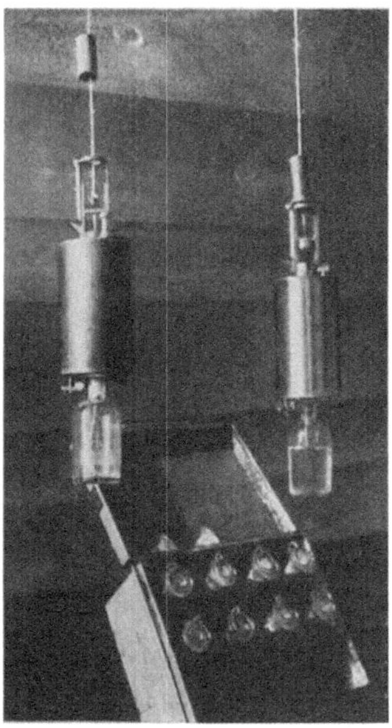

Abb. 15. Wasserschöpfer nach RUTTNER, geschlossen (links) und geöffnet (rechts), mit Transportkasten für die Wasserflaschen. Phot. LENZ.

einer Klammervorrichtung eine Glasflasche nach WINKLER (etwa 250—300 cm³ oder auch 100 cm³ Inhalt, geeicht und durch abgeschrägten Glasstöpsel verschließbar) so befestigt, daß sie den Gummischlauch aufnimmt und auch die danebenliegende Öffnung — und zwar abgedichtet durch eine Gummiplatte — umfaßt. Die Öffnung des Apparates in der Tiefe erfolgt durch Fallgewichtauslösung der Sperrvorrichtung. Die Flasche füllt sich durch das mittlere Rohr und den Gummischlauch von unten mit Wasser, und zwar geschieht das so oft und so lange, bis auch das größere Messinggefäß mit Wasser gefüllt ist. Hierdurch wird erzielt, daß das endgültig die Probeflasche füllende Wasser weder mit der vorher darin befindlichen Luft noch mit sauerstoffreicherem Wasser in Berührung kommt. Das Verschließen der gefüllten Flasche mittels abgeschrägten Stöpsels verhindert die Möglichkeit des Einpressens von Luftblasen beim Aufsetzen des Glasstöpsels. Möglichst bald nach der Entnahme sind die Proben zu fixieren, d. h. der darin befindliche Sauerstoff wird chemisch gebunden in unlöslicher Form. Man benutzt dazu als Reagenzien jodkaliumhaltige Natronlauge und Manganochlorid (Manganchlorür), die mittels Pipette zu je 2—3 cm³ vorsichtig zugesetzt werden. Der im Wasser vorhandene Sauerstoff wird in dem entstehenden Manganhydroxyd, das sich als brauner Niederschlag zu Boden setzt, ausgefällt. Die weitere Bearbeitung der Proben kann im Laboratorium erfolgen. Dort wird zunächst reine konzentrierte Salzsäure zugesetzt; es entsteht Manganochlorid und Manganichlorid; das letztere gibt Chlor ab, dies verbindet sich mit dem Kalium des Jodkaliums, Jod wird frei, wird gelöst in dem überschüssigen Jodkalium und färbt die Flüssigkeit gelblich bis braun. Gelöste Stärke wird zugesetzt, und die Färbung wird blau. Die Menge des freien Jod, die der Menge des ursprünglich vorhandenen gelösten Sauerstoffes entspricht, wird bestimmt durch Titrieren mit Natriumthiosulfatlösung (0,01 n). Da wir den Inhalt der Flasche genau kennen, sind wir in der Lage zu berechnen, wieviel Sauerstoff gemäß der Menge des verbrauchten Natriumthiosulfates in der betreffenden Wassermenge vorhanden war unter Berücksichtigung von Temperatur und Barometerstand. Den so errechneten Sauerstoffgehalt drückt man aus in mg oder cm³ pro Liter und stellt ihn oft dar in Prozenten des theoretisch bei der betreffenden Temperatur zu erwartenden Sättigungswertes. Wir erhalten mit Hilfe dieser Methode eine sehr große Genauigkeit in der Sauerstoffbestimmung, und dieser Apparat dürfte vor allen anderen den Vorzug verdienen für die Probeentnahme.

Ein wesentlich schnelleres Arbeiten allerdings gestatten verschiedene andere Apparate, so auch der neuere Schöpfer nach RUTTNER. Er besteht aus einem Zylinder aus starkem Glase, oben und unten verschlossen durch einen gut eingepaßten Messingdeckel. Beide Deckel geöffnet und durch Sperrvorrichtung festgehalten, so wird der Apparat heruntergelassen. Er ist also sofort bei Ankunft in der betreffenden Tiefe schon mit Wasser gefüllt. Der Verschluß erfolgt mittels Fallgewichtes; die Entleerung des Gefäßes in eine Probeflasche geschieht durch einen am Boden befindlichen, durch Hahn verschließbaren Auslauf, der durch einen Gummischlauch verlängert wird, so daß die Füllung der Flasche von unten her erfolgen kann. Die Schnelligkeit des Arbeitens mit diesem Apparat wird noch dadurch vermehrt, daß ein im Innern des Glasgefäßes angebrachtes Thermometer die gleichzeitige Temperaturbestimmung ermöglicht, da die ja nicht kleine Wassermenge ihre Temperatur während des Heraufziehens durch die wärmeren — bzw. (im Winter) kälteren — Wasserschichten kaum nennenswert ändert. Etwas anders ist es, ob wirklich ein sehr sauerstoffarmes Wasser sich beim Einfüllen in die Flasche nicht mit Sauerstoff anreichert. Jedenfalls aber, wenn der oben beschriebene ältere Apparat nach Ruttner allen Anforderungen genügt für die Probenentnahmen zwecks Sauerstoffbestimmungen, eignen sich andere Schöpfer — so auch der zuletzt beschriebene — vor allem zur Probenentnahme zum Zweck von Planktonbearbeitungen oder chemischen Analysen.

Über die Methodik dieser letzteren können wir uns hier nicht weiter verbreiten. Die Behandlung der verschiedenen gewichtsanalytischen, kolorimetrischen usw. Methoden, die zur Bestimmung der einzelnen chemischen Bestandteile des Wassers angewandt werden, führt uns zu weit ab von unserem Thema. Es sei nur dazu noch bemerkt, daß auf diesem Gebiet noch recht viel dem ferneren Ausbau überantwortet werden muß. Erwähnt sei außerdem, daß man zur Bestimmung des Gesamtsalzgehaltes eines Gewässers und seiner Schwankungen und Schichtungen neuerdings sich des Interferometers nach Löwe-Zeiss zu bedienen pflegt. Die Messung des elektrischen Leitvermögens kennt man seit längerem bereits als Hilfsmittel zur Beobachtung der Schwankungen des Salzgehaltes des Wassers. Die beiden genannten Methoden eignen sich wegen der Schnelligkeit und Einfachheit, mit der sie anzuwenden sind, vor allem für den Gebrauch des Biologen, für den ja der Zusammenhang mit der Biologie das Wesentliche ist, dem der Chemismus des Wassers also nur als Vorbedingung und Milieufaktor von Bedeutung ist und dem er daher nur das Allernotwendigste an — sagen wir — rein technischer Arbeitsleistung widmen möchte.

Diesen Anforderungen, die der Biologe an die Methodik zur Bestimmung von Milieufaktoren — des Sees in diesem Falle — stellt, genügen vollauf hinsichtlich Einfachheit und Schnelligkeit der Handhabung die Instrumente zur Feststellung von Farbe und Durchsichtigkeit des Wassers: eine horizontal aufgehängte weiße Scheibe (nach Secchi) aus Porzellan, Marmor oder Eisenblech, emailliert oder lackiert, rund oder viereckig; dazu eine Farbenskala nach Forel und Ule, das sind 23 Röhrchen, die mit farbigen Stammlösungen von tiefstem Blau bis Braun gefüllt (Bakterienröhrchen, nach Füllung zugeschmolzen) und mit Nummern von I—XXIII versehen sind. (Für die Herstellung der Farbenskala siehe Forel 1895, S. 464, Ule 1892, S. 70, 1894, S. 213 und Collet 1925, S. 169.) Die weiße Scheibe wird soweit ins Wasser versenkt, daß sie noch gut sichtbar ist, dann wird die Farbe, die sie im Wasser zeigt, nach der gleichen Farbe der Skala bestimmt. Die gleiche weiße Scheibe dient zur Messung der Sichttiefe oder Durchsichtigkeit des Wassers; man läßt sie ins Wasser, bis sie dem Auge des Beobachters unsichtbar wird (die spiegelnden Sonnenstrahlen sind abzuschatten an der Stelle, wo man ins Wasser hineinsieht), und bestimmt nach der mit Marken versehenen Leine die Tiefe, bei der dies der Fall ist.

Die Scheibenmethode ist zwar heute noch fast überall im Gebrauch und genügt auch innerhalb gewisser Grenzen, sie ist indes natürlich nicht imstande, uns die absolute Sichtgrenze im Wasser finden zu lassen. Die Methode, eine Lichtquelle von bekannter Stärke im Wasser zu versenken und ihr Verschwinden als Maßstab zu nehmen für die Grenze, bis zu der das Sonnenlicht ins Wasser eindringt, mußte als ungeeignet aufgegeben werden. Wenn man hier exakt arbeiten will, so wendet man heute das photographische Verfahren an. Die lichtempfindliche Platte gibt uns nicht nur die Tiefe an, in der eine Einwirkung des Lichtes nicht mehr erfolgt, sondern sie läßt uns die graduell mit der Tiefe sich vermindernde Wirksamkeit des Lichtes erkennen. Die Methode kann wegen ihrer Kompliziertheit hier nicht beschrieben werden; es sei aber nicht unerwähnt, daß sie auch die nach der Tiefe verschiedene spektrale Zusammensetzung des Lichtes — das Absorptionsvermögen des Wassers ist für die einzelnen Farben des Spektrums verschieden — berücksichtigt. Eine andere Arbeitsweise (Ruttner 1924) benutzt zur Feststellung der Lichtwirksamkeit in den verschiedenen Tiefen die Assimilationstätigkeit von experimentell im Wasser versenkten Pflanzen, die ihrerseits auf die der Messung zugängliche elektrolytische Leitfähigkeit des Wassers einwirken.

Schließlich sei noch als letztes Verfahren dasjenige genannt, das sich des sogenannten Graukeilphotometers nach Eder-Hecht bedient.

Übungen.

Alles was über die Methodik der physiographen Untersuchungen gesagt wurde, gilt auch für die Hinweise auf die Art der hier anzustellenden Übungen. Natürlich steht alles, was sich an geographisch-hydrographischen Eigenschaften anführen läßt, irgendwie in Beziehung zu den Organismen des Sees und ihren Lebensäußerungen, aber das ist doch für die einzelnen Faktoren bald mehr bald weniger der Fall. Daher kommen für unsere Übungen einmal solche Untersuchungen in Frage, deren Zusammenhang mit den Lebensprozessen besonders eng ist und klar erwiesen erscheint, zum anderen müssen wir berücksichtigen, inwieweit wir dabei auf bekanntem Boden stehen, d. h. mit erprobten und ausgearbeiteten Methoden arbeiten können. Es fragt sich im übrigen überhaupt, ob man die Übungen zu diesem Abschnitt getrennt für sich oder etwa im Anschluß an die einzelnen Abschnitte der Seenbiologie, mit denen sie in besonderer Weise zusammenhängen, vornehmen soll. Im Interesse der Übersichtlichkeit der Stoffanordnung dürfte es sich empfehlen, sie im Anschluß an den Abschnitt I, zu dem sie ja gehören, aufzuführen.

Die geologisch-geographischen Übungen dürften sich im wesentlichen beschränken auf Feststellung der Art und Lage des Seebeckens mit Hilfe geographischer und geologischer Karten. Ablagerungen sind zu untersuchen mit Hilfe von Becherlot und Rohrlot, eventuell Bohrungen. Strömungsverhältnisse — wenn Apparatur vorhanden — feststellen.

Temperaturmessungen an der Oberfläche und in den verschiedenen Tiefen. Serienbestimmungen vor allem während der Stagnationsperiode im Sommer und unter Eis. Feststellung der zeitlichen Veränderungen der Temperatur. Lage der Sprungschicht. Messung der Sichttiefe des Wassers zu verschiedenen Zeiten und der Farbe des Wassers. Sauerstoffbestimmungen in Parallele mit den Temperaturmessungen, d. h. vor allem während der Stagnationsperioden.

Wenn möglich Bestimmung der verschiedenen Salze des Wassers und des Gesamtgehaltes mit Interferometer. Bestimmung des Leitvermögens.

II. Die Besiedlung des Binnensees.

Im ersten Abschnitt haben wir den See als Lebensraum, wie er physikalisch-chemisch charakterisiert ist, kennen gelernt. In den folgenden Teilen unseres Buches wollen wir uns mit der Lebensgemeinschaft des Sees beschäftigen. In welcher Form wollen wir sie behandeln? Etwa nach Maßgabe der systematischen Stellung der einzelnen Organismen? Nein, diese Reihenfolge wäre nur dann berechtigt, wenn wir eine Zoologie und Botanik der seenbewohnenden Organismen schreiben wollten, und diese Absicht haben wir bereits in unseren einleitenden Worten ausdrücklich abgelehnt, indem wir betonten, daß uns hier nur die Beziehungen der Organismen zum Lebensort, zum Milieu interessieren. Dies Prinzip, das ja auch in der Fassung des Themas begründet ist, muß natürlich, ebenso wie es die Art der Behandlung des einzelnen Organismus bestimmt, auch maßgebend sein für die Reihenfolge und gruppenweise Zusammenfassung in der Behandlung der Seebewohner. Die Beziehung zum Milieu ergibt ganz andere Organismengruppen als sie die systematische Anordnung liefert. In diesen nach ,,biozönotischem" Prinzip gebildeten Gruppen sind Organismen der verschiedensten systematischen Stellungen miteinander verbunden zu ,,Biozönosen", d. i. Lebensgemeinschaften. Was wir unter einer Biozönose verstehen, wurde in unseren Vorbemerkungen bereits dargetan, und wir erkannten im See selbst eine Biozönose im genauen Sinne des Wortes. Inwieweit die einzelnen Organismengesellschaften oder -vereine innerhalb des Sees wirkliche Lebensgemeinschaften darstellen, das ist eine nicht leicht zu lösende Frage. Die Gesichtspunkte, die neuerdings FRIEDERICHS (1927) bei Erörterung dieses Problemkomplexes anführt, sind einleuchtend, aber in praxi liefert die Natur soviel Übergänge und Komplikationen, daß wir in vielen Fällen kaum mit Sicherheit die Entscheidung darüber zu treffen vermögen, ob wir eine eigentliche Biozönose oder nur einen (kleinen) Lebensverein vor uns haben. FRIEDERICHS (1927, S. 155) will als Biozönose nur den großen Lebensverein, der ein biologisches System darstellt, das sich durch Selbstregulierung bei Bestand erhält, verstanden wissen. Die kleinen Lebensvereine sind demgegenüber ,,nur Stufen innerhalb der Lebenseinheit Biozönose". Ihnen fehlt die Möglichkeit der Selbstregulierung. Gemeinsam ist den in ihnen vereinigten Organismen der Standort, während die wirkliche Lebensgemeinschaft das ,,Bevölkerungssystem eines Biotops" ist. Man wird in manchen Fällen darüber streiten können, ob eine Organismengruppe nur den gleichen Standort oder Wohnplatz innehat, oder ob sie Bevölkerungssystem eines Biotops ist, ob sie nur die gemeinschaftliche Lebensform besitzt oder ob sie durch die Gemeinsamkeit aller Milieufaktoren zu einer Einheit verbunden wird. Die Selbstregulierung des Bestandes, die nach FRIEDERICHS (S. 153) das entscheidende sein soll, kann im See bei ganz kleinen Lebensvereinen vorhanden sein wie bei ganz großen. Beide aber — wie z. B. der ganze Strand ebenso wie der einzelne Stein — sind nicht vorstellbar herausgenommen aus dem großen Biotop des Sees. Die Selbstregulierung innerhalb jedes Lebensvereines ist nur denkbar innerhalb der Gesamtbiozönose des Sees und in Abhängigkeit von ihr. In diesem Rahmen können dann allerdings sowohl die großen als auch die kleineren Lebensvereine selbständig ihren Bestand regulieren und aufrechterhalten. Isolieren wir die großen Lebensvereine innerhalb des Sees, so finden wir auch hier solche, die sich selbst erhalten, und andere, die von einer oder allen übrigen abhängig sind (geschlossene und offene Biozönosen nach THIENEMANN 1918b, S. 302). Es ist offenbar, daß in der Natur fast überall, wo wir schematisieren und systematisieren wollen, sich die Grenzen verwischen und Übergänge auftreten. Und deshalb wäre es müßig, in zweifelhaften Fällen der Auseinandersetzung darüber, ob es sich um einen kleinen Lebensverein oder um eine wirkliche Biozönose handelt, allzu viel Gewicht beizulegen. Wir geben damit zu, daß man eventuell über die Art unserer Auffassung und die Darstellung der Organismengesellschaften des Sees auch anderer Ansicht sein kann, denn diese grundsätzlichen begrifflichen Entscheidungen sind nicht unsere Aufgabe im Rahmen dieser Einführung in die Biologie der Süßwasserseen. Wir sind hinsichtlich der Bezeichnungen überdies auch bis zu einem gewissen Grade gebunden an die Terminologie der grundlegenden Literatur.

Demnach unterscheiden wir im See zwei Hauptlebensbezirke, das freie Wasser (das Pelagial) und den Boden (das Benthal). Ersteres ist bewohnt vor allem von der Lebensgemeinschaft des Planktons, der letztere von der des Benthos. Die weitere Gliederung des Planktons werden wir in dem betreffenden Abschnitt kennen lernen. Die Einteilung der Bodenbesiedlung in zwei sich deutlich scheidende große Lebensbezirke ist hier noch zu erwähnen. Wir werden die Uferzone (das Litoral) mit ihrer Bewohnerschaft getrennt behandeln von der Tiefenregion (dem Profundal) und ihrer Besiedlung. Wir haben also im Grunde drei große Biozönosen im See zu unterscheiden: das Plankton, die litorale Organismengesellschaft und die Lebensgemeinschaft der Profundalregion. In unserer Einleitung haben wir bereits betont, daß es unsere Aufgabe ist, die Organismen in ihren Beziehungen zu ihrem Milieu und zueinander zu behandeln. Die dabei festzustellenden Eigenarten in Bau und Lebensweise werden wir nach zwei Gesichtspunkten trennen können: Eigenschaften, die Anpassungen an das Leben im Wasser überhaupt darstellen, und solche, die bedingt sind durch das Leben an einem bestimmten Lebensort und innerhalb einer bestimmten Gemeinschaft. Wir werden diese Scheidung aber bei der Behandlung der einzelnen Organismengruppen nicht durchführen, um unserer Darstellung nicht den Stempel des Schematischen aufzudrücken, und da wir außerdem ja auch kein Lehrbuch der Hydrobiologie schreiben wollen. Auch eine weitere Gliederung wäre hier zu erwähnen, die nämlich, die in der Trennung zwischen Einzelorganismus und Biozönose als Forschungsgegenstand liegt. Der Einzelorganismus ist vorzugsweise hinsichtlich seiner Beziehungen zum Milieu (Autökologie) und seiner Verteilung im Raum (Autochorologie) Gegenstand der hydrobiologischen Forschung, die Lebensgemeinschaften des Wassers dagegen gehören überhaupt, in jeglicher Hinsicht betrachtet, vor allem natürlich in ökologischer (Synökologie), in unser Gebiet hinein. Wir machen auf diese Scheidung hier aufmerksam, weil wir sie in unserer Stoffanordnung nicht berücksichtigen; vielmehr treten die verschiedenen Gesichtspunkte an den einzelnen Stellen recht verschieden stark in die Erscheinung. Es liegt in der Natur der Sache, daß so die Behandlung der einzelnen Biozönosen ungleichmäßig erscheint. Aus der Vielgestaltigkeit eines Biotops ergibt sich z. B. ohne weiteres die Tatsache, daß sich eben auch vielgestaltige Anpassungen der verschiedenen Bewohner vorfinden, die im einzelnen zu studieren und ganz allgemein von instruktiver Bedeutung sind. Also kommt in einem solchen Falle das autökologische Moment stärker zur Geltung, d. h. die Anpassung des Einzelorganismus bzw. der einzelnen Art an das besondere Milieu. Die Uferzone ist das typische Beispiel für einen derartigen Fall. Demgegenüber fehlt einem anderen Biotop diese Vielgestaltigkeit, es herrscht demgemäß hier das Gemeinsame, das Allgemeingesetzmäßige vor, d. h. fällt ins Auge. Die Beziehungen der Biozönose zum Milieu treten hier in den Vordergrund, das eigentlich Biozönotische, vor allem also die Synökologie, prägt sich schärfer aus als bei einer Organismengesellschaft, deren Wohnraum vielseitig charakterisiert und gegliedert ist. Haben wir als Beispiel für letzteren das Litoral schon genannt, so mag für die andere Ausprägung auf die Tiefenregion, das Profundal, hingewiesen werden. Nach alledem wird man nicht erwarten können, daß die Behandlung der verschiedenen Biozönosen des Sees schematisch in den gleichen Rahmen gepreßt wird, vielmehr wird man den vorgenannten Umständen Rechnung tragen müssen. Die Darstellung jeder Lebensgemeinschaft muß sich eben deren Eigenart anpassen. Das gilt nicht nur für die Form der Behandlung, sondern auch für den Umfang der den Teilfragen unseres Themas gewidmeten Kapitel; eine gewisse Ungleichheit läßt sich auf Grund des Gesagten auch hierin nicht vermeiden. Dabei dürfen wir einen weiteren Umstand nicht vergessen: schließlich ist eine zusammenfassende Abhandlung doch angewiesen auf die tatsächlich vorliegenden Forschungsergebnisse. Vorhandene Lücken — und deren gibt es genügend viele auf einem so jungen Forschungsgebiet — kann sie aus sich nicht ausfüllen; sie soll allerdings auch nicht hinwegtäuschen über diese Lücken, sondern vielmehr dazu anregen, sie zu beseitigen.

A. Die Region des freien Wassers (Pelagial).

Als Pelagial oder Limnion bezeichnet man die Region des freien Wassers im Binnensee. Als Lebensort ist das Pelagial in erster Linie dadurch gekennzeichnet, daß für die Besiedlung die feste Unterlage, das Substrat, zur Anheftung fehlt und damit auch die Differenzierung des Milieus, die damit zusammenhängt. Dieser Lebensraum ist von der beweglichen Wassermasse erfüllt, die zwar physikalisch-chemisch sich unterscheidende Einzelbezirke aufweisen kann, die aber wiederum jederzeit der Durchmischung und damit der Nivellierung etwa bestehender Unterschiede ausgesetzt ist. Nur wenige Faktoren gibt es, die unveränderlich — wenn auch in gewissen Grenzen verschiebbar — den ganzen wassererfüllten Raum eines tieferen Sees in zwei Hauptgebiete gliedern: den wichtigsten stellt die Anwesenheit bzw. das Fehlen des Tageslichtes dar; die oberen Wasserschichten eines Sees sind durchleuchtet, die unteren sind — da ja die Lichtdurchlässigkeit des Wassers seine bestimmten Grenzen hat — dunkel. Es gibt außerdem noch zwei weitere grundsätzliche Unterschiede zwischen den oberen und den unteren Wasserschichten: oben prägt sich eine mehr oder weniger starke Wellenbewegung aus, während unten bis zu einem gewissen Grade Ruhe herrscht; oben schwankt die Wassertemperatur während des Jahres in bestimmten Grenzen, unten ist sie konstant niedrig. Das sind die für das Leben im Pelagial bedeutsamen grundlegenden Unterschiede zwischen dem Epilimnion und dem Hypolimnion, die, wie wir im ersten Abschnitt sahen, durch das Metalimnion, die Region der thermischen Sprungschicht, getrennt sind. Diese Schichten gliedern den Lebensraum in vertikaler Hinsicht. Entsprechend dieser Gliederung prägen sich auch andere Differenzierungen des Pelagials aus; sie sind indessen einem gewissen Wechsel unterworfen, da Strömungen die Wassermasse stets wieder umschichten. In horizontaler Richtung weist der Lebensraum des Pelagials begreiflicherweise eine nur geringe Gliederung auf, wenn wir von der Uferzone, deren freies Wasser vielfach gar nicht zum eigentlichen Pelagial gerechnet wird, absehen. Indessen können sich in der Horizontalen doch Unterschiede herausbilden, bedingt etwa durch die Gliederung der Beckenform des Sees oder durch Einflüsse vom Ufer her. Jedenfalls ist das, was dann entsteht, sehr weit entfernt von der scharfen horizontalen Gliederung, wie sie sich am Seeboden herausbildet. Deshalb spielt diese horizontale Gliederung, die vielleicht beim Pelagial auftritt, im allgemeinen eine auch nur geringe Rolle für das Studium der Biozönose des Pelagials.

Wie gliedert sich im übrigen diese Biozönose?

Was uns an den Organismen einer Lebensgemeinschaft des Wassers meistens zuerst interessiert, ist ihr Lokalisationsvermögen, mit anderen Worten ihre Einstellung auf die besonderen Verhältnisse des Lebensraumes hinsichtlich ihrer Bewegung bzw. ihres Festhaltens am Ort. Und es ist gerade die Art der Lokalisation der Organismen des freien Wassers, die sie in drei Hauptgruppen gliedert: die erste umfaßt die Tiere, die sich mittels ausgesprochener starker Eigenbewegung im Wasser halten, die zweite die schwebenden Organismen und die dritte die an der Wasseroberfläche lebenden Pflanzen und Tiere. Wenden wir uns zuerst der zweiten und wichtigsten Gruppe zu; sie repräsentiert die eigentliche Biozönose des Pelagials.

1. Das Plankton.

Unter dem Plankton versteht man die Masse der im freien Wasser schwebenden oder auch — ohne erhebliche Eigenbewegung — schwimmenden Organismen. Wörtlich übersetzt heißt Plankton „das Herumtreibende". Die Bezeichnung stammt von einem der bedeutendsten, d. h. dem eigentlichen Begründer der Planktonforschung, V. HENSEN. „Herumtreibend“ im freien Wasser sind natürlich auch nichtlebende Körperchen; sie nennt man Tripton (das Zerriebene) und faßt beides, das Plankton und das Tripton als Seston (das Absiebbare) zusammen. Das Plankton wird demnach auch Bioseston, das Tripton auch Abioseston genannt.

Hier interessiert uns zunächst nur das eigentliche Plankton. Es stellt wohl die arten- und individuenreichste Lebensgemeinschaft des Sees dar und besteht aus kleinen Tieren und ungleich mehr meist winzigkleinen Pflanzen. Die Angehörigen des Seen-Planktons gehören fast ausnahmslos zur Mikrofauna und Mikroflora. Wir sehen in der Trennung von Tieren und Pflanzen die natürliche systematische Scheidung der Planktonorganismen in zwei Hauptgruppen und sprechen demgemäß von Zooplankton und Phytoplankton. Eine andere Unterscheidung gründet sich lediglich auf den Größenunterschied und die hierdurch bedingte Fangmethode bzw. -technik und trennt das Netzplankton — also das durch Seidengazenetze zu erbeutende — vom Zentrifugenplankton, dessen man durch Zentrifugieren einer bestimmten Wassermenge habhaft wird. Das letztere wird auch Nanno- oder Zwergplankton genannt. Es besteht fast ausschließlich aus pflanzlichen Organismen, während die tierischen Plankter größtenteils zum Netzplankton rechnen. Weitere Einteilungsprinzipien gründen sich auf den Aufenthaltsbezirk der Plankter innerhalb des Pelagials und führen zur Gliederung des Planktons in eine epilimnische — sie umfaßt die Mehrzahl der Plankter —, eine metalimnische und eine hypolimnische Komponente, je nachdem die betreffenden Organismen oberhalb der Sprungschicht, in ihrem Bereich oder unterhalb sich aufhalten. Wir werden die Planktonorganismen indessen nicht gruppenweise nach einer der genannten Einteilungen betrachten, sondern wollen ökologische Prinzipien zugrunde legen.

Die Beziehungen des Planktons zum Milieu, dem Wasser des Pelagials, können wir im wesentlichen nach zwei Hauptgesichtspunkten einteilen. Sie stellen sich dar in den beiden Begriffen „Formproblem“ und „Verteilungsproblem“. Das erste der beiden genannten Gesamtprobleme umfaßt die Fragen nach der Abhängigkeit des äußeren und inneren Baues der einzelnen Planktonorganismen von der Eigenart des Milieus. Es handelt sich hier um autökologische Probleme, d. h. Fragen, die die Ökologie des Einzeltieres betreffen. Der zweite der beiden Hauptbegriffe beschäftigt sich mit dem Problem, inwiefern die Verteilung der Plankter und ihrer einzelnen Gemeinschaften bestimmt wird durch die Eigenschaften des Lebensraumes, d. h. der Wassermasse des Pelagials. Diese letzteren Fragen führen, aufbauend auf der Ökologie des Einzeltieres, zu einer Behandlung ökologischer Probleme der Lebensgemeinschaften, der Biozönosen. Es handelt sich hier in der Hauptsache um synökologische Probleme.

a) Das Formproblem.

Der Begriff Formproblem oder Gestaltungsproblem umfaßt eine Reihe verschiedener Fragen, je nachdem von welchem Gesichtspunkt wir den äußeren oder inneren Bau des Organismus im Zusammenhang mit seiner Lebensweise betrachten. Das Formproblem sucht nach LOHMANN (1912, S. 34) die Antwort auf die Frage, inwiefern der Bau der Organismen „der notwendige Ausdruck der Anforderungen ist, welche die Existenzbedingungen an den Organismus stellen, wenn er sich ihnen gegenüber erfolgreich durchsetzen will". LOHMANN (S. 36) stellt fünf dieser Forderungen auf; er nennt zwei Forderungen der Selbsterhaltung (ausreichende Ernährung und Schutz), zwei Forderungen der Stammeserhaltung (ausreichende Vermehrung, Variationsvermögen) und schließlich die die Forderung des Schwebens. Wir können diese Gesichtspunkte nicht restlos hier abhandeln. Wir versuchen lediglich, durch Darlegung einiger Beispiele ein Bild zu zeichnen von den drei wichtigsten Teilfragen des Formproblems, nämlich seinen Beziehungen zu den Lebensforderungen der Lokalisation (Schweben oder Bewegung), der Ernährung und der Fortpflanzung.

Die Lokalisation der Planktonorganismen.

Als das am auffälligsten sich darbietende und vielleicht auch wichtigste Problem, weil grundlegend für die anderen, erscheint die Frage der Lokalisation, d. h. die Frage nach den Beziehungen zwischen dem Bau der Organismen und der Art und Weise, wie sie ihr Beharren am Ort bzw. ihre Bewegung im Raum bewerkstelligen. Das Problem der Lokalisation ist also ein Teilproblem des ganzen Formproblems. Aber hier beim Plankton, für dessen Lokalisation so ganz besondere Bedingungen maßgebend sind, deckt beides sich nahezu, denn die Bauform wird bei sehr vielen Planktern in erster Linie durch die Anforderungen der Lokalisation bestimmt. Wir haben schon erwähnt, daß dieser große Lebensraum des Pelagials sich auszeichnet durch eine große Gleichförmigkeit des „Substrates", wenn wir dieses Wort gebrauchen wollen zur Bezeichnung der körperlichen Unterlage für die Befestigung oder Bewegung der Organismen im Biotop. Die ganze im Zusammenhang stehende Wassermasse des Beckens ist hier das Substrat. Differenzierungen, die wir hinsichtlich des Lokalisations- oder Bewegungsvermögens beobachten, gehen demgemäß nur selten auf das Milieu zurück, das in dieser Richtung nur geringe Veränderlichkeit zeigt verglichen etwa mit den Bodenregionen. Es bietet fast überall die gleichen Verhältnisse. Wenn also die Methoden der Lokalisation variieren, so geht das in erster Linie zurück auf den Formenreichtum und die überaus große Artenzahl, die wir im Plankton feststellen. Es handelt sich um einen Lebensraum, der im Gegensatz zur Bodenfläche in seiner ganzen dreidimensionalen Ausdehnung der Besiedlung Möglichkeiten bietet; dazu kommt noch der Umstand, daß die in Frage kommenden Organismen aus weiter unten zu beleuchtenden Gründen nur klein sein können. Demnach kann also das Pelagial einer sehr großen Zahl von Planktonarten und -individuen Raum und Lebensmöglichkeit bieten, sofern hinreichend Nahrung vorhanden ist. Und daß diese zahlreichen, systematisch verschiedenen Organismen sich in mannigfaltiger Weise mit dem Problem der Lokalisation abfinden, das dürfte einleuchten, wenn wir bedenken, daß wohl auch innere

Entwicklungsgesetzmäßigkeiten und ihre Variationen von Art zu Art wirksam sind.

Die Lokalisation der Planktonorganismen besteht in einem Schweben. Das Schweben im freien Wasser wird um so leichter ermöglicht, je geringer das spezifische Gewicht des Körpers ist. Eine Verminderung des spezifischen Gewichtes kann auf verschiedene Weise erreicht werden. Der Wassergehalt der Gewebe kann sehr groß sein, gasgefüllte Vakuolen und Pseudovakuolen, sowie Fette und Öle können eingelagert sein; häufig ist auch die Vergrößerung der relativen Körperoberfläche das Mittel, um die Sinkgeschwindigkeit zu vermindern durch Erzielung einer starken Reibung im Wasser. OSTWALD (1902, S. 599) hat das Schweben definiert als einen Sinkvorgang von ganz geringer Geschwindigkeit. Die Formel, die diesen Vorgang versinnbildlicht, lautet folgendermaßen:

$$\text{Sinkgeschwindigkeit} = \frac{\text{Übergewicht}}{\text{Formwiderstand} \times \text{Viskosität des Wassers}} = \frac{\text{Übergewicht}}{\text{Reibung}}.$$

Welch' große Rolle hierbei die von der Temperatur abhängige innere Reibung des Wassers spielt, ist aus der Formel ersichtlich. Wasser von 25^0 trägt also nur halb so gut wie Wasser von etwa 0^0. Auf welche Weise wird nun im einzelnen bei den Planktonorganismen die Sinkgeschwindigkeit vermindert?

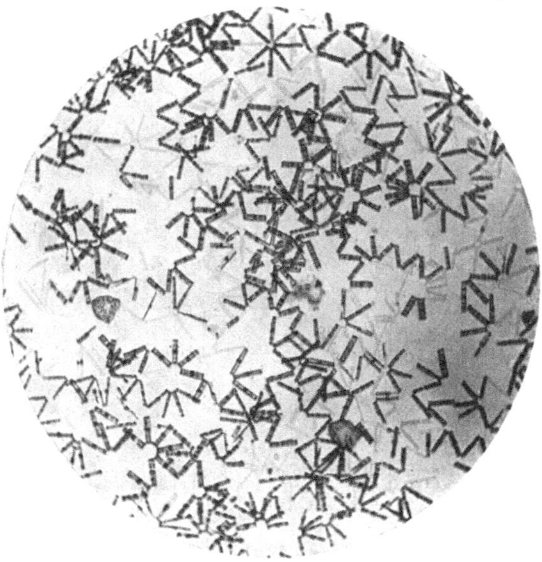

Abb. 16. Kieselalgenplankton, fast ausschließlich aus *Tabellaria fenestrata* gebildet. Phot. K. DIEDERICHS.

Die pflanzlichen Vertreter des Planktons, die Phytoplankter, sind samt und sonders sehr kleine Organismen. Zweifellos begünstigt dieser Umstand die Fähigkeit zum Schweben im Wasser bzw. vermindert die Sinkgeschwindigkeit im Wasser. Denn je kleiner ein Körper ist, um so mehr verschiebt sich das Verhältnis Volumen: Oberfläche zugunsten der letzteren. Von den übrigen Gründen für die Kleinheit dieser Organismen werden wir weiter unten noch zu sprechen haben.

Eine der häufigsten Erscheinungen im Dienste des Schwebens ist die Schleimbildung. Bei vielen Schizophyceenalgen (Chroococcaceen) sind die fadenförmig aufgereihten Zellverbände in Gallerte eingehüllt. Auch bei den Kieselalgen kommen Gallerthüllen vor. Sie können z. B. bei *Tabellaria* (Abb. 16) geradezu fallschirmartig (NAUMANN 1925, S. 13 bis 18) ausgebildet sein, während bei *Cyclotella comta* durch eine Gallerte eine Anzahl von Einzelindividuen verbunden dem Absinken durch Vergrößerung der Oberfläche verstärkten Widerstand leistet. Gallertmäntel finden wir weiter bei den Chlorophyceen (*Sphaerocystis* u. a.) und gewissen Blaualgen. Beim Zooplankton fehlen Gallertbildungen ebenfalls nicht. Die Eier mancher Wurmarten, die im Pelagial leben, besitzen solche Mäntel. Von einem Gallertmantel umhüllt ist auch ein kleiner Planktonkrebs *Holopedium gibberum*. Gas- oder Pseudovakuolen bei einer Anzahl von Schizophyceenalgen — ihrem Wesen nach allerdings noch umstritten (vgl. KLEBAHN 1896, 1897) — scheinen den Aufstieg der betreffenden Algen bei sonnigem, ruhigem Wetter zur Wasseroberfläche und damit die Bildung von Wasserblüten hervorzurufen (*Anabaena*, *Gloiotrichia* [Abb. 17], *Microcystis* u.a.). Hier wären auch die Schwimmblasen der Larve der Büschelmücke *Corethra*, die Erweiterungen der Tracheen darstellen und hydrostatischen Zwekken dienen, zu erwähnen. Die Berechtigung, die *Corethra*-Larve zum Plankton zu zählen, wird allerdings umstritten, weil sie nur zeitweise im freien Wasser lebt und ausgesprochene Eigenbewegung besitzt.

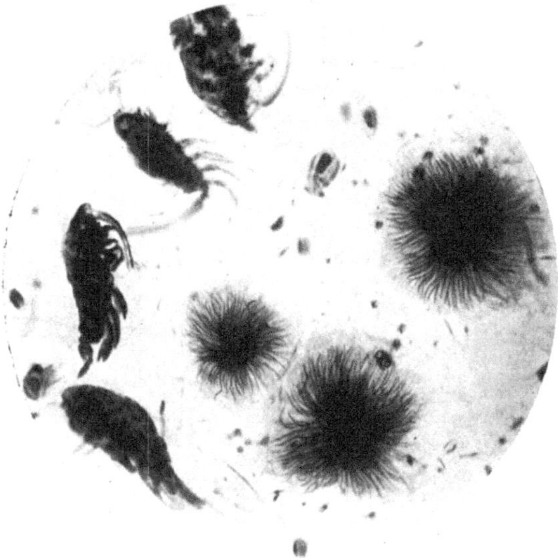

Abb. 17. Kolonien der Spaltalge *Gloiotrichia echinulata* und Ruderfußkrebse im Plankton eines holsteinischen Sees. Phot. K. DIEDERICHS.

Einlagerungen von Öl- und Fetttröpfchen stellen wir fest bei sehr vielen Vertretern des Phytoplanktons und auch bei solchen Zooplanktern, die — sich von jenen nährend — solche Einlagerungen erlangen. In allen diesen Fällen wird durch die Einlagerung das spezifische Gewicht verringert und das Schwebevermögen verbessert.

Mehr noch als die bisher genannten Schwebevorrichtungen hat eine andere Art von Anpassung an das Schweben im Wasser die frühere Planktonforschung beschäftigt. Das ist die Gestaltung der äußeren Form der Plankter. Man darf heute wohl sagen, daß man früher die Bedeutung dieses Faktors überschätzt hat, wenn man fast jede Eigenart des äußeren Baues, jeden Fortsatz, jede Abplattung usw. als Anpassung an das Schweben angesprochen hat. Wenn wir auch heute überzeugt sind, daß viele dieser Baueigentümlichkeiten lediglich auf vererbte Entwicklungstendenzen zurückgehen, daß andere wiederum bestimmten Zwecken dienen, die an und für sich mit dem Schweben selbst nichts zu tun haben, so bleiben doch noch zahlreiche Beispiele, die **für** die Schwebeanpassung sprechen. Die Ausbildung von Borsten — wie bei *Stephanodiscus* — die zum Teil noch eine gewisse Torsion zeigen, begünstigt zweifellos das Schwebevermögen. Bei den Ceratien (Abb. 18) hat man sogar festgestellt, daß sie durch Abwerfen bzw. Regeneration ihrer hörnerartigen Fortsätze ihre Schwebefähigkeit und damit ihre Tiefenlage im Pelagial ändern. Borsten tragen auch die pelagisch lebenden Eier von Wurmarten (Rädertiere der Gruppe der Synchaeten). Man hat vielfach auch die Scheibenform mancher Plankter — z. B. bei *Pediastrum* —, die Nadelform — etwa der Kieselalge *Synedra* —, die Netz- und Kettenbildung — z. B. mancher Kieselalgen — als Mittel zur Vergrößerung der Oberfläche

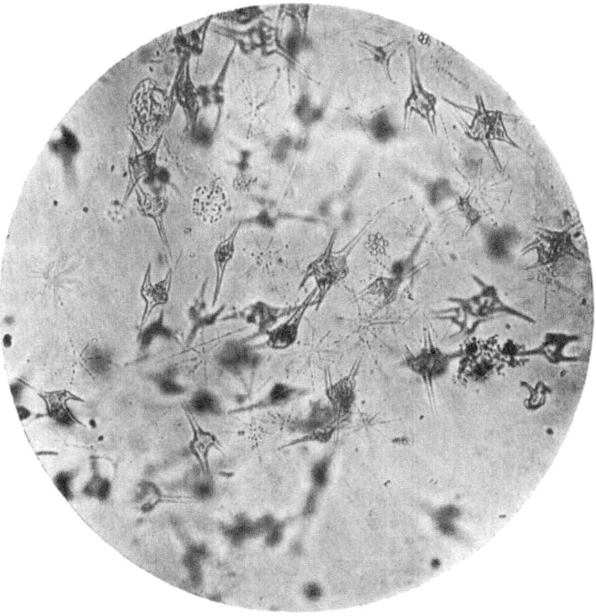

Abb. 18. Frühjahrsplankton (*Ceratium, Asterionella, Tabellaria, Eudorina, Microcystis*). Phot. K. DIEDERICHS.

und somit des Reibungswiderstandes angeführt. Indessen sind diese Zusammenhänge teilweise auch angezweifelt worden; sie seien aber trotzdem, wenn auch unter diesem Vorbehalt, erwähnt. Nach einem neuerdings (UTERMÖHL 1925, S. 156) ausgesprochenen Gedanken indessen dürften die genannten Baueigentümlichkeiten vielleicht doch eine Bedeutung haben für das Schwebevermögen, wenn auch nicht im Sinne der alten Schwebetheorie (WESENBERG-LUND 1900): wenn wir daran denken, daß im Wasser fast immer gewisse Strömungen — vertikal oder horizontal — herrschen, so erscheinen die Gallertschirme, Fortsätze u. a. als recht zweckmäßige Auffangevorrichtungen für diese Strömungen, und so stehen sie letzten Endes doch wohl im Dienste des Schwebens.

Etwas anderes ist es mit den Fortsätzen, die wir bei manchen **tierischen Planktern** feststellen. Sie treten z. B. als Stacheln in verschiedenerlei Gestalt auf bei planktischen Rädertieren (*Anuraea*, *Notholca*, *Polyarthra*, *Triarthra*) (Abb. 19), desgleichen als absonderlich lange Fortsätze bei manchen Krebsen (*Bythotrephes*, *Polyphemus*). Da diese Tiere eine ausgesprochene Eigenbewegung besitzen, können die erwähnten Körperverlängerungen kaum als Schwebeorgane aufgefaßt werden. Vielmehr dienen sie — wie WOLTERECK (1913) für die Cladoceren (Wasserflöhe) nachgewiesen hat — als Steuerflächen. Es dürfte sich lohnen, den interessanten WOLTERECKschen Untersuchungen eine kurze Betrachtung zu widmen. Wir gehen aus von der Feststellung, daß die pelagisch lebenden Phyllopoden von kriechenden Formen des Bodens abstammen. Die heute bekannten Cladocerentypen lassen sich von vier verschiedenen Ausgangsformen herleiten und lassen ihren verschiedenen Ursprung in Bau und Lebensweise erkennen. Die erste Formengruppe oder -reihe beginnt mit *Sida cristallina*, die am Rücken eine Haftvorrichtung besitzt, mittels deren sie sich an Uferpflanzen befestigen kann. Weiter gehört zu dieser Reihe das schon genannte *Holopedium* und die besonders charakteristische *Leptodora*. Die zweite Reihe nimmt ihren Ursprung bei *Chydorus sphaericus*, einem Krebs, der meist am Boden und an Pflanzen kriecht und nur zuweilen auch im Pelagial schwimmt oder besser „schwirrt" (nach WOLTERECK). Von diesen Formen leiten sich her die typenreichen Bosminen. Die dritte Reihe enthält die Daphniden (die eigentlichen Wasserflöhe) mit ihrer typischen hüpfenden Bewegung. Die vierte Reihe bilden die Onychopoden, räuberische Formen von zum Teil bizarrem Körperbau (*Polyphemus*, *Evadne* und *Bythotrephes*). Es sei als besonders beachtenswerte Tatsache bemerkt, daß der größte Teil der Wasserflöhe im weiteren Sinne sich in einem labil zu nennenden Zustand der genetischen Entwicklung befindet, d. h. sich noch heute weiter umformt, was sich im Auftreten von lokalen und temporalen Formbesonderheiten zeigt. Hiervon soll weiter unten noch die Rede sein. In diesem Zusammenhang interessiert uns nicht so sehr die Herleitung der pelagischen Formen von den Uferformen und überhaupt die genetische Problemstellung, als vielmehr die Bewegungsart der erwähnten Typen und der Bewegungsmechanismus. Wir sehen, daß die einzelnen Gruppen der Wasserflöhe im weiteren Sinne sich recht verschieden im Wasser vorwärts bewegen: die Daphniden hüpfen, die Bosminen, ebenso auch *Chydorus*, schwirren, d. h. die Schläge der Ruderantennen erfolgen sehr schnell hintereinander und ohne Pause, *Diaphanosoma* schwimmt sprungweise und bei *Leptodora* sowie *Polyphemus*, *Bythotrephes* und *Evadne* beobachten wir ein langsames Rudern. Auch das Übergewicht der oben erwähnten Formel für die Sinkgeschwindigkeit ist recht verschieden bei den einzelnen Arten.

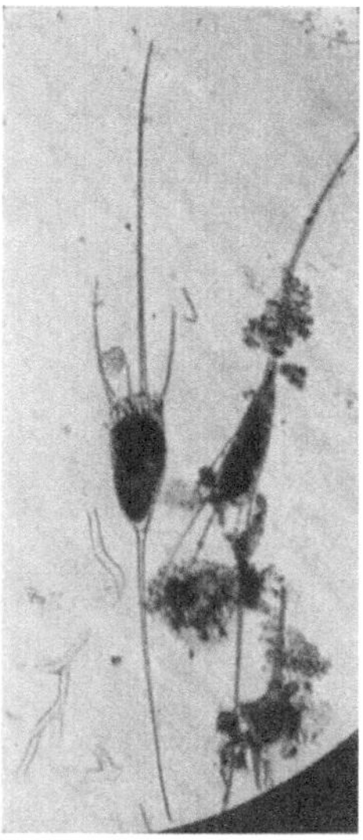
Abb. 19. Das Rädertier *Notholca longispina*. Phot. Dr. W. RYLOV.

Hierbei spielt der Fettgehalt eine große Rolle. Bei *Diaphanosoma* z. B. ist das spezifische Gewicht dem des Wassers ungefähr gleich; das Tier bleibt also nach jedem Schwimmstoß ruhig im Wasser liegen, ohne abzusinken. Bei anderen Formen dagegen sind Fortsätze, Körperverlängerungen vorhanden, die lange als eigentliche Schwebeorgane angesehen wurden. WOLTERECK wies nach, daß sie Führungsflächen und Steuerorgane darstellen. Sie sind bei den einzelnen Gruppen recht verschieden nach Form und Lage. Sie verlaufen in der Richtung der morphologischen Längsachse des Tieres oder senkrecht zu ihr. Beide Arten von Fortsätzen kommen für sich und gleichzeitig bei denselben Krebsarten vor. Nicht nur die Lage bzw. Stellung, sondern auch die Art der Fortsätze ist sehr verschieden, indem sie jeweils an anderen Körperteilen auftreten. Bei *Daphnia cucullata* sind der Kopf (in Form eines Helmes) und der Schalenstachel verlängert, beides in Richtung der Körperlängsachse. Bei *Bosmina coregoni* sind es die seitlichen Schalenstacheln, bei *Bythotrephes* ist es der Hinterleib und bei *Leptodora* sind Kopf und Körperringe verlängert. Im Gegensatz zu den angeführten Beispielen sind senkrecht zur Längsachse verlängert bei *Bosmina longirostris*, *Evadne* und *Cercopagis* der Rücken, die Vorderfühler, die Schalenstacheln und der Hinterleib; bei *Daphnia hypsicephala* und *Hyalodaphnia* kommen Verlängerungen in Richtung der Längsachse und solche, die senkrecht zu ihr verlaufen, vor. In diesen Körperverlängerungen und Fortsätzen hat man nun lange Zeit hindurch lediglich das Mittel zur Vergrößerung der Körperoberfläche, also zur Verstärkung des Reibungswiderstandes des Wassers, mit anderen Worten reine Schwebefortsätze gesehen. WOLTERECK (1913) hat darauf hingewiesen, daß verschiedene Umstände dieser Annahme widersprechen: wenn wir die Lage der Fortsätze mit der Haltung vergleichen, die jede Art beim Schwimmen im Wasser einnimmt, so stellen die Fortsätze wohl in den meisten Fällen durchaus keine Vergrößerungen des horizontalen Querschnittes dar. Nur wenn das der Fall wäre, hätten sie als Schwebeorgane einen Sinn. Außerdem liegt eine andere Beobachtung vor. Die jahreszeitlichen Variationen verschiedener Arten, die sich bei *Bosmina longirostris* z. B. aussprechen in der verschiedenen Länge der „Hörner", können kaum als Anpassungen an die Schwebefähigkeit gedeutet werden, denn in diesem Falle müßten im leichteren Sommerwasser die Fortsätze stets länger sein als im schwereren Winterwasser, das ja eine größere innere Reibung (Viskosität) hat. In manchen Fällen verhält es sich nun gerade umgekehrt. Beispiele hierfür bieten die Formen *Bosmina longirostris* und *Bosmina coregoni longispina*. Diese Widersprüche lösen sich durch die WOLTERECKsche Erklärung der Fortsätze und Körperverlängerungen: als Richtungsorgane, d. h. Führungsflächen und Steuer für die Bewegung, sind sie ohne weiteres verständlich. So z. B. leuchtet ein, daß die Schalenränder bei *Bosmina* mit ihren spitzen Verlängerungen, den Mucronen, besonders geeignet sind, die Schwimmrichtung zu stabilisieren. Die gleiche Funktion können z. B. auch die Hörner der Bosminen ausüben, sobald sie der Bewegungsrichtung etwa parallel verlaufen. Andernfalls aber dienen sie als Steuer, wie aus der Abb. 20 hervorgeht. Der Ruderschlag bei den Bosminen, der nach unten und hinten erfolgt, würde in Gemeinschaft mit der Wirkung der Schwerkraft eine Bewegung hervorrufen, die nach oben abweicht von der Horizontalen, und beide Kräfte würden gleichzeitig die Längsachse um den Schwerpunkt drehen, so daß eine kreisförmige Bewegung, bei der das Tier sich rückwärts überschlagen würde, das Ergebnis wäre. Dem nun wirkt der Wasserdruck entgegen, der bei der Vorwärtsbewegung das Tier von vorn — die von diesem Druck getroffene Vorderfläche ist ja durch ein Horn verlängert — trifft. Das Horn wirkt so als Steuer. Es ist festzustellen, daß die verschiedenen Fortsätze bei gewissen Formen in einem Zusammenhang miteinander stehen. Bei den verschiedenen Typen läßt sich nachweisen, wie diese Richtungsorgane, in jedem Einzelfalle anders, im Zusammenhang mit den übrigen Faktoren, vor allem der Schwerkraft, die Bewegung der Tiere bestimmen. Bei einigen von ihnen spielen die Fortsätze vielleicht doch noch eine gewisse Rolle als Schwebeorgane. Aber diese Bedeutung ist gegenüber der genannten wohl nur nebensächlich.

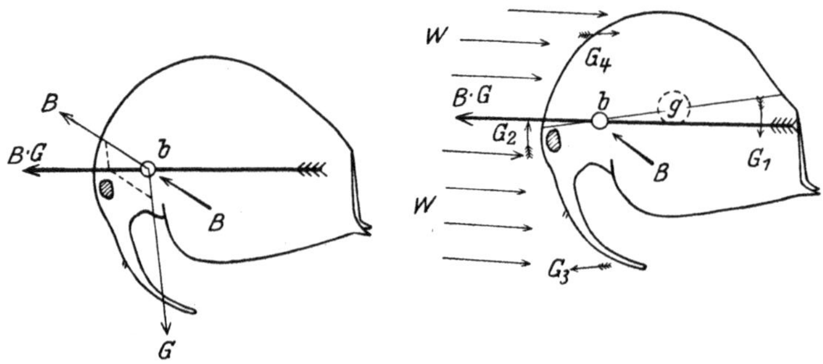

Abb. 20. Die Faktoren der Bewegungsrichtung beim Wasserfloh *Bosmina*. (Aus THIENEMANN nach WOLTERECK.)

Ihre Hauptfunktionen stellen also dar: ihr Einfluß auf die Lage des Schwerpunktes, die Stabilisierung der Vortriebsrichtung und die Steuerung.

Die Formel, die wir oben für das „Schweben", dargestellt durch die Sinkgeschwindigkeit, kennen lernten, ist für die Tiere mit ausgesprochener Eigenbewegung um einige Größen erweitert. Es kommt hier hinzu die durch die Bewegungsorgane hervorgerufene Bewegung nach unten oder oben sowie die durch Steuerung veranlaßte Ablenkung. Die Formel lautet hier also folgendermaßen:

$$\text{Sinkgeschwindigkeit} = \frac{\text{Übergewicht} \times \text{Abwärtsbewegung} + \text{Abwärtssteuerung}}{\text{Reibung} \times \text{Aufwärtsbewegung} + \text{Aufwärtssteuerung}}.$$

Nur für die Cladoceren sind diese Verhältnisse so genau untersucht. Für andere Plankter mit ausgesprochener Eigenbewegung liegen noch keine Untersuchungen vor in dieser Hinsicht.

Neuerdings hat WAGLER (1927, S. 286) in einer Arbeit, in der er gegen die WESENBERG-LUNDsche Schwebetheorie Stellung nimmt, die WOLTERECKschen Gedanken weiter ausgebaut, indem er auch Organe für die horizontale Stabilisierung nachweist, Organe, die also als Stabilisierungsflächen ein „Schlingern" bei der Bewegung der betreffenden Organismen verhindern sollen.

Die Temporal- und Lokalvariationen.

Wir haben bereits erwähnt, daß bei einzelnen Vertretern des Planktons jahreszeitlich verschiedene Formen vorkommen. Betrachten wir kurz einige dieser sogenannten Temporalvariationen. Seit langem weiß man (Wesenberg-Lund, Lozeron, Schröter), daß gewisse Kieselalgen im Sommer in anderer Weise ihre Kolonien bilden als im Winter. In gewissen Seen soll die Zahl der Individuen bei *Asterionella*, die eine Sternkolonie bilden und die im allgemeinen 12—14 zählen, im Winter oft mehr als 20 erreichen. *Asterionella gracillima* soll sich nur im Sommer zu Sternen, im Winter dagegen zu Ketten anordnen. Von *Tabellaria fenestrata* ist ein ähnlicher „Saisondimorphismus“ bekannt. Die Dinobryen scheinen ihre Gehäuse je nach der Jahreszeit abwechselnd zu verlängern oder zu verkürzen. Bekannt sind die Variationen gewisser Ceratien. *Ceratium hirundinella* O. F. M. verändert in bestimmten Gewässern nicht nur seine Größe, sondern vor allem die Zahl seiner Hörner mit der Jahreszeit. Am besten studiert sind (von Lauterborn 1898, 1901, 1902—1904) die Temporalvariationen der Rädertiere. *Anuraea cochlearis* ist besonders stark variabel. Bei dieser Form sind Variationsreihen festzustellen, jahreszeitlich aufeinanderfolgende Formen, die sich aus einer Stammform herleiten und in ihren Endgliedern im Sommer auftreten. Sie unterscheiden sich voneinander und von den Stammformen in erster Linie durch die Länge der Vorderdornen, des Hinterdorns und der Gesamtgröße. Auch bei anderen Rädertieren kommen „Sommerformen“ vor, die sich durch Form und Größe sowie die Länge etwaiger Fortsätze von den Winterformen unterscheiden. Am bekanntesten sind die zyklischen Variationen, die Zyklomorphosen, der Cladoceren geworden. Sie sind bei einigen Formen außerordentlich auffällig und daher schon sehr früh beobachtet worden. Es handelt sich dabei in erster Linie um die Kopfformen der verschiedenen Daphnienarten. Man hat festgestellt, daß der Kopf dieser Tiere im Winter flach und niedrig ist, im Frühjahr sich nach oben in die Länge streckt und im Sommer ausgesprochen helmartig verlängert ist (Abb. 21); hierzu kommen noch andere Abänderungen, z. B. hinsichtlich der hinteren Schalenstacheln und der Zahl der Postabdominalzähne. Bei einer anderen Form (*Ceriodaphnia*) ändert sich die Form und die Größe der Schale. Die Bosminen variieren vor allem den für sie so typischen Rüssel, der im Sommer lang und im Winter kurz hakenförmig ist. Auch der hintere Schalendorn, der Mucro, ist im Sommer länger als im Winter. Sehr charakteristisch besonders bei einigen Arten (*Bosmina coregoni*) ist auch die zu bestimmter Zeit erfolgende Vergrößerung der Schalenhöhe, die

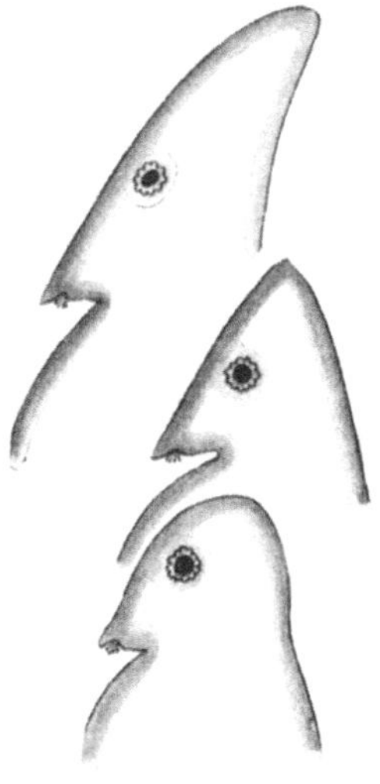

Abb. 21. Temporalvariation des Wasserflohs *Hyalodaphnia cristata*; Kopfform im Sommer (oben), im Herbst (Mitte) und im Winter (unten). (Nach Zacharias.)

eine Erweiterung des Brutraumes darstellt und zu verstehen ist im Zusammenhang mit der Erhöhung der Zahl der Eier. Bei den genannten Bosminen führt diese Schalenvergrößerung zu einer ausgesprochenen Buckelform.

Auch bei Copepoden (Ruderfüßern) sind Temporalvariationen festgestellt worden. Alle genannten Beispiele fallen unter den Begriff der eigentlichen Zyklomorphose, d. h. die geschilderten Variationen im Bau der betreffenden Arten treten im Verlauf eines Jahres auf. Daneben aber sind noch Formvariationen beobachtet worden, die sich über größere Zeiträume erstrecken. Vor allem an Kieselalgen sind solche Feststellungen gemacht worden. *Fragillaria-*, *Asterionella-* und *Tabellaria*-Arten zeigen einen sich über mehrere Jahre erstreckenden regelmäßigen Wechsel von größeren und kleineren Formen.

Kaum ein Problem der Hydrobiologie ist so umstritten worden wie die Frage nach den Ursachen der Zyklomorphose. WESENBERG-LUND war wohl der erste, der das Problem in seiner allgemeinen Umgrenzung einer näheren Betrachtung und Erforschung unterzogen hat. Er kam zu dem Ergebnis, daß die zu gewissen Jahreszeiten einsetzende Veränderung der Gestalt dieser Planktonorganismen eine Anpassung darstelle an die Veränderung der Schwebebedingungen des Wassers, das bei steigender Temperatur spezifisch leichter wird (WESENBERG-LUND 1900, S. 646). Diese Änderung des spezifischen Gewichtes des Wassers stellt sich aber bei näherer Betrachtung als wenig erheblich heraus; demgegenüber fällt erheblich stärker ins Gewicht die bei steigender Temperatur eintretende Verminderung der inneren Reibung (Viskosität) des Wassers. Diese ist bei 25° nur halb so groß wie bei 0°. Die bei der Zyklomorphose auftretenden Gestaltsveränderungen (Körperverkleinerung, Bildung und Verlängerung von Fortsätzen, Auftreten einer rauhen Oberfläche, Vergrößerung des Querschnittes) heben ihrerseits die Wirkung der verminderten Viskosität wieder auf, so daß die betreffenden Organismen sich auch bei steigender Temperatur in den ihnen zusagenden Wasserschichten halten können. Der Zusammenhang zwischen Temperatur und Gestaltsveränderung ist sogar experimentell untersucht worden. OSTWALD züchtete Daphnienarten in verschiedenen Temperaturen und fand, daß sich die Temperaturänderungen bei der ersten noch nicht, wohl aber bei der zweiten Generation durch Veränderungen des Baues bemerkbar machten. Daphnien mit kurzem Helm, in Wasser von 20° C gezüchtet, lieferten eine Tochtergeneration mit langem Helm; Tiere mit langem Helm bei 0°—5° gezüchtet, ergaben eine kurzhelmige Nachkommenschaft. Der Einfluß der Temperatur scheint nach OSTWALD auf eine bestimmte Periode des embryonalen Lebens beschränkt zu sein. Diese offenkundigen Zusammenhänge zwischen Temperatur und Lokalvariation veranlaßten den genannten Autor dazu, von einer „Temperaturvariation" zu sprechen. Übereinstimmend mit den Ergebnissen dieser Experimente fanden andere Autoren (BREHM, WESENBERG-LUND, LAUTERBORN) auch bei vergleichenden Gewässeruntersuchungen eine Abhängigkeit der Variationen von den Temperaturverhältnissen. So z. B. sind gemäß den geringen Temperaturschwankungen in alpinen Seen dort auch die Temporalvariationen weniger deutlich. Die Temporalvariationen — wie schon erwähnt, auch Saisondimorphismus genannt — scheinen den Planktonorganismen solcher Seen zu fehlen, deren Sommertemperatur nicht über 12° steigt. Bei dieser Feststellung dürfen wir aber auch die widersprechende Tatsache nicht verschweigen: es gibt Seen, in denen die Temporalvariationen den Temperaturverhältnissen im Sinne der obigen Deutung nicht entsprechen, in denen sie sogar gegensätzlich dazu auftreten, d. h. die besprochenen Verlängerungen, Vergrößerungen usw. können auch im Winter auftreten, während die „Winterformen" im Sommer festgestellt sind. Außerdem kann z. B. die Crista von *Daphnia cucullata* in kalten Seen höher sein als in flachen, warmen Teichen. *Daphnia longispina* weist in Seen mit gleichen Temperaturverhältnissen hier Temporalvariationen auf, dort nicht, d. h. sie tritt in Seen von gleichem Temperaturcharakter in zwei verschiedenen Typen auf, deren eine ausgesprochene Zyklomorphose, ausgeprägt im Sommer durch Helmbildung, zeigt, während die andere einen runden Kopf hat und kaum variiert (nach WAGLER 1923, S. 45). Weiter wird unter anderem von letzterem Autor sowie von WOLTERECK darauf aufmerksam gemacht, daß die Cladoceren ja keine Schwebetiere sondern Schwimmer mit starker Eigenbewegung seien, denen die Fortsätze für die aktive Bewegung sogar mehr oder weniger hinderlich sein müßten. Gegen die Bedeutung der Viskosität des Wassers für die Herausbildung der zyklomorphen Formen wird weiter der Umstand ins Feld geführt, daß in Gewässern mit starkem Salzgehalt, also großer Viskosität, Formen vorkommen, die eine hohe Crista aufweisen. Eine andere Deutung der Temporalvariationen (WOLTERECK 1908) sucht die Ernährung verantwortlich zu machen; reichliche Ernährung soll die sogenannten „Warmwasserformen" herausbilden. Aber auch dieser Erklärungsversuch fand Widerspruch. Alles in allem genommen können wir auch heute noch nicht sagen, daß das Problem der Temporalvariationen gelöst sei. Versuchen wir außerdem noch die oben erwähnten, sich über mehrere Jahre erstreckenden Variationen in die Lösung mit hineinzubeziehen, so wird die Frage noch verwickelter. STEUER (1910, S. 250) glaubt in seiner „Planktonkunde" den bis dahin bekannt gewordenen Ursachen für die Variationserscheinungen zusammen noch einige weitere hinzufügen zu müssen: Größe des Wohngewässers, meteorologische Einflüsse, Veränderungen in der Zusammensetzung des Planktons, Art und Weise der Fortpflanzung. Gerade die letztere scheint eine nicht unwesentliche Rolle dabei zu spielen; denn die Formen, von denen die Zyklomorphose bekannt ist, können sich monogonisch (eingeschlechtlich) vermehren, z. B. die Ceratien durch Teilung, die Rädertiere und Wasserflöhe durch Parthenogenese. Der Wechsel von geschlechtlicher und ungeschlechtlicher Fortpflanzung wirkt vielleicht regulierend auf die Variationstendenz. Man könnte sich denken, daß die in den monogenetischen Generationen sich bildenden bestimmt gerichteten Variationsreihen durch die geschlechtliche Fortpflanzung wieder auf einen Normalpunkt zurückgeführt werden, so daß eine einseitige und unbegrenzte Weiterbildung bestimmter Merkmale verhindert wird (vgl. hierzu WESENBERG-LUND 1910, S. 24). Wir kennen ja doch in der Biologie noch mehr derartige Fälle, wo gewisse Baueigentümlichkeiten die Tendenz zeigen, sich in einer bestimmten Richtung immer weiter zu entwickeln, selbst wenn die Zweckmäßigkeit des betreffenden Organes dadurch in Frage gestellt wird. Und das könnte der Fall sein bei der sich durch mehrere Generationen hindurch wiederholenden parthenogenetischen Fortpflanzung, wobei die mit dem Auftreten der geschlechtlichen Generation eintretende Befruchtung die betreffende Entwicklungstendenz wieder auf die Norm zurückzuführen hätte. Also auch dies Moment ist bei der Diskussion der Temporalvariationen mit zu berücksichtigen. Übersehen wir alle Feststellungen noch einmal, so drängt sich uns die Überzeugung auf, daß ein einziges Prinzip zur Erklärung der Temporal- und auch der Lokalvariationen wohl nicht genügt. Es handelt sich hier um so komplizierte Erscheinungen, daß ihre Lösung nur von Fall zu Fall mit Hilfe verschiedener Erklärungsmöglichkeiten erreicht werden kann.

Auch die Studien, die hinsichtlich der Lokalvariationen in den verschiedenen Fällen gemacht sind, liefern zum Teil ganz verschiedene Gesichtspunkte zur Erklärung des Problems, zum Teil beschränken sie sich auf Feststellung von Tatsachen. So z. B. berichtet ISCHREYT (1926, S. 521 bis 544) von Lokalvariationen bei dem Wasserfloh *Bosmina longirostris* an fünf verschiedenen Fundorten. Die Variationen äußern sich darin, daß verschiedene Körpermaße sich im Laufe der jahreszeitlichen Entwicklung bei den einzelnen Lokalrassen in verschiedenem Grade ändern. Die Unterschiede zwischen den Formen der einzelnen Kolonien sind im Sommer am größten und im Herbst am kleinsten. WESENBERG-LUND (1910, S. 23—27), der für *Daphnia*-Arten die Feststellung macht „daß beinahe jeder See seine ganz bestimmte Rasse hat“, erklärt auch die Lokalvariationen im Sinne seiner oben schon erwähnten Schwebetheorie.

Sehr starke lokale Formvariationen sind für gewisse typische Salzwasserbewohner festgestellt, z. B. für die Krebse *Artemia salina* und *Diaptomus salinus*, sowie das Rädertier *Brachionus mülleri*. Neuerdings werden die gleichen Feststellungen auch erwähnt für die Krebse *Cyclops viridis*, *C. bicuspidatus*, *Eurytemora lacustris* (BEHNING 1926, S. 48 und MEDWEDEWA 1927, S. 203).

Für gewisse Wasserflöhe hat man geglaubt einen Zusammenhang feststellen zu können zwischen den Lokalvariationen und der Größe des Wohngewässers. Die Länge des Stirnhornes und des sogenannten Mucro (Schalenstachel) ist nach einer Reihe von Beobachtungen vor allem an dem Wasserfloh *Scapholeberis mucronata* (O. F. MÜLLER) verschieden bei den Teich- und Seebewohnern, das heißt bei den letzteren bedeutend größer als bei den ersteren. Die in Moortümpeln lebenden Lokalrassen weisen wiederum Unterschiede auf gegenüber den Teichformen derart, daß hier der Mucro noch kleiner als bei jenen ist, während die Stirnhörner sogar ganz fehlen. Hierin liegt demnach ein deutlicher Zusammenhang zwischen diesen Lokalrassen und der Größe ihrer Wohngewässer. Allerdings hat man später (RAMMNER 1927) gefunden, daß dieser Zusammenhang nicht unter allen Umständen und in jedem Falle vorhanden ist. Die Gründe für die festgestellten Abweichungen von den vorgenannten Beziehungen konnten indes nicht gefunden werden, so daß wir zunächst wohl annehmen dürfen, daß sie Ausnahmefälle darstellen. Wir sehen jedenfalls, daß auch die Lokalvariationen nur von Fall zu Fall unter Zugrundelegung verschiedener Prinzipien erklärt werden können, wenn sie überhaupt der Erklärung zugänglich sind. Zur Zeit jedenfalls bietet dieser Problemkomplex noch eine Menge Fragen, die der Lösung harren.

Die Ernährung der Planktonorganismen.

Es ist verständlich, wenn das Ernährungsbedürfnis im weitesten Maße Bau und Lebensweise der Planktonorganismen beeinflußt; die Nahrung stellt ja die Quelle der Lebensenergie dar. Wenn wir uns mit dem Problem der Ernährung der Plankter beschäftigen, müssen wir von vornherein einen grundlegenden Unterschied feststellen zwischen Pflanzen und Tieren: die ersteren nehmen als Nahrung die gelösten anorganischen Nährstoffe des Wassers, die letzteren geformte organische Nahrung auf. Wir werden allerdings nachher sehen, daß neuerdings diese Unterscheidung wohl nicht mehr in vollem Umfange aufrecht zu erhalten sein wird.

Die Pflanzen assimilieren bekanntlich, d. h. bauen auf zu organischen Verbindungen die einfachen anorganischen Stoffe, die sich gelöst im Wasser befinden; zu diesem Prozesse gebrauchen sie das Sonnenlicht. Die sich hieraus ergebenden Notwendigkeiten enthalten die Erklärung mancher Baueigentümlichkeiten. Zunächst einmal entspricht die Durchsichtigkeit und Kleinheit der Planktonpflanzen ebenso wie die Tatsache, daß sie fast samt und sonders einzellig sind, einer notwendigen Forderung der Ernährungsart; das Licht muß von allen Seiten in den Organismus eindringen können, um an die Farbkörper, mit deren Hilfe ja die Assimilation vor sich geht, heranzugelangen. Desgleichen kann die Pflanze die gleichmäßig im Wasser verteilten Nährstoffe am besten ausnutzen, wenn ihre Oberfläche im Verhältnis zum Volumen groß ist; und das ist um so ausgeprägter der Fall, je kleiner der Organismus ist. Auch die Kolonien passen sich meist den durch die Ernährungsbedingungen gegebenen Forderungen an, indem sie sich kettenförmig, verästelt oder als Hohlkugeln darstellen (Abb. 22). Die schwebende Bewegung im Wasser ist ebenfalls ein Umstand, der als unbedingt notwendig im Dienst der Ernährung stehend erkannt werden muß: die dauernde Drehung wendet abwechselnd die verschiedenen Seiten des Körpers dem Licht zu, und die stete Ortsveränderung bringt den Organismus in immer neue Nährlösung. Bei gewissen Organismen sind sogar lichtempfindliche Organe (Stigmata) festgestellt, die diesen Formen die Fähigkeit geben, diejenigen Bezirke aufzusuchen, deren Lichtintensität ihnen am meisten zusagt. Es sind dies natürlich Formen, die dem durch die Stigmata gegebenen Reiz auch zu folgen vermögen, da sie mit Geißeln versehen sind, also über Eigenbewegung verfügen (die Flagellaten *Gymnodinium*, *Glenodinium* u. a.). Man nennt die pflanzliche Ernährungsweise, die mit Hilfe der Energie des Sonnenlichtes organische Stoffe wie Eiweiß, Kohlehydrate und Fette aufbaut, wobei Kohlensäure aufgenommen und Sauerstoff abgegeben wird, die autotrophe Ernährung.

Im Gegensatz dazu steht — wie oben schon angedeutet — die heterotrophe Ernährung, die aus dem Abbau der vorstehend genannten organischen Stoffe unter Sauerstoffaufnahme und Kohlensäureabgabe die für die Lebensfunktionen erforderliche Energie gewinnt. Diese letztere Ernährungsart ist die der Tiere ganz allgemein, also auch der Planktontiere. Die Nahrungsaufnahme der tierischen Planktonorganismen ist im übrigen charakteristischer und vielgestaltiger als die der Phytoplankter. Sehr zahlreich sind hier die speziellen Anpassungserscheinungen an das flüssige Element als Milieu, d. h. diejenigen Methoden der Nahrungsaufnahme, die wir von den Landtieren nicht kennen.

Abb 22. Kolonien von *Volvox aureus* (Kugeltierchen), z. T. mit Tochterkolonien. Phot. Dr. W. Rylov.

Das Ergreifen der Nahrung, Zerkleinern mit Hilfe der Mundwerkzeuge, Aussaugen der Beute, das alles kommt auf dem Lande auch vor; aber gerade bei den Planktontieren — im Gegensatz auch zu den meisten größeren Tieren des Bodens und der Pflanzenregion — finden wir die für das Wasserleben typischen Erscheinungen bei der Nahrungsaufnahme. Das sind vor allem die folgenden: Herbeistrudeln der Nahrung durch die Flimmertätigkeit von Wimpern, Einsaugen des Wassers samt den darin enthaltenen Nahrungsteilchen mittels einer Pumpvorrichtung, Ausfiltrieren der Nahrung aus dem Wasser. Diese Methoden der Nahrungsaufnahme beziehen sich naturgemäß auf die geformte Nahrung, die, wie man früher annahm, vollständig oder nahezu gänzlich den Nahrungsbedarf der Planktontiere decken sollte. Daß die Tiere auch flüssige, gelöste Nahrung mittels der äußeren Körperoberfläche aufnehmen, ist heute wohl erwiesen; wir werden weiter unten davon zu sprechen haben.

Im allgemeinen aber deuten die Baueigentümlichkeiten der Planktontiere auf ein Überwiegen der Aufnahme geformter Nahrung. Bei dieser geformten Nahrung handelt es sich um lebende oder abgestorbene Planktonorganismen — WOLTERECK (1928) hält es für erwiesen, daß lebende Kleinalgen des Zwergplanktons die Hauptnahrung bilden — und Teilchen von abgestorbenen Organismen, also ganz allgemein um „Seston" im Sinne der modernen Terminologie. LOHMANN (1912, S. 43) hat die Planktontiere des Meeres nach der Art ihres Nahrungserwerbes in drei Gruppen eingeteilt: die Taster, die Sedimentierer und die Jäger. NAUMANN fügt diesen Gruppen für das Süßwasser noch einige andere hinzu, die der aktiven und passiven Filtratoren.

Die erste Gruppe enthält solche Organismen, die ihre Umgebung nach Nahrung abtasten; hierzu gehören vor allen die Rhizopoden (Wurzelfüßler), die mit Hilfe ihrer Pseudopodien die Nahrung suchen und ergreifen. Im Süßwasserplankton spielen die Taster eine nur geringe Rolle.

Die Hauptmasse der Süßwasserplanktontiere gehört zu den Filtratoren; hier sind die meisten Planktonkrebse einzuordnen, und zwar sind sie (nach NAUMANN 1924, S. 3) mobile aktive Filtratoren. Die passiven und die sessilen aktiven Filtratoren sind daher selten bzw. kommen im Plankton gar nicht vor. Über die Technik des Nahrungserwerbes der Filtratoren sind wir durch die Arbeiten NAUMANNS und vor allem STORCHS nunmehr recht gut unterrichtet. Wir können auf die zum Teil komplizierten Vorrichtungen hier nicht näher eingehen. Wir erwähnen das Grundsätzliche: die Gliedmaßen des Kopfes bei der einen (*Diaptomus*), die des Rumpfes bei der anderen Gruppe (Daphniden) stehen im Dienst eines Filtrierapparates, der aus einer Pumpe, dem eigentlichen Filter und der Zubringevorrichtung besteht, die den ausfiltrierten Rückstand zu den Mundwerkzeugen befördert; außerdem sind besondere Ableitungswege für das durchfiltrierte Wasser zu unterscheiden. Bemerkenswert ist an den Ergebnissen der STORCHschen Untersuchungen (vgl. vor allem STORCH 1924) im Gegensatz zu früheren Ansichten, daß das Nahrungswasser nicht herbeigestrudelt wird durch die schlagenden Gliedmaßen, sondern daß diese in — man möchte sagen — geradezu sinniger Weise eine Pumpvorrichtung bilden, die einen Wasserstrom samt den Nahrungsteilchen, die er enthält, in ganz bestimmter Richtung an den Körper heranpumpt; dort werden mit Hilfe von feinen Filtervorrichtungen — durch eine kunstvolle Beborstung an bestimmten Gliedmaßen dargestellt — die Nahrungsteilchen aus dem Wasser herausfiltriert und durch eine Zubringevorrichtung an die Kiefer herangebracht. Diese Vorrichtung besteht in einer Borstenanordnung, die das Filtrat in einer Rinne zusammenstopft und nach vorn zu den Mundwerkzeugen hebelt und schiebt. Die Nahrung wird also nicht — wie man früher annahm — durch einen Wasserstrom direkt zum Munde befördert. Die Technik des ganzen Vorganges variiert im einzelnen bei den verschiedenen Typen. Von den Phyllopoden (Blattfüßern) sind die Cladoceren (Wasserflöhe), und von diesen sind die Daphniden am besten in dieser Hinsicht studiert. Verschiedene Typen von Filtriervorrichtungen stellt NAUMANN (1921c, S. 17) für die Cladoceren zusammen. Wir sehen, daß die Art und Zahl der Filterkämme wechselt.

Ganz anders sieht die Filtriereinrichtung bei den Copepoden (Ruderfußkrebsen) aus, soweit sie überhaupt zu den Filtratoren gehören. Für *Diaptomus* haben STORCH und PFISTERER (1925) den Fangapparat genau studiert; er ist — wie schon angedeutet wurde — im wesentlichen aufgebaut von den Kopfgliedmaßen (1. und 2. Maxille), während hier die Rumpfgliedmaßen im Dienste der Bewegung stehen. Bei allen diesen Kleinkrebsen, die eine sogenannte Feinfiltration (nach NAUMANN) aufweisen, geschieht die Nahrungsaufnahme wahllos, d. h. alle feineren Teilchen, seien sie lebende Pflanzen oder tote organische Reste, werden herausfiltriert und dem Munde zugeführt. Dahingegen gibt NAUMANN (1924, S. 7) von einigen Copepoden (*Cyclops*, *Heterocope*) an, daß sie ihre Nahrung auswählen; sie greifen sie direkt und sind daher bis zu einem gewissen Grade Raubtiere, außerdem kommt bei diesen Formen noch eine Art von grober Filtration vor, der aber nur nebensächliche Bedeutung zuzuschreiben ist. Die Nauplien, die Jugendstadien der Krebse, sind Feinfiltratoren und arbeiten nach NAUMANN (1924, S. 8) schwach wählerisch.

Im Gegensatz zu den Filtratoren stehen die Räuber oder Jäger (nach LOHMANN 1912). Besonders bei den Cladoceren steht diese Gruppe den filtrierenden Typen nach Bau und Lebensweise schroff gegenüber. Daß die Beine hier eine erhebliche Umgestaltung erfahren haben gegenüber denen der Filtratoren erscheint einleuchtend. Die Borstenkämme fehlen, die Zubringeborsten der Filterrinne sind hier zu gezähnten Kauplatten geworden, die Extremitäten sind schlank, Fangbeine mit Stacheln versehen treten auf, Beinstellung und Körperbau sind ihrer ganzen Anlage nach dem Raubleben und der dabei erforderlichen Schnelligkeit angepaßt. *Leptodora* und *Bytothrephes* sind die typischen Vertreter der räuberischen Wasserflöhe. Daß noch einige Copepoden hierzu gehören, hatten wir bereits erwähnt.

Als Sedimentatoren — Sedimentierer nach LOHMANN (1912, S. 44) — bezeichnet NAUMANN (1924, S. 8) solche Tiere, die das Nahrungswasser in Strömung versetzen und die Nährkörper ohne eigentliche Filtrationstätigkeit sich absetzen lassen. Hierher gehören gewisse Infusorien und vor allem die Rädertiere. Bei den ersteren wird der Wasserstrom durch einen meist spiralig um die Mundöffnung (Peristom) verlaufenden Wimperkranz oder eine undulierende Membran erzeugt und in Richtung auf die Peristomeinsenkung geführt. An deren Grunde setzt ein Schlundrohr an, in dem das Wasser ruhig steht und die hereingeführten Partikelchen sich absetzen oder „sedimentieren" läßt. Ganz ähnlich funktioniert das Räderorgan der Rädertiere, ein Kranz von schwingenden Wimpern, der nicht nur die Bewegung der Tiere hervorruft, sondern auch den Wasserstrom erzeugt, der dem Schlund und damit dem Darm die Nahrungsteilchen zuführt. Bei diesem Vorgang gelangt nach NAUMANN (1923, S. 11) nur ein Teil des herangestrudelten Materials in den Darm, da der größere Teil mit dem abströmenden Wasser wieder wegbefördert wird. Das Räderorgan arbeitet nicht ununterbrochen sondern intermittent. NAUMANN nimmt an, daß der kleinere, in den Darm aufgenommene Teil des Nahrungsmaterials geprüft, d. h. ausgewählt sei. Bei einigen

Formen (*Conochilus* und *Triarthra*) wird das Sediment wahllos aufgenommen, bei *Anuraea* findet eine nur sehr geringe Auswahl statt, und alle übrigen Formen wählen aus. Die Größenordnung der aufgenommenen Pflanzenplankter und sonstigen Nahrungsteilchen schwankt dabei von Typus zu Typus. Aus dem Vorhandensein oder Fehlen einer Auswahl beim Nahrungserwerb stellt NAUMANN (1924, S. 13, 14) wesentliche Unterschiede hinsichtlich der Ausnutzung der aufgenommenen Nahrung fest. Die wahllos arbeitenden Filtratoren dürften demnach einen geringen Ausnutzungskoeffizienten aufweisen, gleichzeitig mit einem großen Erneuerungskoeffizienten des Darminhaltes, d. h. die aufgenommene Nahrung passiert relativ schnell den Darm, und nur ein sehr geringer Teil wird wirklich ausgenutzt. Demgegenüber haben die wählerisch arbeitenden Sedimentatoren wohl einen besseren Ausnutzungskoeffizienten. Wir sehen aus dem Gesagten, wie spezifisch differenziert sich die Ernährung der Planktontiere darstellt. Die Beispiele für die Verschiedenheit der einzelnen Arten in dieser Hinsicht ließen sich noch erheblich vermehren.

Wir können verstehen, daß man es angesichts dieser so augenfälligen und mannigfaltigen Anpassungen an die Aufnahme geformter Nahrung bisher für erwiesen hielt, daß die Wassertiere — mit wenigen Ausnahmen (Protozoen und vereinzelte Würmer) — lediglich geformte Nahrung aufnähmen. Und doch scheint es neuerdings erwiesen, daß auch die Tiere im Wasser gelöste Stoffe direkt als Nahrung zu verwenden im Stande sind. Schon vor einiger Zeit (1909) hat der Physiologe PÜTTER die Theorie aufgestellt, daß ein großer Teil der von den Organismen des Wassers aufgenommenen Nahrung aus im Wasser gelösten Stoffen bestehe. Er vertrat sogar die Ansicht, daß die Planktontiere sich in erster Linie und hauptsächlich von den im Wasser gelösten, vom Phytoplankton abgegebenen organischen Stoffen nähren, also die gleiche Quelle benutzen wie die Bakterien. Der geformten Nahrung, den von den Tieren gefressenen Algen bzw. deren Überresten, spricht PÜTTER nicht jede Bedeutung ab; er nimmt an, daß sie als Ergänzungsnahrung die gleiche Bedeutung habe wie die Vitamine für die höheren Tiere. Diese Stoffe müssen ja bekanntlich in einem gewissen Minimum in der Nahrung vorhanden sein. PÜTTER versucht seine Theorie zu beweisen, indem er den Nahrungsbedarf der Planktontiere berechnet und zeigt, daß alles, was an Algen, Bakterien einschließlich der Reste von Organismen produziert wird, nicht ausreicht, die Nahrungsansprüche der Tiere zu decken. Außerdem gelang es ihm, durch Experimente mit Hüpferlingen (Copepoden) nachzuweisen, daß sich durch Zusatz von Zuckerlösung zum Aufenthaltswasser die Nahrungsaufnahme der Tiere erheblich steigern läßt.

Die PÜTTERsche Theorie fand trotz der bestechenden Beweisführung sehr viel Widerspruch; man konnte sich nicht zu der Annahme verstehen, daß die so sinnreichen und komplizierten Nahrungsaufnahme-Einrichtungen im Bau der meisten Tiere nur untergeordnete Bedeutung haben sollten. Man war der Ansicht, diese Einrichtungen könnten nur dann entstanden sein, wenn geformte Stoffe den Nahrungsbedarf der Tiere decken müssen. Der Schwede NAUMANN (1918, S. 42, 1921c, S. 22) versuchte eine

Zwischenlösung; auch er erkannte, daß die Algen und der gröbere Detritus nicht genügten, den ganzen Nahrungsbedarf der Tiere zu decken. Er hielt den „staubfeinen Detritus“ für die Hauptnahrungsquelle. Dieser feinste Detritus soll entstehen durch die Ausscheidung von organischen Stoffen durch das Phytoplankton, das diese Produkte seiner Lebensprozesse in kolloidaler Form abgibt. Auch diese Theorie fand keine allgemeine Annahme.

Nun ist neuerdings der ganze Fragenkomplex wieder aufgerollt worden, und zwar — abgesehen von den späteren Arbeiten PÜTTERS (1925), die neues Beweismaterial bringen — vor allem durch die experimentellen Arbeiten KRIZENECKYS (1924, 1925). Dieser Forscher sucht zu beweisen, daß für die Tiere des Wassers prinzipiell die Möglichkeit besteht, sich ausschließlich mit Hilfe gelöster Stoffe zu ernähren und dabei in ganz normaler Weise zu wachsen. Natürlich gilt der strenge Beweis zunächst nur für die Versuchstiere (Froschkaulquappen). Außerdem wird man wohl einwenden können, daß die Versuchsanordnungen — vor allem hinsichtlich der Art und Konzentration der gelösten Stoffe — mit den in der Natur herrschenden Verhältnissen zu wenig Übereinstimmung zeigen. Indes scheint doch durch diese Untersuchungen wenigstens die Möglichkeit bewiesen, daß gelöste Stoffe für die Ernährung der Tiere eine Rolle spielen können. Dieser Beweis muß als erbracht gelten, wenn — die Versuchsbedingungen einwandfrei waren. Und hier setzt die Kritik ein. BOCK (1925) glaubt die Fehlerquelle in der mangelhaften Berücksichtigung der Bakterien entdeckt zu haben. Die im Nährwasser enthaltenen Bakterien seien die eigentliche Nahrungsquelle der Versuchstiere gewesen. Wir sehen, auch von diesem Gesichtspunkt aus scheint das Problem noch nicht endgültig gelöst, und das letzte Urteil über den ganzen Fragenkomplex kann noch nicht gesprochen werden. Doch scheint uns nach allem, daß die Wissenschaft wohl zu einer — wenn auch nur teilweisen und bedingten — Annahme der PÜTTERschen Theorie gelangen wird.

Es ist wohl nicht verwunderlich, daß unter den zahllosen Kleinorganismen des freien Wassers auch parasitische Ernährungsweise vorkommt, der wir ja überall begegnen, wo lebende Wesen sich finden. In erster Linie sind hier die Sporozoen, jene sich durch Sporen fortpflanzenden Protozoen zu nennen, die als Parasiten von Geißeltierchen, Rädertierchen, Krebsen, Insekten und Weichtieren vorkommen. STEUER (1910 S. 618) gibt an, daß bereits 50 Sporozoenarten als Parasiten von Planktern festgestellt seien; eine weitere größere Zahl von ihnen dürfte noch unbekannt sein. Auch Geißeltierchen und Amoeben (Scheinfüßler) kommen als Parasiten vor. Vor allem die charakteristischen Volvoxkolonien (Abb. 22) können verschiedenerlei Parasiten beherbergen. Daß sich auch verschiedene Wurmarten in Planktonkrebsen als Parasiten finden, erscheint fast selbstverständlich in Anbetracht der Verbreitung der Würmer als Parasiten. Im allgemeinen indessen spielt der Parasitismus — für den Kommensalismus gilt das gleiche — beim Plankton des Süßwassersees nicht die Rolle wie beim Meeresplankton, wo die hierher gehörenden Fälle viel zahlreicher sind.

Die Fortpflanzung der Planktonorganismen.

Wenn wir neben dem äußeren Bau der Planktonorganismen auch ihre wichtigsten Lebensfunktionen hier behandeln, so geschieht das naturgemäß nicht vom zoologisch-botanischen, sondern ebenfalls vom rein ökologischen Gesichtspunkt aus. Hier interessiert uns nicht die Ernährung oder die Fortpflanzung der Planktonorganismen an sich, sondern in Beziehung zu den besonderen Lebensverhältnissen des Binnensees.

Es ist selbstverständlich unmöglich, von sämtlichen oder auch nur den meisten Planktonformen die Fortpflanzungsverhältnisse zu schildern. Wir müssen uns darauf beschränken, einige wenige Beispiele herauszugreifen, um an ihnen zu zeigen, wie sich der Zusammenhang zwischen Umwelt und Lebensfunktion in verschiedener Weise auswirken kann.

Bei einem sehr großen Teil vor allem der pflanzlichen Plankter geschieht die Vermehrung bekanntlich durch einfache Zellteilung. Daß das Schweben im beweglichen Wasser das Tempo der Zellvermehrung verlangsamt, hat KARSTEN (1898) für Kieselalgen des Meeres nachgewiesen. Er stellt fest, daß Kulturen von *Sceletonema costatum* (GREV.), die in ruhig stehendem Wasser gehalten wurden, sich etwa doppelt so schnell vermehrten als die in bewegtem Wasser gezüchteten. Er erklärt diese Tatsache folgendermaßen: beim schwebenden Organismus wird ein großer Teil der Vermehrungsenergie und Materialmenge verwandt zum Aufbau der den Schwebeapparat darstellenden Kieselstäbchen. Beim ruhenden Organismus kann diese Energie und dieser Teil des Aufbaumaterials für die Teilungstätigkeit mitverbraucht werden. Hierzu kommt noch der den Teilungsprozeß fördernde — da in einer Richtung konstant wirkende — Einfluß der Schwerkraft, der beim schwebenden und seine Lage dauernd ändernden Organismus wegfällt. Bei derselben Kieselalge hat KARSTEN noch eine andere Beziehung gefunden. *Sceletonema* sinkt am Ende seiner Vegetationsperiode auf den Grund, um erst wieder zur nächsten Periode ins Pelagial hochzusteigen. Dies Absinken wird vermutlich dadurch ermöglicht, daß am Ende der Vegetationsperiode die Zwischenräume zwischen den einzelnen Zellen kleiner werden, wodurch eine Herabminderung der Schwebefähigkeit hervorgerufen wird.

Das Auftreten eines Ruhestadiums, das am Grund verbracht wird, ist überhaupt recht häufig bei den Angehörigen des Planktons. Diese Ruhestadien kommen sowohl bei Pflanzen als auch bei ein- und vielzelligen Tieren vor, und zwar in Form von Cysten oder Dauereiern.

Man hat früher angenommen, diese Dauerstadien stellten lediglich eine Schutzeinrichtung gegen ungünstige Lebensbedingungen dar, wie z. B. Winterfrost, Nahrungsmangel, Eintrocknen des Gewässers. Die Bezeichnung Sommereier und Wintereier geht auf die nunmehr überholte Meinung zurück, die eine Dauerform darstellenden Eier z. B. der Rädertiere und Wasserflöhe würden nur zum Zweck einer winterlichen Ruhe gebildet. Heute ist man wohl meist der Ansicht, daß die Ausbildung eines Ruhestadiums bei Planktontieren im Zusammenhang mit dem Wechsel zwischen eingeschlechtlicher und zweigeschlechtlicher Fortpflanzungsperiode auf innere Ursachen zurückzuführen sei. Die äußeren

Faktoren, Austrocknen des Gewässers, Temperaturverhältnisse u. a., spielen allerdings auch eine gewisse Rolle für den Ablauf der genannten Fortpflanzungserscheinungen, indem sie regulierend einwirken.

Vergegenwärtigen wir uns kurz die Vorgänge bei den Wasserflöhen. Aus den Wintereiern oder Dauereiern, die vor ihrer Entwicklung eine Ruheperiode durchmachen müssen, entstehen zunächst weibliche Tiere. Diese Generation von Weibchen pflanzt sich parthenogenetisch fort, das heißt, die von den Tieren produzierten Eier bedürfen zu ihrer Entwicklung nicht der Befruchtung durch männliche Tiere. Sie brauchen auch keine Ruheperiode durchzumachen, sondern entwickeln sich sofort zum Embryo. Sie sind dünnschalig und werden im Brutraum des Muttertieres aufbewahrt. Man nennt diese Eier daher auch Subitaneier, während die Dauereier Latenzeier genannt werden. Die Bezeichnung Wintereier und Sommereier ist nicht ganz zutreffend, da manche Formen auch im Sommer Latenzeier produzieren. Im allgemeinen aber werden im Sommer nur parthenogenetische Subitaneier produziert, da auf diese Weise die günstigen Produktionsbedingungen des Sommers durch Aufeinanderfolge möglichst vieler Generationen ausgenutzt werden können. Das Auftreten der männlichen Tiere folgt nur bei einigen Gattungen sofort der ersten Weibchengeneration; bei anderen dagegen lösen einander mehrere oder gar zahlreiche parthenogenetisch sich fortpflanzende Weibchengenerationen ab, bis schließlich die Männchen und gleichzeitig mit ihnen die Dauereier auftreten, die zur Entwicklung der Befruchtung bedürfen. Die Dauereier besitzen eine feste Schale, werden sofort abgelegt und können während ihrer Ruheperiode auch das Austrocknen und Einfrieren vertragen. Zur Erklärung dieser Vorgänge, d. h. des Auftretens einer Ruheperiode im Zusammenhang mit zweigeschlechtlicher Fortpflanzung, hat R. Hertwig die „Kernplasmarelation" herangezogen. Dies Wort bezeichnet das Verhältnis der Kernmasse zur Plasmamasse, das für jede Zellart seinen bestimmten Wert hat: bei vielzelligen Tieren ist für die Geschlechtszellen charakteristisch in den männlichen Zellen ein Vorherrschen der Kernmasse gegenüber der Plasmamasse. Durch die ungeschlechtliche Fortpflanzung sowie die Parthenogenese (die eingeschlechtliche Fortpflanzung) wird die Kernplasmarelation gestört, indem das Plasma der einzelnen Zelle abnimmt, während die Kernmasse zunimmt. So wird die Relation dem für die männlichen Zellen charakteristischen Stand angenähert, und das Ergebnis ist schließlich das Auftreten der männlichen Tiere. Dies tritt, wie schon erwähnt, bei den einzelnen Formen bald früher bald später ein, bei den Cladoceren erst nach einer ganzen Reihe von parthenogenetischen Generationen. So wirkt also die parthenogenetische Fortpflanzung selbst auf die Hervorbringung von männlichen Tieren, bzw. auf das Auftreten einer zweigeschlechtlichen Fortpflanzung hin, die ihrerseits die Norm der Kernplasmarelation wieder herstellt und im Auftreten der Dauereier sich andrerseits auch den Verhältnissen des Milieus weitgehend anpaßt. Es sei hier erwähnt, daß ja nur die Dauereier gewissen Kleinkrebsen den Aufenthalt in regelmäßig austrocknenden Gewässern ermöglichen. Bei uns handelt es sich hierbei allerdings nur um Kleingewässer, die uns ja hier nicht beschäftigen. In anderen Breiten dagegen kommen auch größere periodische Seen vor; allerdings sind dort die geschilderten Fortpflanzungsverhältnisse noch nicht im einzelnen studiert.

Wenn wir sagten, daß die behandelten Erscheinungen auf inneren Ursachen beruhen, so schließt das eine weitgehende Beeinflussung durch äußere (Milieu-)Faktoren nicht aus. Eine große Rolle spielt dabei zweifellos die Temperatur, eine so große, daß man schon einmal glaubte, behaupten zu können, die Daphniden besäßen überhaupt keinen Entwicklungszyklus im Sinne WEISMANNS, sondern nur die Temperatureinflüsse seien verantwortlich zu machen für den Wechsel zwischen parthenogenetischer und zweigeschlechtlicher Fortpflanzung. Gewisse Experimente deuten darauf hin, daß niedere Temperaturen die Entwicklung von Männchen und Weibchen begünstigen, während bei steigender Temperatur vorwiegend parthenogenetische Weibchen erzeugt werden. Zweifellos hat die Temperatur einen gewissen Einfluß, aber sie allein ist nicht die Ursache für das ganze Phänomen. Die schon oben erwähnte Tatsache, daß manche Formen auch im Sommer Dauereier produzieren, spricht doch dafür, daß innere Ursachen in erster Linie maßgebend sind.

Auch bei Rädertieren sind ähnliche Erscheinungen festgestellt, daß nämlich eine Folge von parthenogenetischen Generationen zu einer Art von Degeneration, d. h. schließlich zur Bildung kleiner Männcheneier und so zur geschlechtlichen Fortpflanzung führt. Die dementsprechenden Dauereier ergeben wiederum eine Weibchengeneration, die fähig ist sich parthenogenetisch fortzupflanzen. Bei *Anuraea aculeata* hat man geglaubt, feststellen zu können, daß mit diesem Wechsel von ein- und zweigeschlechtlicher Fortpflanzung auch der — weiter oben S. 49ff. — geschilderte Saisonpolymorphismus zusammenhinge. Das wäre so zu verstehen, daß die soeben erwähnte Degeneration im Verlauf der parthenogenetischen Generationen sich ausspräche in einer Verkürzung der zunächst langen Stacheln und einer Verkleinerung des ganzen Tieres und daß mit dem Auftreten der zweigeschlechtlichen Generation wieder die normale Größe und Langstacheligkeit erreicht sei. Man hat Grund zu der Annahme, daß die Dauereierbildung mit der geschlechtlichen Fortpflanzung das ursprünglichere sei, während die parthenogenetische Fortpflanzung entstanden sei in Anpassung an besondere Lebensbedingungen. Es zeigt sich, daß gewisse Wasserfloharten, die sich im Norden zweigeschlechtlich fortpflanzen, in Mittel- und Südeuropa nur Parthenogenesis zeigen. Das gleiche gilt für Hochgebirgsformen, die in der Ebene unter Umständen azyklisch sind, d. h. sich nur parthenogenetisch fortpflanzen (vor allem *Bosmina*). Überhaupt sind die Hochgebirgscladoceren sämtlich polyzyklisch, d. h. sie bilden im Laufe des Jahres mehrere Male — mindestens zweimal (dann nennt man sie dizyklisch) — Dauereier. So erscheint also die parthenogenetische Fortpflanzung als eine Anpassung an den langen Sommer Mittel- und Südeuropas mit dem Endziel der Ausnutzung der darin gebotenen günstigen Ernährungsverhältnisse. Einzelbeispiele beleuchten diese Verhältnisse: nach WOLTERECK (1909, S. 146—147) wurde *Daphnia pulex*, die in einem Almtümpel der niederösterreichischen Kalkalpen bei Lunz Sexualitätszyklus zeigte, bei gleichmäßig reicher Ernährung zu einer parthenogenetischen Kolonie herangezüchtet. Formen, die im allgemeinen polyzyklisch sind, werden azyklisch in Gewässern, die das ganze Jahr hindurch hinreichend viel Nahrung haben. Indes sind die ganzen Verhältnisse sehr kompliziert, und es erscheint recht schwierig, in jedem einzelnen Falle aus dem Zusammenwirken von „äußeren" und „inneren" Ursachen den richtigen Zusammenhang zu erkennen. Nicht nur bei den Wasserflöhen (Cladoceren) sondern auch bei den Rädertieren und den Hüpferlingen (Copepoden) kommen die verschiedenartigsten Variationen der Fortpflanzungsart vor.

Bei einer Hüpferlingsart z. B., *Cyclops strenuus*, wird die Anpassung des Fortpflanzungsmodus an die Lebensbedingungen recht deutlich. Hier treten verschiedene Varietäten der Form auf, die sich durch ihre Fortpflanzungsart unterscheiden, sogenannte „biologische Varietäten". Die erste von ihnen ist eine stenotherme Kalkwasserform und daher an niedere Temperaturen gebunden; sie tritt daher in den Seen der Ebene erst im Herbst auf, vermehrt und pflanzt sich fort während des ganzen Winters und verschwindet im Frühling wieder aus dem Plankton. In den kalten Hochgebirgsseen liegt die Fortpflanzungszeit dieser Form im Sommer. In den Flachlandseen verbringt sie die warmen Sommermonate im Dauerzustand. Die zweite biologische Varietät von *C. strenuus* pflanzt sich das ganze Jahr hindurch fort und kommt in kleineren Gewässern vor (Teichen usw.). Die dritte Varietät zeigt eine einzige Hauptfortpflanzungsperiode im Frühjahr. Auch *Diaptomus vulgaris* weist zwei solcher Varietäten auf, deren eine sich während der Wintermonate fortpflanzt, während die andere den Winter im Dauerzustand — d. h. in Form der Dauereier — überstehen muß.

Bei den Rädertieren z. B. gibt es Arten, bei denen neben den Geschlechtsweibchen gleichzeitig noch sogenannte „Jungfernweibchen", d. h. solche die sich nicht geschlechtlich fortpflanzen, auftreten. Hier schließt also mit dem Auftreten der Dauereier der Zyklus nicht einfach ab, sondern es sind zu jeder Zeit parthenogenetisch sich fortpflanzende Weibchen vorhanden (perennierende Formen).

Überhaupt hat die Fortpflanzung der Rädertiere bereits seit längerem das Interesse der Forscher auf sich gezogen. Noch neuerdings widmet der dänische Hydrobiologe Wesenberg-Lund (1923) der Biologie der Rädertiere eine umfangreiche Abhandlung. Er weist unter anderem nach, daß die Zwergmännchen vieler Rädertiere nicht so selten sind, als bisher angenommen wurde, wenn auch bis jetzt von einer Anzahl Rädertierfamilien noch keine Männchen bekannt sind und von einigen von ihnen wohl feststehen kann, daß sie sich nur parthenogenetisch fortpflanzen. Die bisher bekannten Rädertierzwergmännchen kommen — zum Unterschied von anderen Tiergruppen — bei freilebenden und nicht bei festsitzenden oder parasitierenden Arten vor. Sie sind, wie aus der Bezeichnung Zwergmännchen hervorgeht, sehr viel kleiner als die Weibchen und zeigen je nach der Art in verschiedenem Grade gewisse Organreduktionen gegenüber diesen, so vor allem hinsichtlich der Ernährungsorgane. Diese Männchen treten nur ganz kurze Zeit, und zwar sehr plötzlich, dafür aber in um so größerer Menge auf, haben nur den Zweck, die Weibchen zu befruchten, und fallen dann der Vernichtung anheim. Für die Rückbildung der Organe läßt sich eine ganze Stufenfolge von Formen aufstellen, die uns den Gang des Rückbildungsprozesses repräsentiert. Wesenberg-Lund hat gezeigt, daß die optimalen Entwicklungszeiten der einzelnen Arten und optimalen Bezirke auch das Auftreten der Männchen begünstigen. Da diese aber wegen ihrer Kleinheit mit Planktonnetzen nicht zu erbeuten sind, müssen sie vermittels Schöpfmethode und Zentrifuge gewonnen werden.

Neuerdings hat Luntz (1926, S. 233—278) in einer eingehenden experimentellen Untersuchung über den Generationswechsel des Rädertieres *Pterodina elliptica Ehrbg.* bemerkenswerte Feststellungen gemacht. Er glaubt die Frage nach den Ursachen für den Generationswechsel der Rotatorien überhaupt auf Grund seiner Beobachtungen dahin beantworten zu können, daß er einen „inneren vererbten Rhythmus" ablehnt und nur äußere Faktoren als bestimmend gelten läßt. Er fand, daß die Rotatorien sich unter konstanten äußeren Lebensbedingungen ausschließlich parthenogenetisch vermehren. Generationswechsel tritt ein, wenn die äußeren Lebensbedingungen sich ändern. Für *Pterodina elliptica* erwiesen sich Veränderungen in der Nahrung und der Konzentration — d. h. des Salzgehaltes — des umgebenden Mediums als die wirksamen Faktoren. Bei Veränderungen der Nahrung ist es gleichgültig, ob der Wechsel von dem einen zum andern Futtermittel oder umgekehrt stattfindet; auch die Nahrungsmenge hat keinen Einfluß, wohl aber sind die Begleitbedingungen (osmotischer Druck, Wasserstoffionenkonzentration) dabei von Bedeutung. Die Konzentrationsänderung des Salzgehaltes ist nur in bestimmtem Sinne wirksam, nämlich bei der Übertragung der Tiere in 0,1prozentige Lösung; dabei reagieren in parthenogenetischen Kulturen nur die Nachkommen des zuletzt abgelegten fünften Eies jedes Weibchens. Die aus Dauereiern ausgeschlüpften Weibchen werden durch Übertragung aus 0,05prozentiger in 0,1prozentige Lösung zum Teil zur Bildung von miktischen Weibchen — d. h. Weibchen, die unbefruchtet nur Männchen, befruchtet aber Dauereier erzeugen — gebracht. Bei Futterwechsel bleibt die Reaktion zwei Generationen nach dem Dauerei unwirksam, tritt also erst in der dritten Generation in die Erscheinung. Futterwechsel erzeugt also bei amiktischen Weibchen — d. h. Weibchen, die parthenogenetisch nur Weibchen hervorbringen — unter bestimmten Bedingungen miktische Weibchen; kommen die amiktischen Weibchen dann wieder ins alte Futter zurück, so erzeugen sie wieder amiktische Nachkommen. Es ist nicht gelungen, miktische Weibchen zur Hervorbringung amiktischer Nachkommen zu veranlassen.

Alle diese Feststellungen zeigen — wenn man sich zunächst vielleicht auch noch nicht der Ansicht von Luntz anschließen kann — zum mindesten, daß die äußeren Milieufaktoren einen erheblichen Einfluß haben auf den Generationswechsel wenigstens gewisser Organismen. Im übrigen werden diese Versuche auch für andere Tiere anzustellen bzw. nachzuprüfen sein. Bis dies geschehen sein wird, darf man wohl das endgültige Urteil noch zurückstellen.

b) Das Verteilungsproblem.

Es ist einleuchtend, daß ein Lebensraum in dem gewissermaßen immer alles im Fluß und in Bewegung ist, für die Verteilung seiner Bewohner ganz besondere Bedingungen bietet. Die Hauptmerkmale, die wir demnach bei der Verteilung des Planktons erwarten, dürften — örtlich genommen — eine gewisse Einförmigkeit und — zeitlich verstanden — eine öftere Veränderung der Verteilung sein. Wir haben festzustellen, inwieweit dies der Fall ist, haben zu untersuchen, wie sich die etwa auftretenden örtlichen Verteilungsbilder und ihre zeitlichen Veränderungen aus den Umweltbedingungen erklären lassen. Diese Bedingungen wirken ja zunächst auf den einzelnen Organismus bzw. die einzelne Art. Sie wirken auf die Arten verschieden oder auch gleich. So reagieren also den äußeren Faktoren gegenüber die Arten bald in der gleichen, bald in verschiedener Weise. Daraus ergibt sich, daß mit den sich ändernden Umweltbedingungen auch die Verteilung der verschiedenen Planktonarten im Lebensraum nach Ort und Zeit sich verschieden darstellt. Die Beeinflussung betrifft in jedem Falle eine Gesamtheit von Organismen, eine Gemeinschaft, und das Verteilungsbild ist das Gesamtresultat. So führt uns das Studium der Verteilung der Plankter im Raum, die Chorologie, direkt in das Gebiet der Biozönologie, den Teil der Forschung, der sich mit den Lebensgemeinschaften beschäftigt. Gerade hier bei der Chorologie des Planktons ist die Verbindung zwischen der Idiobiologie, der Erforschung des Einzelorganismus, und der Biozönologie, der Erforschung der Lebensgemeinschaften, besonders eng.

Die örtliche Verteilung des Planktons.

Wie wir schon einmal erwähnten, herrscht im See in horizontaler Richtung große Einförmigkeit hinsichtlich der physikalisch-chemischen Bedingungen; die Strömungsverhältnisse sorgen hier nahezu dauernd für einen Ausgleich. In dem Maße, wie die Lebensbedingungen gleichförmig sind, ist demnach auch die Verteilung der Organismen entsprechend gleichförmig. Außerdem wird ja die Verteilung der Plankter durch die Strömung selbst in Mitleidenschaft gezogen, bzw. horizontal ausgeglichen. Anders liegen die Verhältnisse da, wo das Seebecken gegliedert ist, derart, daß einzelne Teile (Buchten) durch Barrieren, Halbinseln, Inseln, Sandbänke so abgetrennt sind, daß sie einmal verschiedene physikalisch-chemische Lebensbedingungen bieten und zum andern durch Strömungen sich gar nicht oder nur in den Oberschichten einander angleichen können. In diesen so voneinander getrennten Becken eines einzigen Sees finden wir naturgemäß unter Umständen eine nach Menge und Zusammensetzung recht verschiedene Planktonbesiedlung. Dies prägt sich noch stärker aus, wenn das eine oder andere dieser Becken eine ganz besondere, abweichende Charakteristik aufweist. Das beste Beispiel hierfür ist die Beeinflussung einer Seebucht oder etwa eines Hafens durch die anliegenden menschlichen Siedlungen; sie führen dem Seewasser Nährstoffe zu und ändern so den Charakter des Planktons nach Zahl und Art seiner Komponenten wesentlich ab. Auf diese Weise entsteht eine ungleichmäßige Horizontalverteilung des Seeplanktons.

Auch können einmündende Gewässer in dieser Hinsicht eine Rolle spielen. Überhaupt ist naturgemäß die Möglichkeit, daß eine solche Beeinflussung der Horizontalverteilung des Planktons auftritt, um so größer, je ausgedehnter und je stärker topographisch gegliedert das Seebecken ist. Als die Horizontalverteilung des Planktons beeinflussend muß das Ufer überhaupt noch genannt werden. Wenn wir auch diejenigen Mikroorganismen, die — zum Teil auch im freien Wasser lebend — mehr oder weniger ans Ufer gebunden sind, nicht zum eigentlichen pelagischen Plankton rechnen wollen, so sind doch auch Ansammlungen von pelagischen Planktern an gewissen Uferpartien (z. B. an beschatteten Stellen) festgestellt. Andererseits scheinen in bestimmten Seen (für die Alpenseen ist dies bekannt) die Zooplankter das Ufer zu meiden. Im großen und ganzen aber sind alle diese Horizontalverbreitungsunterschiede relativ unbedeutend.

Von erheblich größerer Bedeutung für die Biologie des Sees ist die Tiefenverbreitung, die Vertikalverteilung des Planktons. Wir erinnern uns festgestellt zu haben, daß die Wasserschichten zu gewissen Zeiten (vor allem im Hochsommer) in physikalisch-chemischer Hinsicht recht verschieden charakterisiert sind, daß diese Schichtung aber nicht zu allen Zeiten gleich streng ist und in mancher Hinsicht zeitweise ganz verschwindet. Wir dürfen erwarten, daß die Planktonorganismen mehr oder weniger abhängig sind von diesen Milieubedingungen, daß also die verschiedenen Plankter je nach ihrer ökologischen Einstellung zum Licht, zur Temperatur und zum Chemismus verschiedene Tiefen bevorzugen, und daß ganz allgemein die Vertikalverteilung des Planktons jahreszeitlichem Wechsel unterworfen ist entsprechend dem Wechsel der physikalisch-chemischen Bedingungen. RUTTNER (1914, S. 284) unterscheidet zwei Faktorengruppen für die Beeinflussung der Planktonverteilung: mechanische und biologische.

Erörtern wir zunächst die ersteren, die auf den mechanischen Eigenschaften des Milieus und der Organismen selbst beruhen. Das spezifische Gewicht wurde schon bei der Besprechung des Schwebeproblems behandelt. Die Verringerung des spezifischen Gewichtes der Plankter durch Einlagerung von Pseudovakuolen, Öltröpfchen, Fettkörperchen wurde erwähnt. Für die Vertikalverteilung gewisser Formen ist dies von Bedeutung, denn die auf diese Weise sich durch einen gewissen Auftrieb auszeichnenden Arten (vor allem Cyanophyceen, blaugrüne Algen) sind es, die bei warmem, ruhigem Wetter bis an die Wasseroberfläche aufsteigen und sich dort in großen Massen zur sogenannten „Wasserblüte“ ansammeln. In dem Maße der Stärke der dann eintretenden Strömungen werden mit den Wassermassen auch die Planktonschichten durchmischt. Die Wasserblüte wird durch diese Oberflächenströmungen mehr oder weniger zerstört, und die sie bildenden Algen werden bis in größere Tiefen hinab verteilt. Die häufigsten Wasserblüte bildenden Algen sind *Gloiotrichia echinolata*, *Anabaena*, *Microcystis* u. a. m.

Die Temperatur des Wassers als mechanischer Faktor macht sich hauptsächlich in zweierlei Hinsicht bemerkbar: die thermische Sprungschicht verursacht eine Ansammlung von langsam absinkenden Planktern, da sie ihnen ziemlich unvermittelt die stärkere innere Reibung des kälteren Wassers darbietet; sie ist — wie wir weiter oben S. 25 sahen — mischungsfeindlich, schafft eine Ruhezone, in der die Strömungen minimal sind. Im Gegensatz dazu durchmischen die herbstlichen Konvektionsströmungen zugleich mit den Wasserschichten selbst auch die sommerliche Planktonverteilung und transportieren manche Formen sogar bis in größere Tiefen hinab. Ähnlich kann sich übrigens auch die Wirkung der Zirkulationsströmung äußern derart, daß windgeschützte Seen Planktonschichtung aufweisen, zur gleichen Zeit, da winddurchmischte Seen eine gleichmäßige Vertikalverteilung des Planktons zeigen. Eingehend äußert sich UTERMÖHL zu diesen Fragen bei THIENEMANN 1928, S. 92—103 (vgl. auch die ältere Bearbeitung von APSTEIN 1896).

Es sind im allgemeinen nur wenige Faktoren, die in dieser Weise rein mechanisch auf die Verteilung des Planktons einwirken, ohne zur Biologie der Planktonorganismen in Beziehung zu stehen.

Alle übrigen sind als biologische Faktoren im Sinne RUTTNERS zu bezeichnen. Dazu gehören auch solche Faktoren, die an und für sich in den physikalisch-chemischen Eigenschaften des Sees und des Seewassers begründet sind. Sie werden aber zu biologischen Faktoren dadurch, daß die betreffenden Milieueigenschaften in gewissen Beziehungen stehen zu biologischen Vorgängen, d. h. zu den Lebensfunktionen der Einzelorganismen.

An erster Stelle ist hier das Licht zu nennen. Grundlegend für die Anwesenheit aller grünen Schwebepflanzen in den oberen Wasserschichten ist ja doch deren Belichtung, da sie ihrer für die Assimilation bedürfen. Indessen ist damit noch nicht gesagt, daß nun innerhalb durchleuchteter Wasserschichten eine gleichmäßige Verteilung aller grünen Planktonpflanzen herrscht. Vielmehr ist die Einstellung zum Licht bei den einzelnen Formen recht verschieden. Zudem treten auch noch andere Faktoren regulierend auf.

Manche Arten scheinen — wie UTERMÖHL (1925), dessen Feststellungen wir bei Darlegung dieses Problems folgen, nachgewiesen hat — ihr Optimum bei der stärksten Belichtung der allerobersten Wasserschichten zu finden (z. B. das Geißeltierchen *Chrysococcus porifex*), während andere Formen etwas tiefer leben (z. B. *Ceratium* in etwa 1 m Tiefe und *Gymnodinium mirabile* in 2 m Tiefe). Allerdings sind nicht allein die Lichtverhältnisse maßgebend für die Tiefeneinstellung mancher Formen. Eine gewisse Rolle scheint die Fortpflanzung dabei zu spielen. So bevorzugt z. B. *Volvox aureus* andere Tiefen bei geschlechtlicher und andere bei ungeschlechtlicher Vermehrung. In vielen Fällen aber ist der bestimmende Einfluß des Lichtes außer Zweifel. Eine Reihe von Formen finden ihr Optimum in solchen Tiefen, in die nur wenig Licht hineindringt. Sie sind vermittels eines gewissen Vorrates an Farbstoff in der Lage, dieses Minimum an Licht für ihre Photosynthese auszunutzen. Die besonders reichliche Ausbildung der Farbstoffe bei diesen Organismen wird als Anpassung an das Leben im Schatten „chromatische Adaptation“ genannt. Während diese Schattenpflanzen (*Mallomonas caudata, Lyngbya compressa* u. a.) das Licht immerhin noch nötig haben, scheinen gewisse Bakterien des Planktons in ihrem Gedeihen abhängig zu sein von dem Fehlen des Lichtes. Diese Formen nehmen daher oft nach der Tiefe hin zu und zeigen wechselnde Entwicklungsstärke je nach der herrschenden Sonnenbestrahlung; je geringer diese letztere ist, um so reichlicher entwickeln sie sich.

Die Tiere reagieren infolge ihrer größeren Beweglichkeit naturgemäß schneller und ausgiebiger auf Lichteinflüsse als die meisten Phytoplankter. Diejenigen von ihnen, denen nur eine ganz bestimmte Lichtintensität zusagt, müssen diese optimale Lichtstärke aufsuchen und müssen, dem zeitlichen Wechsel der Beleuchtung folgend, ihre Tiefeneinstellung öfters wechseln, d. h. Wanderungen unternehmen. Der Wechsel von Tag und Nacht ruft so bei gewissen Planktontieren — vor allem bei den Planktonkrebsen — tägliche Wanderungen hervor. Man kennt diese Erscheinung seit langem; WEISMANN und FOREL haben sie bereits in den 70er Jahren des vorigen Jahrhunderts in den Alpenseen beobachtet. In diesen Seen mit ihrem klaren Wasser gehen die Krebse tagsüber bis in relativ große Tiefen hinunter, um in der Nacht bis zur Oberfläche emporzusteigen. So lebt z. B. *Leptodora hyalina* bei Tage in einer Tiefe bis zu 40 m, fehlt dabei ganz in den oberen 10 m; nachts dagegen ist sie nahezu beschränkt auf diese oberen 10 m. In den baltischen Seen machen wir ähnliche Feststellungen. Während in einem Tagesfang mit dem Planktonnetz kaum einmal eine *Leptodora* erbeutet wird, bringt ein einziger kurzer Oberflächenzug nach Sonnenuntergang unter Umständen eine ganze Menge dieser Tiere. Auch für *Daphnia hyalina*, *Hyalodaphnia*, *Cyclops*, *Diaptomus*, *Heterocope*, sowie auch für Rädertiere ist ähnliches festgestellt. Dabei verhalten sich die einzelnen Arten nicht alle gleich. Zunächst einmal gehen sie bei Tage bis in ganz verschiedene Tiefen; dann aber auch ist ihre Tiefenverteilung mehr oder weniger scharf abgegrenzt. Während z. B. im großen Plöner See der Aufenthaltsbereich von *Hyalodaphnia* und *Cyclops* bei Tage sich bis zur Oberfläche erstreckt, fehlen *Leptodora* und *Diaptomus graciloides* tagsüber in der Oberflächenschicht vollständig. Daß der durchwanderte Raum bei den klaren Alpenseen größer ist als bei den weniger durchsichtigen baltischen Seen, dürfte einleuchten. Manche Arten scheinen das Dämmerungslicht als optimal zu empfinden, da sie in den abendlichen und morgenlichen Dämmerungszeiten an der Oberfläche Maximalauftreten zeigen (*Hyalodaphnia*).

Auch unter den Pflanzen haben wir ja Formen mit einer gewissen Eigenbewegung; es sind die Flagellaten. Sie zeigen ebenfalls Vertikalbewegungen, wenn auch in Anbetracht ihrer Kleinheit und minder starken Bewegung in wesentlich schwächerem Maße als etwa die genannten Planktonkrebse. Der Weg der Wanderung beträgt bei *Ceratium* etwa 4 m oder weniger, desgleichen bei *Volvox aureus* etwa 4—5 m. In flachen Seen mit geringer Sichttiefe sind Wanderungen von nur wenigen Dezimetern festgestellt.

Den gleichen Effekt wie die tägliche Verdunkelung kann eine Schneedecke auf dem zugefrorenen See hervorrufen. RUTTNER stellte fest, daß in dem so abgeblendeten Lunzer Untersee sich gewisse Planktontiere (der

Krebs *Diaptomus* und einige Rädertiere) an der Oberfläche sammelten. Sie fehlten dagegen unter der schneefreien Eisdecke. Wenn auch der Problemkomplex der täglichen Wanderungen der Plankter noch nicht vollständig geklärt ist, so ist doch augenscheinlich, daß das Licht dabei eine, wenn nicht die wichtigste, Rolle spielt.

Die Ernährung des Zooplanktons, für die ja die Verteilung der Nahrungspflanzen aus dem Bereich der Phytoplankter maßgebend ist, hat dann nur geringe Bedeutung für das Verteilungsproblem, wenn die erforderliche Nahrung in dem ganzen in Frage stehenden Lebensraum im Überfluß vorhanden ist. Das Phytoplankton als Nahrung des Zooplanktons kann die Verteilung des letzteren nur dann beeinflussen, wenn es irgendwo und irgendwann im Minimum vorhanden ist, d. h. den Bedarf nicht mehr voll decken kann. Und das tritt wohl nur sehr selten ein (vgl. hierzu Woltereck 1928).

Als zweiten der biologisch wirksamen physikalischen Faktoren nennen wir die Temperatur. Die Organismen sind hinsichtlich ihrer physiologischen Einstellung auf die Temperatur des Milieus in ganz bestimmter Weise charakterisiert. Entweder sind sie mehr oder weniger unempfindlich gegen Temperaturveränderungen, d. h. sie vertragen sowohl niedere als auch höhere Temperaturen, oder sie bevorzugen eine ganz bestimmte, mehr oder weniger eng begrenzte Temperaturabstufung. Im ersten Falle nennt man sie eurytherm, im letzten Falle sind sie stenotherm. Die meisten Planktonorganismen dürften eurytherm sein. Indessen gibt es unter ihnen auch einige kaltstenotherme Vertreter (unter den Krebsen z. B. der Copepode *Limnocalanus macrurus*), die sich naturgemäß in den unteren Wasserschichten der tieferen Seen, im Hypolimnion, finden. Für die Mehrzahl auch der übrigen Plankter gilt wohl ein optimaler Temperaturbereich, d. h. ein Bereich, der ihrem Gedeihen am förderlichsten ist. Dies wirkt sich in verschiedener Weise aus: einmal dürfte an und für sich die Vertikalverteilung der einzelnen Formen dadurch mit bestimmt werden. Dann aber auch wirkt das Vorhandensein einer optimalen Temperatur vor allem auf die Vermehrungsintensität und beeinflußt so die zahlenmäßige Verteilung. Schließlich äußert sich die Temperatureinwirkung auch in den jahreszeitlichen Veränderungen der ganzen Planktonbiozönose. Im allgemeinen ist die Planktonproduktion im Sommer eine weit stärkere als im Winter; für die einzelnen Arten liegen meist bestimmte jahreszeitliche Maxima fest. Die Fortpflanzungsperiodizität steht naturgemäß ebenfalls im Zusammenhang mit den jahreszeitlichen Temperaturschwankungen; bei den Diatomeen (Kieselalgen) soll z. B. zu bestimmten Zeiten ein Aufsteigen von am Boden ruhenden Dauersporen und demgegenüber zu anderen Zeiten ein Absinken festgestellt sein. Überhaupt dürfte bei der jahreszeitlichen Verteilung der Plankter, die wir weiter unten noch etwas näher zu behandeln haben, die Temperatur eine große Rolle spielen unter den äußeren Faktoren, neben denen ja noch innere Gesetzmäßigkeiten wirksam sind.

Die Tiefenverteilung der Planktonorganismen wird weiterhin entscheidend beeinflußt vom Chemismus des Wassers, d. h. dem Gehalt des Wasser an gelösten Gasen und Salzen. An erster Stelle ist dabei der für die Atmung erforderliche Sauerstoff zu nennen. Er ist natürlich vor allem wichtig für die Tiere des Planktons. In den oberen Wasserschichten allerdings ist meist eine genügende Menge von Sauerstoff vorhanden, so daß etwaige Schwankungen ohne Einfluß bleiben. Ein Gehalt von mehr als 2 ccm im Liter dürfte das Minimum sein, das z. B. die meisten Plankton-Crustaceen verlangen. Dieser Gehalt ist in den oberen Schichten wohl immer vorhanden. Im Hypolimnion geht der Sauerstoffgehalt häufig unter diesen Betrag hinunter. In diesem Fall fehlen die Crustaceen in der betreffenden Wasserschicht. Eine Ausnahme scheint *Diaptomus graciloides* zu machen, der in fast sauerstoffreiem Wasser zu leben vermag. Auch verschiedene Infusorien scheinen nur sehr geringe Ansprüche an den Sauerstoffgehalt des Wassers zu stellen, sie finden sich zum Teil in sauerstoffreiem Wasser. Manche Rädertiere sammeln sich in gewissen Zonen niederen Sauerstoffgehalts an. Das gleiche läßt sich vor allem von den Schwefelbakterien, Eisenbakterien und gewissen Cyanophyceen (blaugrünen Algen) sagen, die als stenooxybiont, d. h. als auf einen ganz bestimmten Sauerstoffgehalt eingestellt, zu bezeichnen sind. Ihr Optimum ist eine niedere Sauerstoffspannung. Sowohl das Überschreiten als auch das Unterschreiten dieser Spannung vertreibt diese Organismen aus der betreffenden Zone bzw. tötet sie sogar unter Umständen. Verschiebt sich der Bereich der optimalen Sauerstoffspannung nach oben oder nach unten, so wandern sie mit; dabei tritt entweder eine Geißelbewegung oder das geringe spezifische Gewicht in Funktion. Es kann dabei häufig der Fall eintreten, daß diese Bakterien und Algen durch ihren Sauerstoffverbrauch selbst den Sauerstoffgehalt der betreffenden Schicht soweit vermindern, daß sie weiter nach oben wandern müssen. So verändern diese Formen die Milieubedingungen und müssen dann selbst dieser Milieuveränderung weichen. Überhaupt wirkt das Plankton in erheblichem Maße auf den Chemismus des Wassers und vor allem auf den Sauerstoffgehalt ein. Zu Zeiten starker Phytoplanktonproduktion wird oft in den oberen Wasserschichten ein bemerkenswertes Ansteigen der Sauerstoffwerte beobachtet, zweifellos zurückzuführen auf die Sauerstoffproduktion des grünen Planktons. Andererseits wird durch Ansammlungen von Zooplanktern in bestimmten Schichten wohl auch Sauerstoff in einem solchen Maße verbraucht, daß die Gesamtverteilung der Plankter dadurch wieder beeinflußt wird (MINDER 1924, S. 140). Das gleiche dürfte gelten von dem im Bereiche des Pelagials absterbenden Plankton, das auf die Vermehrung der Bakterien und den Verbrauch von Sauerstoff einwirkt und so auch seinerseits die Bedingungen für die Verteilung des Planktons umgestaltet. Diese größtenteils noch ungeklärten Probleme und Zusammenhänge werden uns weiter unten noch beschäftigen.

Der zweite chemische Faktor, der durch seine Beziehungen zu den Lebensprozessen der Planktonorganismen ihre Verteilung im Lebensraum beeinflußt, ist der Gehalt des Wassers an Nährstoffen. Es handelt sich dabei zunächst um die gelösten Stoffe, aus denen die pflanzlichen Plankter ihre Körpersubstanz aufbauen, indem sie die einfachen mineralischen Verbindungen im Assimilationsprozeß zu den komplizierten organischen Verbindungen aufbauen. So wichtig dieser Faktor, d. h. die Verteilung der Nährstoffe im Wasser, für die verschiedensten Prozesse auch ist, so weiß man doch noch recht wenig hierüber. Wenn man auch über die Physiologie mancher Pflanzen hinsichtlich ihres Verhaltens gegenüber gewissen Stoffen auf experimentellem Wege einiges festgestellt hat, so kennen wir doch die Nahrungsbedürfnisse der meisten Planktonpflanzen noch fast gar nicht. Die Wichtigkeit dieser Zusammenhänge ist allerdings nunmehr wohl in ihrer ganzen Tragweite erkannt, und in absehbarer Zeit dürfte sich das hier noch herrschende Dunkel zu lichten beginnen. Die Ansprüche der einzelnen Arten an die Aufbaustoffe sind zweifellos verschieden, und von den vorhandenen Stoffen hängt Auswahl und Mengenentwicklung der Phytoplanktonorganismen ab. Die Verteilung wird demgemäß auch beeinflußt von einer etwaigen Schichtung des Wassers in bezug auf seinen Chemismus. Wir wissen schon jetzt, daß das Vorhandensein von gelösten organischen Stoffen im Wasser die Produktion zahlreicher Phytoplanktonorganismen vermehrt und daß ihre Verteilung unter der Einwirkung einer etwaigen Verschiedenheit der Menge dieser Stoffe horizontal oder vertikal in bestimmter Weise hiervon abhängig sein kann. Wenn also etwa eine Bucht eines Sees durch die organischen Abwässer einer menschlichen Siedlung, einer Stadt oder eines von gedüngten Äckern umgebenen Dorfes, gewissermaßen „gedüngt“ wird, so zeigt sich in dieser Bucht eine weit stärkere Vermehrung gewisser Planktonorganismen als in den übrigen Seeteilen. Außer dieser Abhängigkeit der Planktonproduktion, die sich ganz allgemein auf organische Stoffe erstreckt, kennen wir noch einige ganz spezifische Beziehungen zwischen dem Auftreten gewisser Formen und bestimmten Stoffen im Wasser. So z. B. treten die Eisenbakterien naturgemäß da in Mengen auf, wo etwa starker Eisengehalt des Wassers festzustellen ist. In einem solchen Falle handelt es sich um eine Beeinflussung der Produktion in positivem Sinne. Einwirkung in negativem Sinne findet statt bei allen als Gifte wirkenden Stoffen. Sie vermindern und vertreiben durch ihre Anwesenheit die meisten Pflanzen und Tiere aus der betreffenden Region. Am häufigsten kommt hier in Frage der Schwefelwasserstoff. In den tieferen Seen allerdings scheidet er als Giftstoff für die Hauptmasse der Planktonorganismen aus; in flachen teichartigen Gewässern dagegen kann er — u. a. nach RYLOV (1924, S. 290) — katastrophal wirken. Auch Kohlensäure und Ammoniak wirken ähnlich. Neuerdings hat HARNISCH (1924a und 1924b) auf die Giftwirkung der Humusstoffe für eine Reihe von Organismen hingewiesen.

Einen Faktor besonderer Art stellt die „aktuelle Reaktion“ des Wassers dar. Die Bedeutung der Wasserstoffionenkonzentration für das Leben im Wasser hat man erst neuerdings allgemein erkannt. Eine Reihe von Beziehungen sind bereits festgestellt. Die Wasserstoffionenkonzentration, das p_H des Wassers, ist von Einfluß auf die verschiedenen Lebensfunktionen zahlreicher Organismen. Sie ist zeitweise verschieden in den einzelnen Wasserschichten, und so dürfte sie auch die Verteilung des Planktons mit beeinflussen. Einzelheiten kennt man hierfür allerdings noch nicht.

Die zeitliche Verteilung des Planktons.

Es ist verständlich, daß die verschiedenen Faktoren, die — wie wir sahen — die örtliche Verteilung der Plankter entscheidend beeinflussen, auch in der zeitlichen Verteilung der Planktonkomponenten sich auswirken müssen. Da diese Faktoren im Verlaufe des Jahres ja nicht immer gleich sind, so erscheinen damit auch die Vorbedingungen für die Entwicklung der einzelnen Tier- und Pflanzenarten als veränderlich. Diese Veränderungen treten — entsprechend dem jahreszeitlichen Wechsel der physikalisch-chemischen und hydrographischen Verhältnisse — in einem gewissen Rhythmus auf. Wir sahen ja z. B. auch in der Vertikalverteilung entsprechend den Tageszeiten einen gewissen zeitlichen Rhythmus.

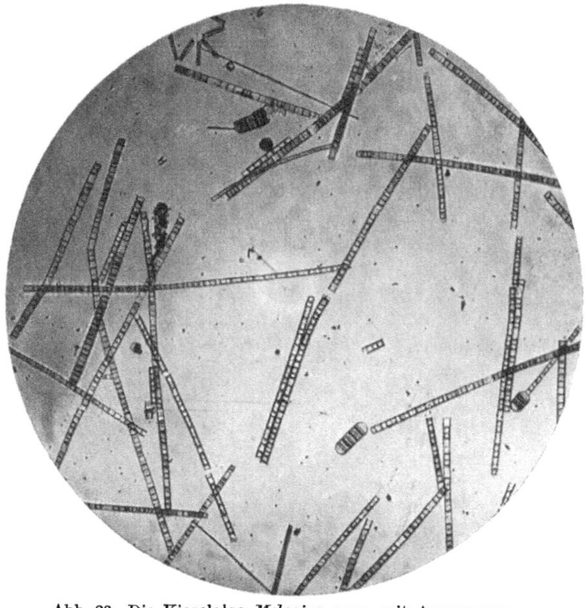

Abb. 23. Die Kieselalge *Melosira spec.* mit Auxosporen. Phot. K. DIEDERICHS.

Die Veränderungen in der Planktonzusammensetzung im Verlaufe eines Jahres sind qualitativer und quantitativer Natur. Qualitativ sind sie insofern, als zu verschiedenen Zeiten verschiedene Formen das Plankton zusammensetzen. Die einzelnen Formen finden ihre optimalen Lebensbedingungen nicht alle zur selben Zeit, ihre Maximalentwicklungen verteilen sich demgemäß auf verschiedene Zeiten. Zu den einzelnen Perioden dominieren also jeweils andere Typen. LEMMERMANN hat schon vor Jahren für den Großen Plöner See einen Planktonkalender aufgestellt, der das Jahr in Perioden einteilt, die durch die vorherrschenden Plankter gekennzeichnet sind. Er unterscheidet eine erste Kieselalgenperiode, die vom Januar bis Juli dauert und während deren sich die einzelnen Kieselalgenarten in der Vorherrschaft ablösen: *Melosira*arten (Abb. 23), *Diatoma*, *Asterionella gracillima* und *Fragillaria crotonensis*. Dazwischen wird ein besonders starkes Auftreten der blaugrünen Spaltalge *Anabaena* vermerkt (Abb. 24). Im Hochsommer (Juli—August) treten die Schizophyceen (Spaltalgen) hervor, die dann meist Wasserblüte bilden. *Gloiotrichia* wird als vorherrschend angegeben. Später im Herbst tritt *Clathrocystis aeruginosa* auf. Im Winter (Dezember—Januar) beginnt wieder eine starke Kieselalgenentwicklung, vor allem der Gattung

Melosira. Dieser Formenwechsel während des Jahres ist nun durchaus nichts feststehendes bzw. sich in jedem Jahre wiederholendes; es zeigen sich vielmehr starke Veränderungen von Jahr zu Jahr. UTERMÖHL (THIENEMANN 1925a, S. 178) stellte in späteren Jahren eine ganz andere Dominantenfolge im Großen Plöner See fest als LEMMERMANN: *Oscillatoria, Dinobryon* (Abb. 25), *Lyngbya* folgten einander im Laufe eines Sommers. In einem Jahre ist es vielleicht *Gloiotrichia,* die eine starke Wasserblüte in einem See bildet, im nächsten kann es eine *Oscillatoria*- oder *Anabaena*art sein.

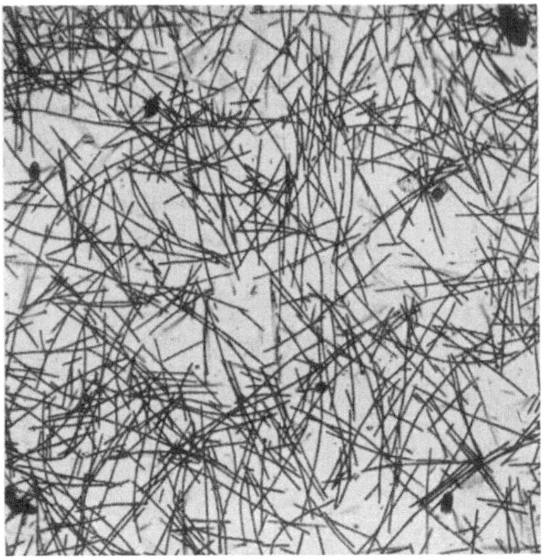

Abb. 24. Spaltalgen-Plankton (*Anabaena scheremetivi* ELENK.). Phot. Dr. W. RYLOV.

Abb. 25. Frühjahrsplankton (*Dinobryon, Fragillaria, Ceratium*). Phot. K. DIEDERICHS.

Es dürfte ohne weitere Beweisführung einleuchten, daß ebenso wie die Zusammensetzung des Planktons auch seine Gesamtquantität einem jahreszeitlichen Wechsel unterworfen ist. Steigerungen der Gesamtmenge gehen meist auf Hochproduktionen einzelner Formen zurück. Diese Hochproduktionen können zu einer Trübung oder Verfärbung des Wassers führen. Man spricht dann von Vegetationstrübungen bzw. Vegetationsfärbungen. Die betreffenden Organismen sind dann gleichmäßig in bestimmter Tiefe im Wasser durch dickere Schichten hindurch verteilt und nicht — wie bei der Wasserblüte — an der Oberfläche angehäuft. Kieselalgen z. B. färben das Wasser bräunlich; Chlorophyceen und Cyanophyceen rufen eine grünliche bzw. blaugrüne Färbung hervor, was ja schon aus ihren Namen erklärlich ist; sogar rötliche Farbtöne kommen als Vegetationsfärbungen vor. Auch Planktontiere können in solchen Massen vorkommen, das Verfärbung des Wassers eintritt. Die Mengenzahlen, die bei solchen Hochproduktionen für einzelne Zwergplankter beobachtet sind, erreichen eine ganz enorme Höhe, wie folgende Beispiele (nach UTERMÖHL 1925) zeigen: ein Kubikzentimeter Wasser enthielt im Kleinen Ukleisee am 1. Mai 1922 60000 Zellen der blaugrünen Alge *Dactylococcopsis raphidioides*, im Heidensee am 13. November 1922 78000 Fäden der blaugrünen Alge *Oscillatoria* REDEKEI, im Großen Eutiner See am 21. März 1924 2000000 Zellen der Kieselalge *Stephanodiscus hantzschii* v. *pusilla* und im Pinnsee am 27. August 1924 700000 Zellen der Grünalge *Dictyosphaerium Ehrenbergianum*. Diese hohen Zahlen sind natürlich Sonderfälle, die nur vereinzelt auftreten. Das Durchschnittsmaximum der meisten Arten liegt weit darunter. Das Netzplankton — vor allem das tierische Plankton — erreicht bei weitem nicht solch hohe Zahlen. THIENEMANN (1919) stellte in gewissen Eifelmaaren zu bestimmten Zeiten bis zu 100000 Netzplankter im Liter Wasser fest.

Für die Beurteilung der Faktoren, die für die zeitliche Verteilung der Plankter maßgebend sind, gelten die gleichen Prinzipien, wie wir sie für die örtliche Verteilung kennen lernten. Für die „Schaffer“, die assimilierenden Pflanzen, kommt in erster Linie der Nährstoffgehalt, das Licht und die Temperatur in Frage. Für die „Zehrer“, die Planktontiere im wesentlichen, spielt das Vorhandensein der Nahrung, die die Planktonpflanzen liefern, eine Hauptrolle. So kann z. B. oft festgestellt werden, daß die Häufigkeitskurve bestimmter Planktontiere in ihrem Verlauf genau der Jahreskurve des Zwergplanktons folgt. Im Genfer See und im Lac d'Annecy ist für gewisse Urtierchen (*Heliozoen*) die Maximalentwicklung als mit der ihrer Nahrungslieferanten, der Dinobryen, zusammenfallend festgestellt worden. Das gleiche gilt für gewisse sich von Kieselalgen nährende Infusorien. Bei den Rädertieren spielt der Fortpflanzungszyklus eine große Rolle hinsichtlich der Produktionsschwankungen im Verlaufe des Jahres. In den meisten Seen unserer Breiten haben sie ihr Maximum im Vorsommer (Abb. 26); aber auch zu anderen Zeiten sind Maximalentwicklungen beobachtet, sehr oft u. a. ein zweites Maximum im Herbst. Im großen und ganzen zeigt sich die Produktionskurve bei den Rädertieren im Spiel von innerem Entwicklungsrhythmus und äußeren Lebensbedingungen (Temperatur u. a.) je nach der Art und dem Wohngewässer als recht verschieden verlaufend. Einfacher liegen die Verhältnisse bei den Wasserflöhen. Sie erreichen in unseren Seen fast sämtlich im Hochsommer ihre stärkste Entwicklung (Abb. 27); oft ist auch ein Frühlings- und ein Herbstmaximum vorhanden. Fast überall treten im Herbst die Männchen auf, und die Weibchen produzieren Dauereier, die während des Winters die Art erhalten. In dieser Zeit werden keine oder nur vereinzelte Wasserflöhe im Gewässer angetroffen. Hier erkennen wir scharf den Einfluß des Temperaturganges auf den Entwicklungszyklus und damit auf die jahreszeitlichen Produktionsänderungen. Verschiebungen dieser Verhältnisse je nach dem besonderen Temperaturstandard (abhängig von der geographischen Lage der Seen) sind hieraus erklärlich. Bei den Cyclopiden liegen die Verhältnisse komplizierter; die einzelnen Formen verhalten sich verschieden; im allgemeinen zeigen die meisten von ihnen im Frühjahr und Herbst die stärkste Entwicklung.

Die Gesamtplanktonkurve eines Sees für den Verlauf eines Jahres wird meist bestimmt durch das Phytoplankton; das gilt vor allem für flachere Seen. Die Spaltalgen legen das Maximum in die warme Jahres-

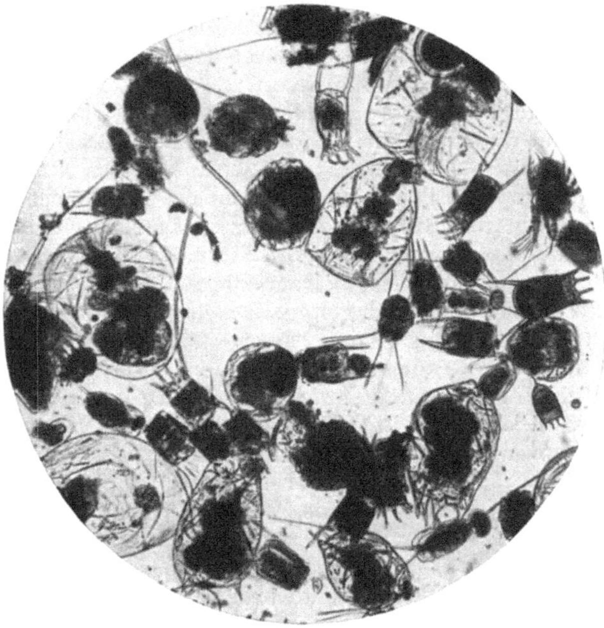

Abb. 26. Rädertier-Plankton (*Asplanchna priodonta, Brachionus pallas, Polyarthra platyptera, Anuraea aculeata, Triarthra spec.*). Phot. Dr. W. Rylov.

zeit; herrschen die Kieselalgen vor (Alpenseen, nordische Seen), so treten die Höchstproduktionen im Winter oder Vorfrühling auf.

Wenn, wie wir oben sahen, rein qualitativ die Planktonproduktion in den einzelnen Jahren verschieden ist, so ist sie es auch quantitativ. Man spricht von „guten“ und „schlechten“ Planktonjahren. Als Ursache kommen in erster Linie wohl klimatische Verhältnisse in Frage. Ganz allgemein muß wohl festgestellt werden, daß die Begründung des Verlaufs jeder Jahreskurve von Fall zu Fall verschieden sein dürfte. Die Höhepunkte der Jahreskurven gehen nicht immer auf die gleichen Organismenarten zurück; die Maximalentwicklungen der einzelnen Arten verschieben sich oft zeitlich von einem Jahr zum anderen. Weiterhin verhalten sich manche Arten sogar in benachbarten Seen ganz verschieden, indem sie hier Maxima bilden zu bestimmter Zeit, während sie gleichzeitig im anderen See schwache oder normale Produktion zeigen.

Wir können an dieser Stelle natürlich nicht die einzelnen Beispiele anführen, die sich recht zahlreich in der Planktonliteratur vorfinden. Es muß dafür auf die spezielle Planktonliteratur verwiesen werden, vor allem auf die STEUERsche Planktonkunde. Erwähnen müssen wir hier noch einmal im Zusammenhang mit der Massenentwicklung gewisser Formen die auch weiteren Kreisen bekannte Erscheinung der sogenannten „Wasserblüte". Sie ist eine Ansammlung von meist blaugrünen Algen (*Anabaena*, *Aphanizomenon*, *Microcystis*, *Gomphosphaeria* u. a.) an der Wasseroberfläche, die mit einem dicken Belag dieser Algen sich bedeckt zeigt. Eine Wasserblüte wird meistens von nur einer Art gebildet (Abb. 24). Es können aber auch mehrere Arten zusammentreten. An-

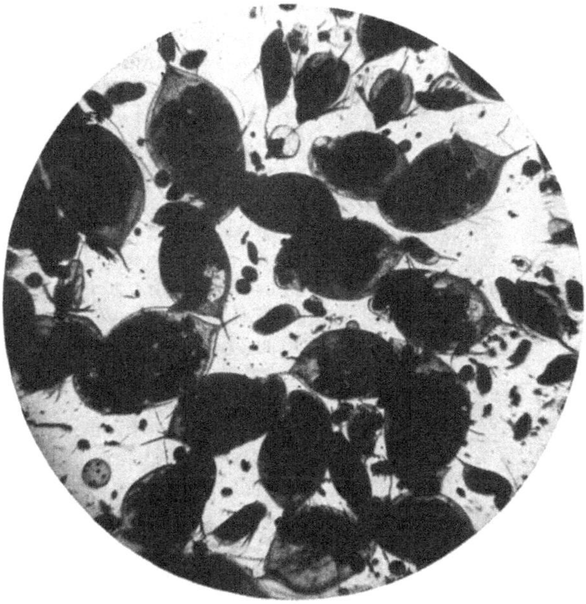

Abb. 27. Crustaceen-Plankton (*Daphnia pulex*). Phot. Dr. W. RYLOV.

sammlung von Pflanzenpollen auf der Wasseroberfläche werden zwar auch als Wasserblüte bezeichnet, führen diese Benennung aber doch wohl zu unrecht. Wasserblüte bildet sich bei vorhandener Hochproduktion der betreffenden Art an warmen, sonnigen Tagen, bei windstillem Wetter, und verschwindet meist wieder bei eintretender Winddurchmischung. Wenn nicht Windwirkung die Wasserblüte zerstört, so zerfallen die Zellen an der Wasseroberfläche. Ein ganz typischer Geruch kennzeichnet diese Erscheinung. Über die katastrophalen Wirkungen des plötzlichen Absterbens einer Wasserblüte werden wir an anderer Stelle noch einiges ausführen.

Methodik und Technik.

Angesichts des Alters und der Bedeutung der Planktonkunde im Rahmen hydrobiologischer Forschung erscheint es nicht verwunderlich, daß auch ihre Methodik eine recht gute und im übrigen eine recht mannigfaltige Durchbildung erfahren hat. Ihr Ziel, der im freien Wasser verteilten Organismen habhaft zu werden, kann sie — unter Verzicht auf die ursprüngliche primitive Methode, die einzelnen Organismen direkt durch mikroskopische Untersuchung aus dem Wasser heraus zu suchen — auf verschiedenerlei Weise erreichen. Alle Methoden indes beruhen auf dem Prinzip, die in einer größeren Wassermenge verteilten Plankter durch Filtration bzw. Aussieben gewissermaßen zu konzentrieren, d. h. herauszufangen. Geschieht das im Wasser selbst, so benutzt man verschiedenartig konstruierte Netze, mit Hilfe derer das Plankton regelrecht gefischt wird. Eine andere Methodik filtriert bestimmte Mengen von herausgeschöpftem oder heraufgepumptem Wasser durch Filter- oder Siebapparate und isoliert so die darin enthaltenen Organismen. Wir wollen hier nicht die sämtlichen vorhandenen Planktonapparate, die ja größtenteils für die marine Forschung konstruiert wurden, anführen. Wir nennen nur die wichtigsten im Süßwasser gebrauchten Apparate.

Abb. 28. Planktonnetze nach APSTEIN und LANGHANS. Phot. LENZ.

Das schon lange eingeführte und auch heute noch allgemein gebräuchliche Instrument ist das Beutelnetz aus Müllergaze, das in verschiedenster Form hergestellt wird; am gebräuchlichsten ist der Typus nach APSTEIN (vgl. Abb. 28). Das konische, am offenen Ende durch Ringbügel gehaltene Netz trägt am unteren Ende eine Verschlußvorrichtung, bald einfach, bald komplizierter, vom einfachen durch Quetschhahn verschlossenen Gummischlauch bis zu dem mit Drehhahn verschließbaren Eimerchen. Als Netzgewebe verwendet man die seidene Müllergaze in verschiedener Maschenweite. Normalerweise ist es die Nr. 20 mit 5926 Maschen pro cm^2, die man für Netzplanktonfänge benutzt. Natürlich kommen auch größere Weiten in Betracht, dann nämlich, wenn man lediglich gewisse größere Planktontiere — *Leptodora*, *Mysis* u. a. — fangen will. Im übrigen schwankt die Form der in den Handel gebrachten Planktonnetze nach Größe, Weite und vor allem hinsichtlich der unteren Abflußvorrichtung. Durch seine Form bemerkenswert ist das sogenannte Zeppelinnetz nach LANGHANS (Abb. 28), das mit relativ geringer Weite (10 cm) eine erhebliche Länge (1,50 cm) verbindet. Der Effekt dieser Konstruktion ist eine große Filtrationsfläche und die Unmöglichkeit des Wiederherausstrudelns der mit dem Wasser eingeschwemmten Organismen. Es ist das ein Moment, das beim Gebrauch der normalen kurzen Netze durchaus berücksichtigt werden muß. Es ergibt — vor allem bei quantitativen Fängen — einen erheblichen Fehler. Im großen und ganzen haben quantitative Fänge mit einfachen Netzen nur einen ganz beschränkten Wert. Man macht sie derart, daß man das Netz auf eine ganz bestimmte Strecke durch das Wasser zieht; diese Strecke wird bei Vertikalfängen einfach an der Befestigungsleine gemessen, bei Horizontalfängen wird sie geschätzt nach Augenmaß, nach Ruderschlägen oder Zeitmessung. Es braucht wohl nicht betont zu werden, daß alle diese Methoden Fehler enthalten, die zwar auf ein Minimum beschränkt, aber kaum beseitigt werden können. Indessen ist man hinsichtlich der tierischen Plankter, soweit sie eine erhebliche Eigenbewegung besitzen, auf Netzfänge angewiesen. Für Fänge in bestimmter Tiefe benutzt man Schließnetze, für die es — vor allem in der Meeresforschung — eine große Anzahl von Ausführungen gibt. Die Haupttypen besitzen einen Klappenverschluß oder werden durch eine Abschnürung verschlossen. Einzelheiten hierüber anzugeben dürfen wir uns ersparen, da die Schließnetze im Süßwasser eine nur untergeordnete Rolle spielen. Die Hauptmasse der Plankter im Süßwasser gehört dem Pflanzenreich an, ist größtenteils sehr klein und nicht mit nennenswerter Eigenbewegung begabt. So kommen also — vor allem für vertikale und quantitative Fänge — andere Methoden in Frage: die Sedimentier- und die Filtriermethoden; die Entnahme der Proben erfolgt hierbei durch Schöpfen oder Pumpen. Mit der Pumpe, die bis zu 100 m Tiefe brauchbar ist, kann man größere Wassermengen aus bestimmten Tiefen erlangen; man läßt den Planktongehalt eines bestimmten Quantums des geschöpften Wassers sich absetzen (sedimentieren), um ihn dann zu bestimmen und zu zählen.

Eine gewisse Umständlichkeit dieser Methode — vor allem hinsichtlich der Handhabung der Pumpe — ist wohl der hauptsächlichste Grund, warum sie verhältnismäßig wenig angewandt wird. Mit Vorliebe benutzt man zur Erlangung der zu untersuchenden Wassermenge die verschiedenartigen Schöpfapparate, wie sie zum Teil in unserem Abschnitt I beschrieben wurden. Mit ihnen kann man ja Wassermengen von bestimmtem Umfang aus beliebiger Tiefe des Sees erlangen. Ihre Bearbeitung erfolgt in verschiedener Weise. Häufig angewandt wird die Zentrifugiermethode. Mit Hilfe einer elektrischen oder von Hand betriebenen Zentrifuge konzentriert man den Planktongehalt des geschöpften Wassers, d. h. eines Teiles davon. Die in Drehung versetzten und so der Zentrifugalkraft ausgesetzten Glasröhrchen sind mit Maßstrichen für einen ganz bestimmten Inhalt versehen und laufen am unteren Ende spitz zu. In dieser Spitze sammeln sich die in der Wassermenge befindlichen Plankter bei genügend langem und mit hinreichender Geschwindigkeit vollzogenem Zentrifugieren. Das Auszählen des Zentrifugenrückstandes erfolgt dann auf dem Zähltisch unter dem Mikroskop. Der Zähltisch stellt einen viereckigen Objekttisch dar, der durch 2 Schrauben, die senkrecht zueinander wirksam sind, in der Horizontalen verschiebbar ist. Die als Objektträger verwandte Glasplatte — passend für die Fassung des Zähltisches — ist mit eingeritzten Linien, die je nach Bedarf verschiedenen Abstand voneinander haben, versehen. Das noch lebende oder konservierte Planktonmaterial wird in einer bestimmten Wassermenge gleichmäßig verteilt, und mittels einfacher Pipette oder Stempelpipette wird ein bestimmtes Volumen entnommen und auf die Glasplatte des Zähltisches gebracht. Die dort vorhandenen Linien ermöglichen die Zählung auch größerer Mengen von Organismen. Die erhaltenen Zahlen können naturgemäß in verschiedener Weise umgerechnet werden; am gebräuchlichsten erscheint die Methode, den Planktongehalt von 1 ccm Wasser anzugeben. Daß man so Kurven erhalten kann für die zeitliche und örtliche Planktonverteilung erscheint klar. Natürlich können die Zählungen und Kurven auch für die einzelnen Planktontypen festgestellt werden. Der Gebrauch der Zentrifuge hat neuerdings Widerspruch gefunden (Kolkwitz 1924, Utermöhl 1927). Als einer ihrer hauptsächlichsten Fehler wird angegeben, daß sie die empfindlichen Organismen (Flagellaten) zerstöre und so natürlich keine genauen Ergebnisse liefern könne. Demgegenüber wird die Kolkwitzsche Planktonkammer in passender Form außer für qualitative Planktonuntersuchungen auch für solche quantitativen Untersuchungen vorgeschlagen. Sie ermöglicht die Untersuchung einer kleinen Wassermenge; die darin enthaltenen Organismen werden in der Kammer selbst abgetötet, sie bleiben infolgedessen nach Aussehen und Lage möglichst unverändert und können, da die Kammer ja bedeckt ist und zudem noch zwecks Kühlhaltung im Wasserbecken eingelegt werden kann, längere Zeit aufbewahrt werden, falls die Zählung nicht auf einmal erledigt werden kann. Die Größe der Planktonkammer kann verschieden sein. Da in gewissen Fällen — z. B. in sehr planktonarmem Wasser — die 1 ccm- und 15 ccm-Kammer — wie sie Kolkwitz konstruiert hat — zu klein bzw. zu groß erscheint, hat sich in solchen Fällen die 3 ccm-Kammer bewährt. Die Deckscheibe darf nicht zu dick sein, damit erforderlichenfalls noch stärkere Vergrößerungen verwandt werden können. Zum Zählen gebraucht man am zweckmäßigsten Objektive mit 8—15facher Eigenvergrößerung. In besonderen Fällen können auch Wasser-Immersionen angewandt werden. Bei starkem Planktongehalt wird nicht die ganze Kammer durchgezählt, sondern nur eine gewisse vorher zu berechnende Fläche, die durch die Linien des Zählstreifenokulars begrenzt ist. Bezüglich näherer Angaben über die Methodik dieser Untersuchungen, ihre Fehlergrenzen usw. muß auf die Spezialarbeiten (vergleiche vor allem die oben genannte Arbeit Utermöhl 1927) verwiesen werden. Es sei noch erwähnt, daß zur Konservierung Osmiumsäure oder Jodjodkaliumlösung am zweckmäßigsten erscheinen.

Unter gewissen Umständen empfiehlt sich für qualitative und quantitative Untersuchungen des Phytoplanktons eine Filtriermethode, die von den Autoren in verschiedener Weise durchgeführt worden ist (Kolkwitz 1924). Das Prinzip dabei ist, das zu untersuchende Wasser durch ein feinporiges Filter (Membranfilter) hindurchfließen zu lassen, wobei zur Beschleunigung des Vorganges in dem unterhalb der Filterplatte befindlichen Gefäß durch Saugpumpe ein luftverdünnter Raum geschaffen wird; oberhalb des Filters kann natürlich zur Verstärkung des Effektes ein erhöhter Druck verursacht werden. Nun kann man die so „ausgesiebten“ Organismen von der Filtermembrane entfernen und dann untersuchen; man kann sie aber auch eintrocknen lassen und später die ganze Membrane zu einem Präparat verarbeiten. Dabei werden jedoch empfindliche Formen vernichtet, so daß die Methode für quantitative Arbeiten wohl doch nicht ganz zuverlässig erscheint.

Übungen.

Fänge mit dem Planktonnetz (Horizontal- und Vertikalfänge). Bestimmung der Formen. Spezialaufgaben: Studium des Baues der verschiedenen Planktonpflanzen und -tiere; Beispiele: Kieselalgen (Panzer); Spaltalgen (Fadenbildung, Farbstoffe, Grenzzellen, Dauerzellen, Kalkinkrustationen, Gasvakuolen); Kugeltierchen (Geißeln, Geschlechtszellen); Geißeltierchen (*Euglena, Trachelomonas, Dinobryon, Ceratium, Peridinium* u. a.); Infusorien (parasitische Glockentierchen auf Planktonkrebsen u. a.); Rädertiere (Räderorgan, Panzerbildung, Kauapparat, Verdauungsorgane, Augen, Klebdrüsen); Wasserflöhe (Stabilisierungsorgane, Fühler und Beine, Auge, Herz, Darmkanal, Schalendrüse, Brutraum, Dauereier); Hüpferlinge (Fühler und Fußpaare, Schwanzgabel, Herz, Eiersäckchen); Naupliuslarven von Krebsen.

Regelmäßige Fänge zur Beobachtung von Temporalvariationen bei Planktern. Feststellung von Lokalvariationen durch Sammeltätigkeit an verschiedenen Seen. Versuch einer Erklärung der dabei gefundenen Variationen. Quantitative Fänge mit Schließnetz und mit dem Wasserschöpfer bzw. mit der Pumpe. Zentrifugieren des Zwergplanktons. Auszählen der Zentrifugenproben. Gewinnung des Zwergplanktons mit Hilfe von Membranfiltern. Untersuchung von Planktonproben mit der KOLKWITZschen Planktonkammer. Feststellung der örtlichen und zeitlichen Veränderungen der qualitativen und quantitativen Zusammensetzung des Zwergplanktons: Probenentnahme an horizontal verteilten Stellen; Tiefenstufenfänge; Vergleich der Proben aus verschiedenen Seen; zeitlich wiederholte Fänge, etwa von Monat zu Monat; Feststellung der jahreszeitlichen Unterschiede; Veränderungen nicht periodischer Art; Untersuchung der Gründe für die örtlichen und zeitlichen Veränderungen.

2. Das Neuston.

Im Anschluß an das Plankton ist eine Gemeinschaft von Organismen zu behandeln, die bis zu einem gewissen Grade ein Glied der großen Lebensgemeinschaft des Pelagials darstellt, die aber auf Grund ihrer besonderen Lebensgewohnheiten zu einer eigenen Gruppe zusammengefaßt wird; es sind die als „Neuston“ — den Namen hat der schwedische Forscher NAUMANN (1917, S. 99) eingeführt — bezeichneten Organismen des Oberflächenhäutchens der stehenden Gewässer. Die für diese Organismen optimalen Lebensbedingungen bilden sich nur bei ruhiger Wasserfläche heraus. Demnach sind die Neustonorganismen eigentlich den kleinen stehenden Gewässern, Teichen und Tümpeln, eigen und spielen in Seen meist nur im Litoral, da wo die Verlandungsprozesse teichartige Bedingungen schaffen, eine gewisse Rolle. Da sie aber — wie schon angedeutet — in einem bestimmten Zusammenhang stehen zum Plankton, dem sie zeitweise angehören, müssen sie hier behandelt werden. Die Neustonorganismen kommen aus dem Plankton, sammeln sich im Oberflächenhäutchen des Wassers, bringen es dort bei ruhigem Wasserstand oft zu einer ausgesprochenen Massenentwicklung, so daß sie eine förmliche Haut („Kahmhaut") auf dem Wasser bilden (Abb. 29). Die Neustonorganismen, die also ihre eigentlichen Lebensbedingungen im Oberflächenhäutchen finden, steigen zu gewissen Zeiten dahin auf und erzeugen eine Hochproduktion. Zum Neuston gehören Tiere sowie auch Pflanzen. Die letzteren dürften an Zahl der Arten wie auch an Häufigkeit überwiegen. Sie lassen sich nach ihren Ansprüchen an den Nährstoffgehalt des Gewässers in verschiedene Gruppen einteilen, deren Benennung sich an das Saprobiensystem von KOLKWITZ und MARSSON (1908) anschließt. Demgemäß sind oligosaprobe, α- und β-mesosaprobe und polysaprobe Neustonorganismen zu unterscheiden, je nachdem ob sie ernährungsphysiologisch auf Reinwasser, leicht, stärker oder sehr stark verschmutztes Wasser angewiesen sind. Je nach dem Charakter der Gewässer werden also verschiedene Organismen als Vertreter des Neustons auftreten. Die Bakterien sind dabei zunächst in mehreren Formen vertreten, und zwar kommen außer farblosen Typen, die graue oder schillernde Häutchen bilden, vor allem Purpurbakterien vor, die sich als rote Oberflächenhäutchen darstellen (ob es sich dabei um echte Neustonbildung handelt, steht wohl noch nicht fest). Auch Eisenbakterien gehören zu den als Neuston auftretenden Organismen. Besonders bekannt als neustische Formen sind gewisse Geißeltierchen, so vor allem die grünen oder

Abb. 29. Neustogene Färbung (*Chromulina rosanovi*) in einem Teich bei Alt-Peterhof (Rußland). Phot. Dr. W. RYLOV.

roten Euglenen, in erster Linie *Euglena sanguinea*, die einem Tümpel eine blutrote Färbung zu verleihen vermag. Auch im Reinwasser kommen neustonbildende Geißeltierchen (Chromulinen) vor. In reinen Gewässern sowohl wie in nicht allzu stark verschmutzten treten gewisse Chlorophyceenalgen im Neuston auf; es handelt sich hier vornehmlich um die Chlamydomonaden. Das Oberflächenhäutchen erscheint beim Auftreten dieser Formen grün gefärbt. Als Zooneuston kommen einige Amöben und Infusorien — allerdings weit weniger häufig als das Phytoneuston — in ziemlich stark verschmutzten Gewässern vor. Bezüglich ihrer Herkunft — das wurde oben ja schon erwähnt — gehören die meisten Neustonvertreter eigentlich zum Plankton; einige Formen kommen sogar aus dem Schlamm, so z. B. die Euglenen und die Chlamydomonaden. Im Oberflächenhäutchen finden diese Formen bei ruhigem, warmem Wetter ihr Lebensoptimum, d. h. in erster Linie gute Assimilationsbedingungen. Zudem gestattet ihnen die Ruhelage, ihre ganze Lebensenergie für den Teilungs- und Vermehrungsprozeß zu verwenden und schließlich fallen sie hier in geringerem Grade der Vernichtung durch Tiere, denen sie als Nahrung dienen, anheim als im freien Wasser. Das alles fördert die Hochproduktion, die für das Neuston charakteristisch ist. Eine erhebliche Störung, ja zeitweise Aufhebung der ganzen „Biozönose" bringt die Unterbrechung des Ruhezustandes mit sich. Die Bewegung des Wassers zerstört das Häutchen und alle mit Eigenbewegung versehenen Formen flüchten in die Tiefe. Diese Fluchtreaktion wird auf eine positive Geotaxis zurückgeführt, während das Emporsteigen zu geeigneter Zeit — d. h. bei ruhigem, sonnigem Wetter — bei gewissen Formen auf Phototaxis beruhen soll. Die Neustonorganismen sind demnach in reizphysiologischer Hinsicht sehr bemerkenswerte Studienobjekte.

Bei Bildung einer Neustonproduktion wird nur selten eine einzige Art beteiligt sein, meist treten zu den dominierenden Typen — eine oder zwei Arten pflegen bei weitem vorzuherrschen — noch einige schwächer vertretene Formen hinzu. Fast nie fehlen auch gewisse unbelebte Beimischungen, die man zusammenfassend als neustisches Tripton bezeichnen kann; hierbei handelt es sich um Pflanzenpollen, leere Hüllen bzw. Panzer und Schalen von Tieren, Detritus u. a. m. Welche Zahlen bei der Neustonbildung festzustellen sind, hat NAUMANN (1917, S. 104) nachgewiesen; da es sich um eine flächenartige Verteilung der Organismen in nur einer Schicht handelt, hängt die Maximalzahl, die ein solches Häutchen enthalten kann, von der Größe bzw. dem Durchmesser der Organismen ab. *Euglena sanguinea* z. B. mit einem Durchmesser von 50 μ kann demnach in einer Maximalproduktion von 400—462 Exemplaren pro 1 qmm Fläche neustonbildend auftreten. Die Grundfärbung allerdings tritt bereits bei $^1/_3$ der errechneten theoretischen Höchstbesiedlung ein, die in praxi wohl höchst selten erreicht wird. Für Chlamydomonaden — mit einem Durchmesser von 10 μ — ist eine neustische Höchstbesiedlung von etwa 10000 pro 1 qmm und für die kleinsten Bakterien eine solche von mehreren Millionen pro 1 qmm möglich. Da sich diese hohen Zahlen nur auf die Fläche beziehen, spielt die Neustonproduktion — außer wenn es sich um einen ganz seichten kleinen Tümpel handelt — für den Gesamthaushalt des Gewässers keine große Rolle; denn wenn die Produktionszahlen auf 1 ccm der Gesamtwassermenge umgerechnet werden, ergeben sich meist recht niedrige Werte. Zudem werden — wie schon erwähnt — die Maximalzahlen wohl selten erreicht. Rylov (1926b, S. 484—489) gibt für eine beobachtete Neustonproduktion folgende Zahlen pro 1 qmm an: *Chlamydomonas globulosa* 1900—2700, *Euglena acus var. minor* Hausg. 100—200, *Gonium pectorale* O. F. M. 1—2 Kolonien, *Trachelomonas volvocine* Ehrenbg. 50—100, farblose Flagellaten 10—30, Infusorien einige, *Diglena catellina* Müll. einige, Eier von *D. cat.* 10, Bodendiatomeen einige, Tripton verschiedener Art. In einem anderen Fall erreichte eine *Chlamydomonas*-Produktion ungefähr die theoretische Maximalzahl mit 7000—7700 pro 1 qmm; hierbei beherrschte diese Art das Bild aber auch fast vollständig. Wie oben schon erwähnt ist die Dauer einer Neustonproduktion auf mehr oder weniger kurze Zeit beschränkt; Regen und Wind vernichten das Häutchen und treiben die Neustonorganismen in die Tiefe. Das kann bereits nach 1—2 Tagen, kann aber auch bei günstiger Witterung erst nach 1—2 Wochen geschehen.

Methodik und Technik.

Die Methoden, die zum Fang von Planktonorganismen verwandt werden, kommen hier nicht in Betracht. Es handelt sich darum, die Neustonorganismen möglichst im natürlichen Zustand, bzw. in ihrer Lage im Oberflächenhäutchen zu erhalten und zu untersuchen. Die frühere (Naumannsche) Methode benutzte zur Probenentnahme das Deckglas der Kolkwitzschen Planktonkammer, das — vorsichtig mit dem Neustonhäutchen in Berührung gebracht — dies festhält und abhebt. Das Deckglas mit der es bedeckenden Schicht wird dann auf die Kammer gelegt und unter dem Mikroskop untersucht. Rylov (1926a) schlägt eine andere Methode vor: er hebt das Häutchen vom Wasser ab mittels eines kleinen Drahtringes von $^1/_2$—1 cm Durchmesser, der entweder an einem Halter befestigt ist oder mit kleinen Füßchen versehen ist. Im ersteren Falle muß zur Untersuchung unter dem Mikroskop der Halter auf dem Objekttisch festgeklemmt werden, im zweiten Falle kann der Ring, der zur Probeentnahme mit der Pinzette gefaßt werden muß, einfach auf den Objekttisch des Mikroskopes gestellt werden. Das Neustonhäutchen läßt sich außerdem von dem kleinen Ring auf das Deckglas übertragen, was sich für den Transport empfiehlt. Die Konservierung eines Neustonhäutchens kann mit Hilfe von Osmiumsäuredämpfen (1 proz. Lösung von OsO_2) erfolgen. Die Zählung der Organismen für die quantitative Bestimmung geschieht wie bei der Planktonzählung mit dem Zählstrichokular.

Übungen.

Untersuchung der Neustonproben auf ihre qualitative und quantitative Zusammensetzung.

3. Das Pleuston.

Im Zusammenhang mit den als Neuston bezeichneten Organismen des Oberflächenhäutchens muß eine kleine Gruppe von Tieren und

Pflanzen genannt werden, die ebenfalls an die Wasseroberfläche gebunden sind. In der Botanik bezeichnet man seit längerem die an der Wasseroberfläche treibenden, zum Teil über sie hinausragenden, meist kleinen Pflanzen als Pleuston. Der bekannteste Vertreter dieser Pflanzengruppe ist die Wasserlinse (*Lemna*), die in kleineren teichartigen Gewässern in solchen Mengen auftreten kann, daß sie den ganzen Wasserspiegel mit einer ununterbrochenen grünen Decke überzieht. Als bemerkenswerte Tatsache sei erwähnt, daß es auch Pflanzen gibt, die nur vorübergehend als Pleustonorganismen leben. Die Wasseraloë oder Krebsschere (*Stratiotes aloides*) verläßt zur Blütezeit den Boden und lebt an der Wasseroberfläche pleustisch. In Seen spielen diese Pflanzen nur selten und zwar an verlandenden stark bewachsenen Stellen (Buchten) eine Rolle. Eigentliche Pleustontiere kommen im Süßwasser nicht vor; im Meere gibt es eine ganze Anzahl. Wir können den genannten Pflanzen aber eine Gruppe von Tieren anschließen, die wir bereits an anderer Stelle genannt haben, die aber vielleicht mit einer gewissen Einschränkung auch dem Pleuston zugerechnet werden können, wenn dieser Ausdruck auch eigentlich für solche Pflanzen und Tiere aufgestellt ist, die ins Wasser hineinragend auf der Oberfläche schwimmen. Es sind die auf dem Oberflächenhäutchen sich bewegenden Tiere (Springschwänze, Wasserwanzen und Käfer). Diese Tiere sind im Bau ihrer Fortbewegungsorgane ganz an die Bewegung auf dem Oberflächenhäutchen angepaßt, sei es, daß sie — wie die Springschwänze — mit Hilfe von Springgabeln zu springen vermögen, sei es, daß sie — wie die Wasserläufer (*Gerris, Limnobates*) — vermittels langer, durch Haarbesatz unbenetzbar gemachter Beine wie Schlittschuhläufer über die Fläche gleiten, sei es, daß sie — wie der Taumelkäfer — mit der breiten ölbedeckten Fläche des Körpers auf dem Wasser schwimmen und ihre schnelle Bewegung vermittels besonders zweckmäßig gebauter Ruderbeine bewerkstelligen. Springschwänze und Wasserläufer sind im Seenlitoral nicht besonders häufig; doch der Taumelkäfer findet sich fast regelmäßig an einigermaßen geschützten Stellen des Ufers. Er tritt in Scharen auf und gleich blitzenden Kugeln schwirren die flinken Tiere auf dem Wasser umher. Ihr pechartiger Geruch — von der produzierten Ölschicht herrührend — sei als besondere Merkwürdigkeit erwähnt. Im allgemeinen können wir also sagen, daß die Pleustonorganismen sowohl pflanzlicher wie auch tierischer Art als typische Teichbewohner im See nur Gelegenheitsgäste sind.

4. Das Nekton.

Im freien Wasser des Pelagials leben Tiere, die dem Plankton nicht zugerechnet werden können, da sie nicht „treibend“, sondern durch eine mehr oder weniger kräftige Schwimmfähigkeit in der Lage sind, die Strömungen des Wassers durch selbsttätige Bewegung zu überwinden. Man faßt diese Tiere unter dem Begriff „Nekton“ zusammen. Im Süßwasser wird diese Gemeinschaft — die keine Lebensgemeinschaft im richtigen Sinne des Wortes darstellt, da sie vollkommen abhängig ist — ausschließlich von den Fischen gebildet. Manche Autoren rechnen auch von diesen nur wenige Arten hierher, d. h. nur diejenigen, die wirklich im freien Wasser des Pelagials leben und sich dort auch — vom Plankton — ernähren. Wir aber möchten in diesem Abschnitt die Fische überhaupt als Organismen, die doch tatsächlich die Wassermasse selbst als Bewegungs- und Aufenthaltsmilieu benutzen, behandeln. Zwar sind die meisten von ihnen in ihrer Ernährung vom Boden bzw. vom Litoral abhängig, aber sie leben und bewegen sich doch mit wenigen Ausnahmen in der freien Wassermasse, und das ist ja der Umstand, der sie als Glieder des Nektons kennzeichnet. Die wenigen sich von Planktonorganismen nährenden Fischarten sind ja dadurch vollkommen abhängig von einer anderen, und zwar einer dem Pelagial eigenen Lebensgemeinschaft. Aber auch diese Formen sind hinsichtlich ihrer Fortpflanzung meistens an's Litoral, das sie in fast allen Fällen zum Laichgeschäft brauchen, gebunden. Bei diesen im eigentlichen Pelagial lebenden Fischen handelt es sich für die norddeutschen Seen meist nur um eine einzige Art, *Coregonus albula*, die kleine Maräne. Außerdem tritt oft noch der Stint hinzu. In den Alpenseen sind es einige Arten: der Blaufelchen (*C. wartmanni*) und seine Verwandten, gewisse Formen des Seesaiblings und der Seeforelle.

Wenn wir sagten, daß wir die Fische überhaupt in diesem Abschnitt behandeln wollen, so heißt das, wir wollen sie in ihren hauptsächlichsten Beziehungen zum Milieu, dem Wasser des Sees, und seinen übrigen Bewohnern kennen lernen. Die Fische stellen bekanntlich die niedrigste Klasse der Wirbeltiere dar. Sie leben samt und sonders im Wasser, während die Zahl der übrigen wasserbewohnenden Wirbeltiere nur sehr klein ist. Die Fische sind in ihrer ganzen Organisation und Lebensweise so vollkommen auf ihr Milieu, das Wasser, eingestellt, wie das nur immer möglich ist. Körperbau, Bewegung, Ernährung, und Fortpflanzung sind dem Leben im Wasser aufs vollkommenste „angepaßt". Diese „Anpassungen" variieren natürlich nach der Verschiedenheit des Aufenthaltsortes der einzelnen Fischarten. Indes sind die meisten Eigenschaften der Mehrzahl der Fische eines Binnensees gemein, da sie ja größtenteils Bewohner des gleichen Milieus sind.

Ohne weitere Beweisführung ist einleuchtend, daß die spindelförmige Gestalt der meisten Fische sie außerordentlich befähigt zur Bewegung in dem dichten Medium des Wassers. Dabei sehen wir diese Form besonders gut ausgeprägt — wenn wir von den Fischen des fließenden Wassers ganz absehen — bei solchen Arten, deren Ernährungsart als Raubfische (Hecht) eine große Beweglichkeit erforderlich macht. Demgegenüber sind viele Friedfische des stehenden Wassers weit weniger schlank, sondern hochrückig und schwerfälliger in der Bewegung (z. B. Karpfen, Karausche, Brachsen). Aber auch diese Formen zeigen den allgemeinen Bauplan, der für die Schwimmbewegung überhaupt so günstig erscheint. Ganz im Einklang mit dem Bau des Fischkörpers steht der Bewegungsmechanismus mit dem Schwanz als hauptsächlichem Bewegungsorgan und den Flossen als Stabilisierungseinrichtungen.

Vor allem ein Organ tritt bei den Fischen sehr typisch als im Dienst der Lokalisation stehend auf, es ist die Schwimmblase, jener mit Gas gefüllte elastische Sack, der den Fisch befähigt, auch ohne Bewegung sich im Wasser schwebend zu halten. Sie ist ein hydrostatisches Organ, ein Schwimmkörper. Ihr Gasgehalt ist regulierbar je nach dem Druck des umgebenden Wassers, der ja in den verschiedenen Tiefen nicht der gleiche ist. Die Regulierbarkeit beruht einmal auf der Fähigkeit der Muskulatur der Schwimmblasenwand, sich zu kontrahieren und auszudehnen. Zum andern aber kann der Gasgehalt der Schwimmblase vermehrt oder vermindert werden durch Gasabscheidung aus dem Blut oder Aufnahme von Gas durch das letztere. Diese eben genannte Regulierbarkeit braucht natürlich eine gewisse Zeit und hat außerdem auch bestimmte Grenzen. Diese letzteren stellen einen der Gründe für die Beschränkung mancher Fische auf bestimmte Zonen dar. Die Langsamkeit der Regulation der Schwimmblase ist auch die Ursache der bei Tiefenfischen häufig beobachteten „Trommelsucht". Sie stellt sich dar als eine unnatürliche Erweiterung der Schwimmblase, hervorgerufen durch den plötzlichen Wechsel der Druckverhältnisse des Milieus bei zu schnellem Emporsteigen bzw. Hochbringen gefangener Fische aus der Tiefe. Die Fische können dabei sogar platzen. Im einzelnen variieren Bau und Funktion der Schwimmblase nach der Lebensweise der einzelnen Arten; bei einigen Grundfischen fehlt das Organ, es wäre hier ja auch bedeutungslos.

Ganz typisch und in dieser Form nur den Fischen eigen ist ein anderes Organ, das ebenfalls im Dienst der Lokalisation steht, es ist das Seitenorgan bzw. die Seitenlinie. Es handelt sich hier um eine beiderseits in je einer Linie angeordnete Reihe von Nervenendigungen, die ein Organ des mechanischen Sinnes (des Tastsinnes) darstellen. Dies Organ vermittelt dem Fisch die Wahrnehmung der feinsten Erschütterungen und Strömungsänderungen und stellt so gewissermaßen ein Fern-Tastorgan dar, das dem Fisch vor allem bei trübem Wasser oder bei Nacht sehr gute Dienste leistet; dies Organ ist für den Fisch umso bedeutungsvoller, als sein Gesichtssinn recht beschränkt ist und das Gehör im eigentlichen Sinne wohl ganz fehlt; es stellt eine Einrichtung dar, die ganz und gar für den Aufenthalt des Tieres im Wasser vorhanden ist.

Es ist natürlich, daß auch eine so wichtige Lebensfunktion wie die Atmung dem Milieu entsprechend ausgebildet ist; bietet doch dies Milieu so ganz andere Vorbedingungen zur Atmung als die atmosphärische Luft. Diesen Vorbedingungen des Wassers wird die Kiemenatmung gerecht. Die Kiemen, jene dünnen von feinsten Blutgefäßen durchsetzten Hautblättchen, die zu beiden Seiten des Schlundeinganges auf knöchernen Bögen stehen, sind es, die den im Wasser gelösten Sauerstoff aufzunehmen und die beim Atmungsprozeß ausgeschiedene Kohlensäure ans Wasser abzugeben vermögen. Sie sind nach außen durch einen Deckelapparat und nach innen gegen das Eindringen von Fremdkörpern geschützt durch die genannten Kiemenbögen und die auf ihnen sitzenden Reusenzähne. Das Atemwasser wird durch die Mundöffnung aufgenommen und durch die Kiemenspalten nach außen gepreßt. Die Kiemenreusenzähne, die also eine Verschmutzung der Kiemen durch mit dem Atemwasser eindringende Fremdkörper verhindern, haben bei vielen Fischen noch eine andere Funktion und zwar im Dienst der Ernährung. Kleintier- und Planktonfresser vor allem nehmen mit der Nahrung naturgemäß immer Wasser ins Maul hinein. Dies Wasser wird als Atemwasser benutzt und zu den Kiemen geleitet, dabei dient der Kiemenreusenapparat als Filter für die im Wasser enthaltenen Nahrungstiere, die also bei geschlossenem Maul zurückbleiben und dem Schlund zugeführt werden. Der Fisch frißt also vollkommen trocken.

Es leuchtet ein, daß Großtierfresser, Raubfische (Hecht, Forelle) weniger Verwendung haben für diesen Filterapparat in seiner feinsten Ausgestaltung. Bei ihnen wird normalerweise keine Nahrung ausgesiebt. (Daß diese Fische ausnahmsweise auch Kleintiere fressen, z. B. wenn diese in besonderem Überfluß vorhanden sind oder auch wenn Großtiere fehlen, spielt dabei keine Rolle.) Wir sehen, daß der Kiemenreusenapparat bei diesen Fischen weit weniger gut ausgebildet ist als bei den übrigen; die Reusenzähne sind nur kurz und stehen ziemlich weit auseinander. Ein Vergleich der Kiemenfilter von Forelle und Karpfen macht uns den Unterschied klar. Sogar innerhalb einer Gattung können wir sehr schöne Beispiele zu dieser Frage aufstellen. Die Coregonen (Maränen, Renken, Felchen), diese so variable Gruppe, bieten uns Belegmaterial in fast beliebiger Menge. Die kleine Maräne (*Coregonus albula*) ist ein Planktonfresser. Ihr Kiemenreusenapparat stellt ein dichtes Filter dar (Abb. 30); die Reusenzähne stehen dicht und sind lang; am Bogen I sitzen etwa 42 Zähne, die relative Zahnlänge (d. h. das Verhältnis der Länge des ganzen bezahnten Teiles des Kiemenbogens zum längsten Zahn des Bogens) beträgt 3,5. Wenn wir diesem Planktonfresser die Bodentierfresser unter den Coregonen gegenüber stellen, so ergeben sich sehr große Unterschiede im Bau des Kiemenfilters. Allerdings müssen wir beachten, daß die Art *albula* systematisch eine eigene Untergattung (*Agyrosomus*) bildet. (Die Art stellt ja übrigens, wie an anderer Stelle schon erwähnt, den einzigen eigentlich pelagischen Fisch vieler norddeutscher Seen dar.) Wir können uns, wenn wir die Verschiedenheiten des Coregonen-Kiemenfilters zur Darstellung bringen wollen, auf die Arten der Gattung *Coregonus* im eigentlichen Sinne beschränken. Hier kommen sowohl Typen mit sehr engem als auch solche mit ganz grobem Kiemenfilter vor. Dazwischen gibt es alle nur möglichen Übergangsstufen. Im allgemeinen haben die sich planktisch nährenden Formen (Blaufelchen, Gangfisch, Edelmaräne) ein enges Filter und lange Reusenzähne (Abb. 31); die Bodentierfresser (Sandfelchen, Kilch, große Maräne, Schnäpel) besitzen ein weiteres Filter und kürzere Reusenzähne (Abb. 32). Man hat die Angehörigen der Gattung *Coregonus* (vgl. vor allem THIENEMANN 1921) nach ihrem Kiemen-Reusenapparat — der überhaupt das einzige brauchbare Unterscheidungsmittel zu liefern scheint — in drei Gruppen eingeteilt. Aber auch innerhalb dieser Gruppen, die ihrerseits ineinander übergehen, herrscht keine Konstanz; die in einer Gruppe zusammengefaßten Arten gehen ebenfalls hinsichtlich des Baues ihres Kiemenfilters ineinander über. So entsteht auf Grund dieses Merkmals

Abb. 30. Kiemenfilter der kleinen Maräne (*Coregonus albula* L.). Phot. Prof. A. THIENEMANN.

für die Zusammenstellung der Arten der Gattung *Coregonus* eine lückenlose Reihe, deren Anfangs- und Endglieder charakterisiert sind durch Zahnzahlen, die bei 19 beginnen, sich bis über 30 und sogar bis 60 erhöhen. Die Plastizität bei diesen Formen ist so groß, daß fast jeder See oder Seenkomplex seine besondere Lokalrasse hat. Besonders instruktiv in dieser Hinsicht sind die THIENEMANNschen Feststellungen (THIENEMANN 1912a) an den Laachersee-Felchen (*Coregonus fera Sancti Benedicti*). Hier liegt ein Experiment im großen vor. Der Felchen des Laacher Sees hat ein dichtes Kiemenfilter mit etwa 40—47 ziemlich langen Zähnchen. Nun ist aber vier Jahrzehnte früher (1872) in den Laacher See Brut des Siberfelchens aus dem Bodensee (*C. fera*) eingesetzt worden. THIENEMANN glaubt nun beweisen zu können, daß sich der Laachersee-Felchen im Verlaufe dieser 40 Jahre aus dem Silberfelchen des Bodensees durch Umbildung des Kiemenfilters gebildet hat. Der Silberfelchen hat

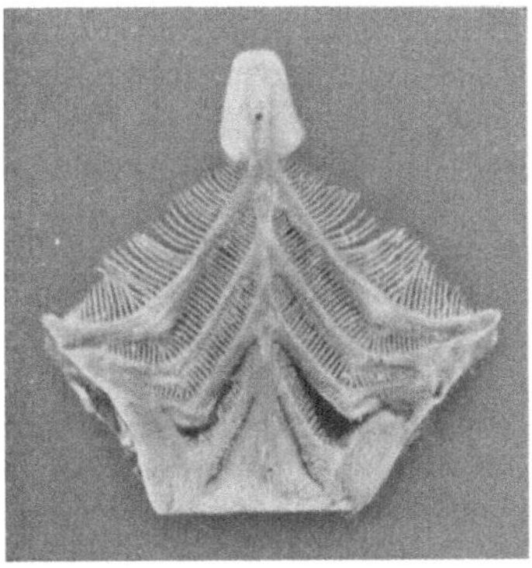

Abb. 31. Kiemenfilter der Edelmaräne (*Coregonus generosus* PETERS). Phot. Prof. A. THIENEMANN.

Abb. 32. Kiemenfilter der großen Maräne (*Coregonus holsatus* THIENEM.). Phot. Prof. A. THIENEMANN.

nämlich nur etwa 21—26 kurze Zähne im Kiemenfilter; er nährt sich von den größeren Bodentieren (Mückenlarven, Würmern, Muscheln). Es liegt also nahe, anzunehmen, daß diese Rassenneubildung durch einen Wechsel der Ernährungsart veranlaßt sein könnte. Es ist dabei eine uns in diesem Zusammenhang nicht interessierende Frage, ob die Änderung der Ernährungsart vielleicht zwangsweise infolge Mangels an genügender Bodennahrung erfolgte oder ob die Gesamteinwirkung des neuen Milieus bei der zu Variationen neigenden Form eine Neubildung (Mutation) hervorgerufen hat, als deren Folgeerscheinung die geänderte Ernährung auftritt. Neuerdings wird zwar die THIENEMANNsche Deutung der Frage des Laachersee-Felchen von einigen Autoren angezweifelt; jedoch sind deren Argumente zur Zeit noch nicht hinreichend bewiesen, um die oben dargelegte These widerlegen zu können. Wir halten das Beispiel für wichtig genug, um es zur Frage der Beziehungen zwischen Organismus und Lebensraum hier anzuführen, zumal neuerdings auch noch andere Autoren von ganz ähnlichen Umwandlungen des Kiemenfilters bei Coregonen, die von einem Gewässer in ein anderes übertragen wurden, berichten.

Der Bau des Kiemenfilters ist nicht die einzige Eigenart der Fische, die einen Zusammenhang mit der Ernährung zeigt. In sehr typischer Weise prägt sich bei vielen Fischen auch im Bau des Maules die „Anpassung“ an die Ernährungsart aus. Schon innerhalb der genannten Gattung *Coregonus* zeigen sich da gewisse Gegensätze, die natürlich noch viel stärker zutage treten, wenn wir einander nicht nahe stehende Formen vergleichen. Der Planktonfresser besitzt meist ein endständiges Maul, beim Bodentierfresser ist es mehr oder weniger unterständig, manche zum Teil von Luftnahrung lebende Arten besitzen gar ein oberständiges Maul. Die Bezahnung ist im allgemeinen besonders stark bei Raubfischen, die im Gegensatz zu den Friedfischen auch meist ein weit gespaltenes Maul besitzen. Demgegenüber hat der Bodentierfresser — wenn wir ihn hier erwähnen dürfen — oft ein verlängertes Maul (die Nase des Schnäpels); beim Karpfen und Brachsen ist das Maul sogar rüsselartig vorstreckbar und mit Barteln als Tastorganen versehen. Es sind — wie schon erwähnt — nur wenige Arten, die in unseren Binnenseen ihre Nahrung im freien Wasser suchen, d. h. eigentliche Pelagialbewohner sind. Es sei indessen bemerkt, daß in ihrer Jugend alle Fische Kleintierfresser sind; dabei spielt das Plankton die Hauptrolle als Nahrung der Jungfische. Allerdings halten sich die Jungfische trotzdem meist in der Uferzone auf, da sie dort mehr Schutz finden; aber auch die Uferzone bietet ja außer anderen Kleintieren auch Plankton in genügender Menge. Was die Art der Nahrungsaufnahme bei Planktonfressern anbetrifft, so ist eine eigenartige Tatsache zu erwähnen: das Plankton wird in den meisten Fällen nicht wahllos, wie es dem Fisch vor die Mundöffnung kommt, aufgenommen, sondern es scheint eine gewisse Auswahl getroffen zu werden. Fast stets kann man bei Magenuntersuchungen feststellen, daß gewisse Arten der Planktonkrebse bevorzugt werden, je nachdem wie sie im Plankton gerade nach Art und Menge vertreten sind. Oft scheint es sogar, als ob eine einzige Art aus dem Plankton herausgefangen sei. Maßgebend dürfte die Größe und Fangbarkeit (bzw. die Bewegungsschnelligkeit) der verschiedenen Arten des tierischen Planktons sein. Jedenfalls scheint meist kein mechanisches wahlloses Durchsieben des Wassers stattzufinden.

In den Alpenseen kommen im freien Wasser auch Raubfische vor; Saibling und Seeforelle nähren sich von den Friedfischen des Pelagials. In flachen Seen kann man den Zander als einen Raubfisch des freien Wassers antreffen. Die Mehrzahl der übrigen Fische ist bezüglich ihrer Nahrung — sei es daß sie aus gröberen Kleintieren, sei es daß sie aus anderen Fischen besteht — auf die Bodenregionen des Ufers und der Tiefe angewiesen. Für die Laichablage sind fast alle Fische — auch die meisten pelagisch lebenden — ans Ufer gebunden. Aber es gibt auch pelagische Laicher: der Blaufelchen des Bodensees steigt zum Laichgeschäft an die Oberfläche des Wassers und vollzieht die Laichablage gerade über den tiefsten Stellen des Sees. Die Eier sinken langsam zur Tiefe und fallen auf diesem Wege wohl größtenteils anderen Fischen als Nahrung zum Opfer. Der Kilch z. B. nährt sich zur Zeit des Blaufelchenlaichens fast ausschließlich von deren Laich. Dadurch daß sie Laichfische fängt, von ihnen Rogen und Milch (Eier und Samen) gewinnt, und nach erfolgter künstlicher Befruchtung Blaufelchenbrut erbrütet und heranzieht, sucht die Bodensee-Fischerei den Schaden wieder wett zu machen und den Felchenbestand zu retten.

B. Die Bodenregion (Benthal).

Haben wir im Plankton eine große, ziemlich gleichförmige Biozönose von allerdings temporär leicht wechselnden Verhältnissen kennen gelernt, so ist demgegenüber die Lebensgemeinschaft des Bodens lokal relativ stark gegliedert und differenziert, zeigt dafür aber zeitlich eine recht bemerkenswerte Konstanz, d. h. die zahlreichen kleineren und größeren Lebensgemeinschaften und -vereine sind ziemlich unabhängig von den vorübergehenden Schwankungen und Veränderungen ihres Milieus, befinden sich also — da die einzelnen Organismen mehr oder weniger an den Lebensraum gebunden sind — in höherem Maße im Gleichgewicht gegenüber der Biozönose des Planktons. Die Gliederung des Benthos geht zurück auf die Differenzierung des Substrates, des Bodens, und seiner Eigenschaften. Diese Gliederung des Bodens in einzelne Teilbiotope ist von vorübergehenden Schwankungen relativ unabhängig; den Veränderungen der Eigenschaften des Wassers kann andererseits die Besiedlung des Bodens nicht nachgeben, wie etwa das Plankton, sondern muß sich diesen Schwankungen anpassen. So haben wir also im Benthal einzelne Teilbezirke mit ganz charakteristisch zusammengesetzter Besiedlung, die bestimmt wird von der Eigenart des betreffenden Bezirkes.

Wir unterscheiden zunächst zwei große Hauptbezirke, die sich in fast allen Binnenseen scharf ausprägen: das Litoral oder die Uferzone und das Profundal oder die Tiefenregion. Ein Faktor ist primär die Grundlage für die Scheidung: die begrenzte Lichtdurchlässigkeit des Wassers. Die wurzelnden grünen Pflanzen können sich im See nur bis zu der Tiefe ansiedeln, die das Sonnenlicht, das sie ja zur Assimilation nötig haben, noch erreicht. Die hierdurch — d. h. durch die Ansiedlungsmöglichkeit für höhere Pflanzen — bestimmte Region längs der Uferlinie des Sees nennt man das Litoral oder die Uferzone. Die tiefer liegenden Bodenflächen, die also nicht mehr von Pflanzen bestanden werden, bilden das Profundal s. l. oder die Tiefenregion im weiteren Sinne. Die grundlegende Charakteristik dieser Hauptbezirke des Seebodens haben wir im Abschnitt I bereits gegeben. Die dort gemachten Angaben werden wir im folgenden vor Behandlung der einzelnen Lebensgemeinschaften und -vereine in Einzelheiten erweitern und ergänzen.

Wenn wir uns im folgenden mit den Lebensgemeinschaften des Seebodens beschäftigen, so sei im voraus betont, daß die Organismen, die wir dabei kennen lernen, nicht sämtlich Bodenorganismen im eigentlichen Sinne des Wortes sind, d. h. in oder auf dem Boden selbst leben. Zu den Biozönosen des Seebodens gehören — eng mit ihnen verbunden durch die Ernährung oder sonst eine Lebensfunktion — auch Organismen, die im Wasser über dem Boden leben; dazu gehören weiter die auf und in den größeren Pflanzen lebenden Tiere und kleinen Pflanzen. Es gehören zu den Bodenbewohnern vor allem auch solche Vertreter des Tierreiches, die einen Teil ihres Lebens außerhalb des Sees, des Wassers überhaupt verbringen und nur ihre erste Entwicklung im See selbst durchmachen. Man kann demgemäß zwei Hauptgruppen unter den Bodenorganismen unterscheiden: permanente, die also ihr ganzes Leben in diesem Milieu verbringen, und temporäre Bodenorganismen, die nur einen Teil ihres Lebens in bzw. auf dem Boden des Sees verbringen. Zu den letzteren gehören vor allen Dingen die meisten Insekten, soweit sie als Larven und Puppen im Wasser leben. Die beiden Hauptgruppen von Bodenorganismen lassen sich noch weiter aufteilen nach der Art ihres Aufenthaltes im Boden, auf dem Boden oder über dem Boden (siehe DECKSBACH 1925). Wesentlicher als diese Unterscheidung allerdings ist

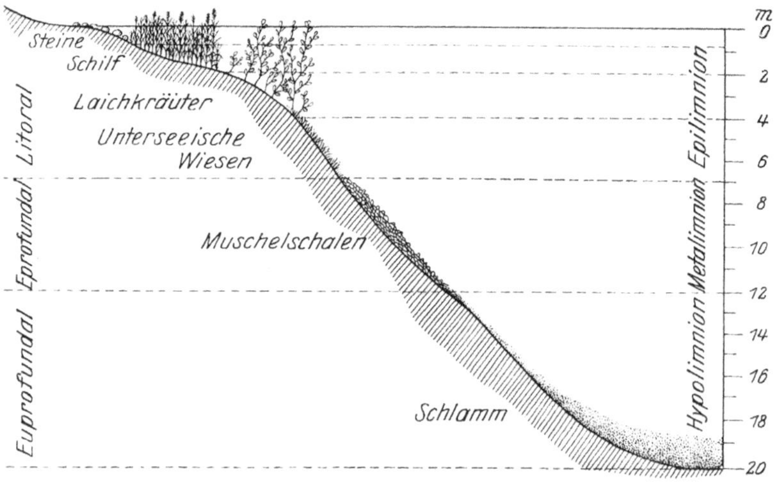

Abb. 33. Seeprofil mit Boden- und Freiwasserzonen. (Stark schematisiert.)

das Verhältnis der einzelnen Organismen zu der Biozönose, der sie angehören, und besonders bedeutungsvoll sind letzten Endes die Beziehungen der Bodenbiozönosen zueinander. Diesen letzteren Zusammenhängen werden wir in einem späteren Kapitel, in dem wir die Beziehungen der Lebensgemeinschaften des Sees zueinander kennen lernen wollen, einigen Raum gewähren müssen.

Der Einteilung des ganzen Seebodens in einzelne Hauptbezirke müssen wir an dieser Stelle einige Worte widmen (Abb. 33). Die Abgrenzung der beiden großen Bezirke des Litorals und des Profundals kennen wir; sie ist klar und eindeutig bestimmt durch die untere Grenze des Vorkommens grüner wurzelnder Pflanzen. Das Profundal beginnt oben mit einer Übergangszone, die gekennzeichnet ist durch die Art ihrer Ablagerungen — die zum großen Teil aus dem Litoral stammen und in vielen Seen hauptsächlich aus Molluskenschalen bestehen (Abb. 34) — und die Temperatur- und die O_2-Verhältnisse. Nun aber herrscht hinsichtlich der Bezeichnung und Abgrenzung dieser Zone in der Literatur große Unstimmigkeit. Meist wurde sie bisher Sublitoral genannt, indes möchten wir einen anderen Namen vorschlagen. Die Bezeichnung Sublitoral findet sich nämlich in der Literatur in nicht weniger als drei verschiedenen Bedeutungen. EKMAN (1915) nennt die unterste Litoralzone, d. h. die Region der untergetauchten Pflanzen, das Sublitoral. WESENBERG-LUND (1917) bezeichnet als Sublitoral die Zone, die anschließend an das Litoral den Beginn des Profundals charakterisiert oder vielmehr einen Übergang dazu darstellt. In diesem Sinne hat sich in der Hydrobiologie der Begriff Sublitoral bisher schon fest eingebürgert. Indessen vertritt NAUMANN (1928) für den Ausdruck eine ganz andere Deutung: er bezeichnet mit Sublitoral die obere Litoralzone, die also Überwasserpflanzen und Schwimmpflanzen

Abb. 34. Muschelschalen (*Dreissensia*) aus dem Eprofundal eines holsteinischen Sees. Phot. Dr. W. EFFENBERGER.

enthält. Die Region der untergetauchten Pflanzen dagegen nennt er Elitoral und rechnet dazu noch einen Teil des WESENBERG-LUNDschen Sublitorals. Neuerdings hat THIENEMANN (1925a, S. 141) und seine Schule (LUNDBECK 1926) dem Begriff Sublitoral wieder eine neue Abgrenzung gegeben: er will darunter nur die relativ schmale Übergangszone unterhalb des Litorals verstanden sehen, also etwa das Stück des WESENBERG-LUNDschen Sublitorals, das NAUMANN noch zu seinem Elitoral rechnet. Wir sehen also: es herrscht hinsichtlich dieses Begriffes ein heilloser Wirrwar bzw. eine starke Meinungsverschiedenheit bei den einzelnen Autoren. Wir geben zu, daß man über die genaue Abgrenzung der in Frage stehenden Zone vielleicht verschiedener Meinung sein kann, je nachdem von welchem Standpunkt aus man die Frage behandelt, was aber aus der Welt geschafft werden muß, das ist der mehrfache sinnverwirrende Gebrauch des Wortes „Sublitoral". Wir schlagen daher vor, diese Bezeichnung für unsere hier in Frage stehende Zone zu tilgen und sie dem Litoral vorzubehalten; vor allem weil der Begriff „Litoral" in dem Wort „Sublitoral" enthalten ist und ihm daher zwanglos den Sinn „unteres Litoral" verleiht. Ohne indes zwischen der NAUMANNschen und der EKMANschen Auffassung eine Entscheidung treffen zu wollen, glauben wir doch der letzteren den Vorzug geben zu müssen. Zunächst erscheint uns „Sublitoral" besser und sinnentsprechender mit „unteres Litoral" übersetzt, während „Elitoral" verständlicher die nach „oben" aus dem Litoral herausreichende Partie bezeichnet als die untere Litoralpartie. Allerdings hat der NAUMANNsche Standpunkt, der sich auf die Nomenclatur des Botanikers, des Pflanzensoziologen im Besonderen, stützt, die Priorität für sich. Bereits in den 80er Jahren vorigen Jahrhunderts (vgl. SERNANDER 1917) wurden für die verschiedenen durch bestimmte Pflanzenformationen charakterisierten Uferregionen des Wassers — u. zw. ausgehend von den Verhältnissen, wie sie das Meer darbietet — die Benennungen in dem Sinne festgelegt, wie NAUMANN ihn vertritt. Nun aber sind — wie wir kürzlich (LENZ 1928) ausgeführt haben — diese Ausdrücke in erster Linie nach den Gesichtspunkten des Botanikers, des Pflanzensoziologen, aufgestellt. Dem Empfinden des eigentlichen Seenforschers entspricht mehr die Terminologie, wie sie die Zoologen (EKMAN 1915, S. 162; WESENBERG-LUND 1917, S. 137 und 158; THIENEMANN 1925a) benutzen, da diese Terminologie unbelastet von übernommenen Begriffen von den Begründern der Seenkunde (vgl. vor allem FOREL 1892, S. 71) aufgestellt wurde den Ansprüchen der in der Entwicklung begriffenen Seenforschung gemäß. Nach dieser Auffassung bedeutet Litoral die ganze unter dem Wasserspiegel liegende Zone der wurzelnden Pflanzen, während die Pflanzensoziologen ja nur die in vielen Seen sehr schmale Zone, die bei Hochwasser unter Wasser steht, als eigentliches Litoral, als Eulitoral, bezeichnen. Die so definierte Eulitoralzone hat begreiflicherweise nur im Meer durch die Wirkung des Gezeitenwechsels größere Bedeutung. Wir hoffen, daß eingehende Aussprachen über die bestehenden Unstimmigkeiten schließlich eine einheitliche Terminologie schaffen werden. Wir wollen daher der letzten Entscheidung über diese Fragen an dieser Stelle nicht vorgreifen und verzichten daher auf eine Unterteilung der von uns als solche definierten Litoralzone, also auf die Verwendung der Namen Eulitoral, Sublitoral und Elitoral. Wir wollen hier nur empfehlen, die bisher von den meisten Zoologen gebrauchte Bezeichnung „Sublitoral" für die Übergangszone, die wir ausdrücklich als zum Profundal gehörig erkennen, zu beseitigen. Wir schlagen dafür, um auch in der Benennung die Zugehörigkeit zum Profundal hervorzuheben, das Wort „Eprofundal" vor. Der darunter liegende Teil des Profundals wird dann zweckmäßig als „Euprofundal" bezeichnet, da die Bezeichnungen „Profundal im engeren Sinne" und „Profundal im weiteren Sinne" uns nicht klar genug erscheinen und daher besser vermieden werden.

Das Eprofundal ist — um das noch einmal kurz zusammenfassend darzustellen — aus folgenden Gründen als Teil des Profundals aufzufassen: es fehlen die wurzelnden Pflanzen, die in allererster Linie das Litoral vom Profundal scheiden. Detritus-Ansammlungen sind vorhanden, wenn sie auch nicht in so ungestörter Ruhe zur Lagerung kommen wie im eigentlichen unteren Profundal. Daß ein großer Teil dieser

Ablagerungen aus dem Litoral stammt, ändert nichts an der prinzipiellen Auffassung, daß diese Zone zu der durch Ablagerungen gekennzeichneten Tiefenregion gehört; sie erhält allerdings dadurch eine gewisse Sonderstellung. Eine Sonderstellung erhält sie auch durch die tierische Besiedlung, die viel artenreicher ist als die eigentliche Tiefenfauna und die viele Litoralelemente enthält. Man könnte hieraus eine Zugehörigkeit der Zone zum Litoral herleiten; indessen scheint das doch abwegig, wenn wir daran denken, daß ja auch die eigentlichen Profundaltiere aus dem Litoral stammen und sich nur infolge ihrer großen Widerstandsfähigkeit in dem einseitigen Tiefenmilieu einbürgern konnten. Sie sind darum doch auch befähigt im Litoral zu leben und einzelne von ihnen leben auch zeitweise dort. Es besteht also kein grundsätzlicher Unterschied in dieser Hinsicht zwischen Eprofundal und Profundal. Das erstere zeigt eben stärkere Beziehungen zum Litoral und kann hinsichtlich der tierischen Besiedlung als eine Übergangszone bezeichnet werden, die aber grundsätzlich als ein Teil des Profundals angesehen werden muß.

1. Die Uferregion (Litoral).

Wenn wir das Litoral definieren als die Zone, innerhalb deren grüne wurzelnde Pflanzen leben können, so ist damit natürlich nicht gesagt, daß sich nun tatsächlich auch überall in dieser Region Makrophyten, d. s. große Pflanzen, finden. Nicht überall erlauben die Bedingungen des Milieus den Pflanzen den Aufenthalt. Ausschlaggebend ist in erster Linie in unseren großen ungeschützt liegenden Flachlandseen die Wirkung der durch den Wind hervorgerufenen Wellenbewegung an ganz bestimmten Stellen des Seeufers. Derartige den Wellen besonders exponierte Uferpartien, sog. Brandungsufer, pflegen meist ohne Pflanzenwuchs, d. h. Bestand an größeren Wasserpflanzen, zu sein. Hier deckt den Boden Sand oder Steingeröll; die Pflanzenwelt ist höchstens durch Mikrophyten vertreten. So haben wir hier eine Gliederung in eine makrophytenlose Region und die Zonen der tiefer liegenden Pflanzenbestände selbst. Die pflanzenlosen Bezirke und die Bestände selbst folgen nicht unter allen Umständen zonar aufeinander. Wenigstens die ufernahen Pflanzenassoziationen und die Sand- und Steinregionen stehen nicht in zonarem Verhältnis zueinander. Diese ufernahen Bestände bestehen zumeist aus Schilfarten (*Phragmites communis* Trinius, Rohrschilf, *Scirpus lacustris*, Binse, Abb. 35). Diese als amphibisch zu bezeichnenden Pflanzen — sie lieben die Feuchtigkeit, stehen aber nur mit der Wurzel im Wasser, ihr übriges Leben spielt sich in der Luft ab — finden sich meist da, wo eine besondere Wellenwirkung fehlt oder nur schwach ausgebildet ist. Da sie sich bis ans feste Land hinanschieben, ist meist weder oberhalb noch unterhalb von ihnen Platz für Sand- oder Steinansammlungen. Das Uferprofil tritt uns in seiner oberen Partie also entweder wie in Abb. 35, oder wie in Abb. 36 dargestellt, entgegen. Die tiefer liegenden Pflanzenbestände treten den Sand- und Steingebieten gegenüber als besondere „Zonen" auf. Der *Potamogeton*-Gürtel (die Zone der Laichkräuter) findet sich meist in einer Tiefe von etwa 4—7 m; unterhalb davon wachsen die größeren Characeenarten

(Armleuchtergewächse), die bis etwa 6 m Tiefe hinunter die sog. unterseeischen Wiesen bilden. Allerdings treten gerade die Characeen nicht sehr scharf zonenmäßig auf, indem sie bis ins ganz flache Wasser hinaufreichen und in den reinen Sandregionen fleck- oder flächenartig vorkommen (Abb. 37); hier sind es meist die kleinen, d. h. niedrigen Arten.

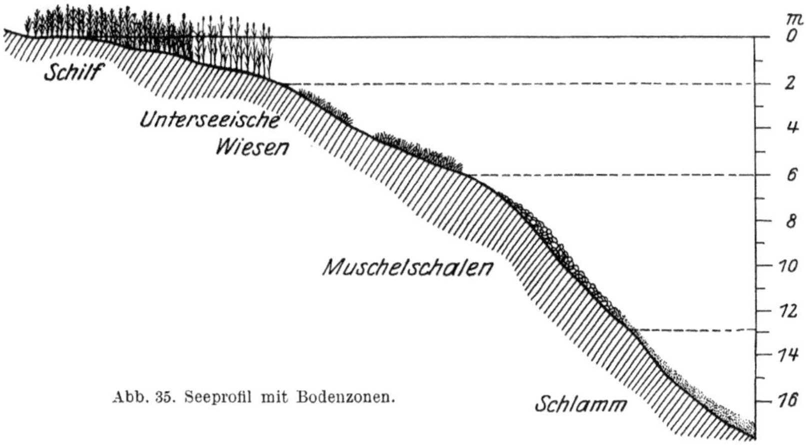

Abb. 35. Seeprofil mit Bodenzonen.

In alpinen Seen — für den Lunzer Untersee ist dies festgestellt — scheint die Mikroflora eine ziemlich scharfe Zonenbildung hervorzurufen (Brehm 1914, S. 530). Die oberste Zone stellen die Steingerölle dar, die bei wech-

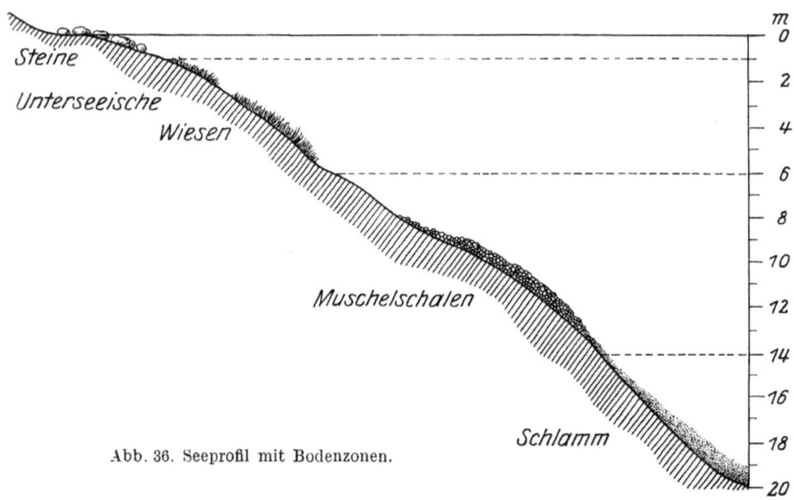

Abb. 36. Seeprofil mit Bodenzonen.

selndem Wasserstand nicht immer unter Wasser liegen, d. h. bei Niederwasser sich außerhalb des Wasserspiegels befinden. Sie sind besiedelt von *Tolypothrix* und *Scytonema myochrous*. Weiter unterhalb folgen die Gerölle, die stets in der eigentlichen Wellenbrandung liegen. Sie sind bedeckt von den kugeligen Kolonien der Rivularien. Zu unterst, wo die

Sauerstoffverhältnisse zwar noch die günstigen der gut durchlüfteten Uferregion sind, wo aber die mechanische Wirkung der Wellen nur mehr schwach ist, finden sich auf den Steinen die schwammigen Krusten von

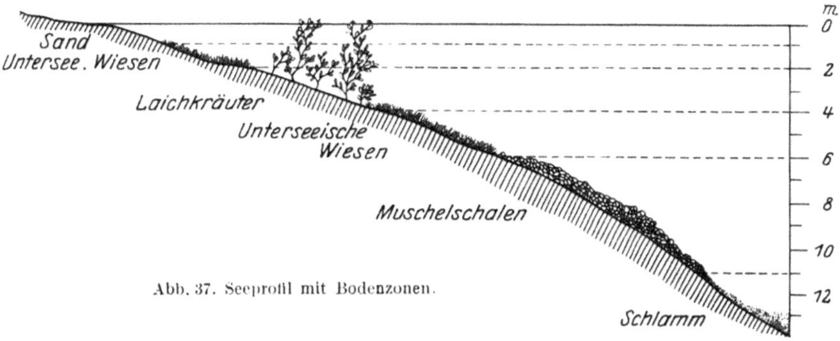

Abb. 37. Seeprofil mit Bodenzonen.

Schizothrix. Unterhalb dieser Steinzone folgen dann in diesem See meist die Zonen der wurzelnden Pflanzen und zwar in folgender Reihenfolge von oben nach unten: *Phragmites, Scirpus, Potamogeton* und schließlich die untergetauchten Pflanzen, Wasserpest (*Elodea*), Armleuchtergewächse

Abb. 38. Grundloser See bei Lütjenburg in Holstein mit Wasserrosenbestand. Phot. K. DIEDERICHS.

(*Characeen*); *Fontinalis* zeigt sich am weitesten nach der Tiefe zu vorkommend. Die großen Pflanzen (Makrophyten) zeigen also in diesen Seen die gleiche zonare Verteilung wie in den Flachlandseen. In den letzteren allerdings ist die oben erwähnte Gliederung der Aufwuchspflanzen der Steinzone noch nicht beachtet worden.

Die geschilderte Verteilung der litoralen Pflanzen im See kann je nach der Eigenart des Gewässers bzw. der betreffenden Stelle in verschiedenster Weise abgeändert erscheinen, sei es daß infolge zu starker Wellenbewegung oder auch eines zu steilen Abfalls die Ansiedlung der Pflanzen überhaupt unterblieben ist, sei es daß sie an besonders geschützten nahrungsreichen Stellen noch stärker ausgeprägt ist als oben angegeben. Das letztere ist in dem Maße der Fall, als der See oder Seeteil dem Teichcharakter näher kommt. Es treten dann zu den genannten Pflanzenbeständen noch eine Reihe anderer, so vor allem die Wasserrosen (*Nymphaea alba* und *Nuphar luteum*), der Igelkolben (*Sparganium ramosum* Huds.), der Froschlöffel (*Alisma plantago* L.), der große Hahnenfuß (*Ranunculus lingua* L.), der amphibische Knöterich (*Polygonum amphibium*), Hornblatt (*Ceratophyllum demersum*) u. a. (vgl. Abb. 38). In ganz flachen Seen kann dann nahezu die ganze Fläche des Sees mit Wasserpflanzen bestanden sein.

Wir werden später noch einmal davon zu sprechen haben, wie auch gerade die qualitative und quantitative Ausbildung des Makrophytenbestandes bis zu einem gewissen Grade für die Eigenart des Sees charakteristisch ist. Es sei hier bereits aufmerksam gemacht auf den ausgeprägten Unterschied in der Zusammensetzung der höheren Pflanzenwelt zwischen einem normalen norddeutschen See und einem Humussee, etwa von der extremen Art, wie sie sich in Skandinavien so zahlreich finden. In diesen Seen fehlen oft die Schilfbestände, dafür finden sich *Carex*-, *Equisetum*- und *Menyanthes*-Arten. Die Schwimmblattpflanzen sind häufig (*Nymphaea*, *Nuphar*, *Potamogeton natans*). Als besonders typisch treten auf *Lobelia*, *Isoëtes*, *Litorella*, *Amblystegium* u. a., während die Characeen fehlen. Da diese Gewässer kalkarm sind, fehlen den Pflanzen auch die Kalkinkrustationen und demgemäß auch die Aufwuchstiere, die auf diese angewiesen sind.

a) Die litorale Steinzone.

Wie im Kapitel I schon dargelegt wurde, verlaufen die verschiedenen litoralen Regionen nicht als zusammenhängende Zonen rings um den ganzen See, sondern sie sind an den verschiedenen Stellen des Ufers ganz verschieden stark ausgeprägt. Welche Faktoren z. B. an einzelnen Stellen zur Ausbildung einer ausgesprochenen Steingeröllregion geführt haben, das läßt sich natürlich nur mutmaßen aus dem Wirken der Einflüsse, die die topographische Entwicklung des betreffenden Seebeckens bestimmt haben. Wir müßten hier zurückgehen auf die Vorgänge, die in der Eiszeit die Entstehung unserer norddeutschen Seen bewirkt haben, die schürfende und transportierende Tätigkeit der Gletscher selbst und weiterhin die dann einsetzende Arbeit der Schmelzwässer. In den so gebildeten Seebecken bleibt natürlich nicht alles, was beweglich ist, ruhig liegen für ewige Zeiten; in jedem größeren See üben Wind und Wellen einen starken verändernden Einfluß aus. Wenn wir bedenken, daß für eine Landschaft ein ganz bestimmt gerichteter Wind der vorherrschende ist und daß dieser Wind, je größer die Seefläche ist, eine um so stärkere sich stetig wiederholende Strömung in der Wassermenge hervorruft, dann ist uns klar, daß diese wiederholte Wasserbewegung ganz bestimmte Veränderungen der Topographie, d. h. des Reliefs des Sees verursachen muß. So zeigen die größeren unserer holsteinischen Seen an ihrem West- und Nordwestrande meistens flach abfallende Uferböschung, an der Ostseite dagegen steileres Ufer. Auf Einzelheiten kann hier nicht eingegangen werden, es soll lediglich gezeigt werden, daß verschiedene Faktoren — teilweise wohl auch Zufälligkeiten — an der Bildung der einzelnen litoralen Geröllregionen mitgewirkt haben. Jedenfalls finden sich in den größeren Seen diese Steinansammlungen meist an solchen Uferstellen, an denen Wind und Wellen während des größten Teiles des Jahres eine ausgesprochene Brandung hervorrufen (Abb. 39).

Abb. 39. Brandungsufer im Großen Plöner See. Phot. K. DIEDERICHS.

Biologisch sind diese Steinansammlungen im Wasser daher recht charakteristisch. Sie bieten durch ihre Anwesenheit rein physikalisch Lebensmöglichkeit für zahlreiche Organismen und stellen so einen reich besiedelten Biotop dar. Die Lebensgemeinschaft, die ihn bewohnt, die Brandungsfauna im engeren Sinne, weist — wie wohl einleuchtet — große Ähnlichkeit mit der Besiedlung eines fließenden Gewässers, eines Baches, auf. Wir können in diesem Biotop **verschiedene spezielle Lebensbezirke** unterscheiden (Abb. 40). Da ist zunächst **die Oberseite der Steine**. Hier siedeln sich — und zwar besonders an solchen Steinen, die nahezu die Wasseroberfläche berühren — dichte Rasen von Moosen und Algen (*Cladophora* u. a.) an. Diese Rasen bilden zunächst einmal eine günstige Ansiedlungsgelegenheit für zahlreiche Diatomeen (Kieselalgen), dann aber auch besonders für eine Reihe von kleinen Chironomidenlarven und Würmern. Von den ersteren sind es besonders die Angehörigen der Subfamilie der Culicoidinen (*Bezzia*), außerdem aber auch verschiedene Ortocladiinen, die es hier zu Massenentwicklung bringen können. Fadenwürmer (Nematoden) finden sich naturgemäß ebenfalls in dieser Gemeinschaft, außerdem von Krebsen die Harpacticiden und Lynceiden. WESENBERG-LUND erwähnt auch *Sida cristallina*. Nach WESENBERG-LUND (1908, S. 583—584) finden sich oft an den Steinen Kolonien von Spongillen und Bryozoen, die letzteren zum Teil auch an der Unterseite der Steine.

Ist dieser Bezirk gekennzeichnet durch seine Lage als Kontaktzone zwischen Wasser und Luft, durch die eine äußerst gute Versorgung mit Sauerstoff gewährleistet wird, seine Einstellung zum Licht, ein Erfordernis im Sinne der grünen Pflanzen, so zeigen die Bewohner des nächsten Bezirks ein anderes Verhalten: sie halten sich an der dem Licht abgewandten Unterseite der Steine auf. Es handelt sich naturgemäß um tierische Organismen, die ebenfalls hohe Ansprüche an die Versorgung mit Sauerstoff stellen, die sich aber der direkten Einwirkung des Tages-

Abb. 40. Stein aus der Brandung mit seiner Besiedlung.

lichtes entziehen. Ihre Aufenthaltsmöglichkeiten differieren je nach ihren speziellen Lokalisationsanpassungen, d. h. den Anpassungen, die ihnen das Festhalten oder die Bewegung in bestimmtem Sinne ermöglichen. Da sind zunächst zu nennen die Angehörigen der Klasse der Strudelwürmer (Turbellarien). Diese Würmer sind flach und bewegen sich kriechend auf den glatten Flächen der Steine, nicht etwa — wie bei den Schnecken — durch wellenförmige Kontraktion der Muskulatur, sondern durch die stete Bewegung der unzähligen feinen Wimperhärchen, die ihre Körperoberfläche bedecken. Daher auch stammt der Name „Strudelwürmer", unter dem diese Tiere bekannt sind. Schleimabsonderung verbindet die Tiere beim Kriechen sowohl wie in der Ruhelage mit der Steinfläche. Derart sind die Turbellarien also an das Leben im bewegten Wasser angepaßt; sie sind lotische Organismen. Die Strudelwürmer vermögen — wie die Schnecken — auch an der Wasseroberfläche hingleitend sich vorwärts zu bewegen. Ihrer Ernährung nach sind sie wohl als Raubtiere zu bezeichnen. Mit Hilfe des an der Bauchseite liegenden Schlundrohres saugen sie die Beute aus bzw. saugen sie kleine Teile ganz in den Darm hinein. Hinsichtlich der Atmung zeigen diese Würmer eine der einfachsten Anpassungen an das Leben im Wasser: ausgesprochene Atemorgane fehlen vollkommen, die Atmung erfolgt durch die ganze Körperoberfläche. Dabei sorgt — abgesehen von der Bewegung des Wassers selbst — das strudelnde Wimperkleid für stete Erneuerung des Atemwassers. Die Tiere sind ziemlich empfindlich gegen Sauerstoffmangel im Wasser, sind daher angewiesen auf sauerstoffreiche Regionen, fließende Gewässer und das Litoral stehender Gewässer. Wie VOIGT (1896) und THIENEMANN (1912) an dem klassischen Beispiel der Bachtricladen gezeigt haben, bestimmt im wesentlichen die Temperatur die Zulassung der verschiedenen Strudelwurmarten zu einem bestimmten Milieu. Die Bewohner der Litoralzone mit ihren stark wechselnden Temperaturverhältnissen müssen eurytherm sein; ihr Lebensoptimum darf nicht — wie bei den Bach-Planarien — bei einer gleichmäßig niedrigen Temperatur liegen. Die Bachformen unter den Planarien scheiden also hier aus. Auch in der Brandung — wie im Bach — bestreiten nur wenige Arten den Bestand an Strudelwürmern, die aber dafür um so regelmäßiger und zum Teil recht zahlreich auftreten. Es kommen hier in erster Linie die dendrocölen (mit verästeltem Darm versehenen) Turbellarien oder Tricladen (der Name stammt vom „dreifachen" Darm) in Frage. Numerisch am häufigsten ist wohl in den norddeutschen Seen *Polycelis tenuis*, kenntlich als *Polycelis*-Art an den zahlreichen, die Kopfpartie rings umsäumenden kleinen Punktaugen. Die zu den Gattungen *Planaria* und *Dendrocoelum* gehörigen Arten besitzen zwei größere in der Mitte des Kopfes liegende Augen (Abb. 41). Es sind im wesentlichen drei *Planaria*-Arten, die sich im Litoral vorfinden: *Planaria torva* M. SCHULTZE, *Planaria polychroa* O. SCHM. und *Planaria lugubris* O. SCHM., zu unterscheiden meist durch die Kopfform (vgl. hierzu STEINMANN-BRESSLAU 1913, S. 194). In weniger großer Zahl als die vorgenannten Arten, aber ebenso regelmäßig treten im Litoral die so charakteristischen beiden *Dendrocoelum*-Arten *D. punctatum* PALLAS und *D. lacteum* OERST. auf (Abb. 41); erstere ist groß, bräunlich, mit dunklen Punkten und gekräuseltem Rand, letztere etwas kleiner, schlanker, milchweiß, beide mit fühlerartigen, seitlichen, beweglichen Lappen am Kopfteil versehen. Im Frühling und Sommer finden sich an den Ufersteinen ebenso regelmäßig wie die Strudelwürmer selbst ihre braunen oder schwarzen Eikokons, die — an der Unterlage direkt oder mittels Stieles angeklebt — in harter Schale eine Anzahl befruchteter Eier nebst Nahrungsdotter enthalten (Abb. 42). Die dendrocölen Turbellarien sind übrigens Zwitter. Als Besonderheit muß das starke Regenerationsvermögen dieser Tiere erwähnt werden, das bei Verletzungen oft sogar zu Mißbildungen und Doppelbildungen führt (Abb. 43).

An zweiter Stelle müssen wir als ganz typische Steinbewohner der Litoralzone die Egel (*Hirudinea*) nennen. Es sind besonders die unter den Namen *Nephelis* und *Clepsine* bekannten Gattungen *Herpobdella* BLAIN. (Abb. 44) und *Glossosiphonia* B., außerdem *Helobdella* BLANCH., *Protoclepsis* LIVANOW und *Hemiclepsis* VEIJD., dann aber vor allem auch der Pferdeegel (*Haemopis sanguisuga* L. Abb. 45) und der Fischegel (*Piscicola* BLAINV.). Der letztere allerdings ist als Parasit auf

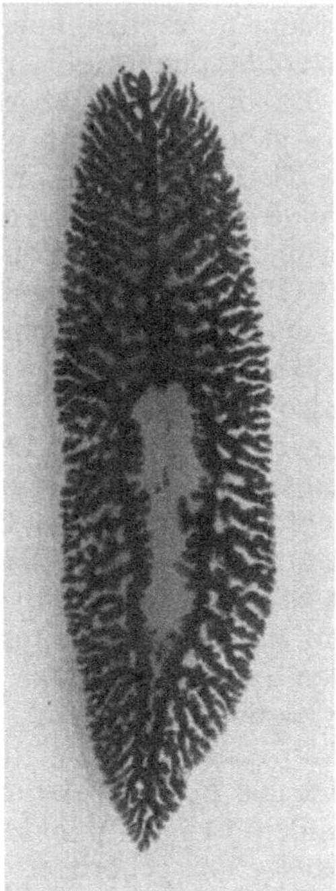

Abb. 41. Der Strudelwurm *Dendrocoelum lacteum*. (Durchsichtig gemachtes Präparat.) Phot. Dr. W. EFFENBERGER.

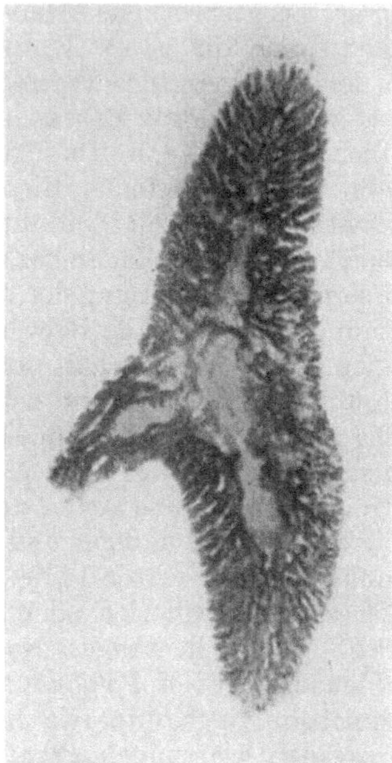

Abb. 43. *Dendrocoelum lacteum* mit zweitem Schwanzende, durch Verletzung hervorgerufen. (Durchsichtiges Präparat.) Phot. Dr. W. EFFENBERGER.

Abb. 42. Eikokons des Egels *Herpobdella* (rechts) und des Strudelwurmes *Dendrocoelum punctatum* (links).

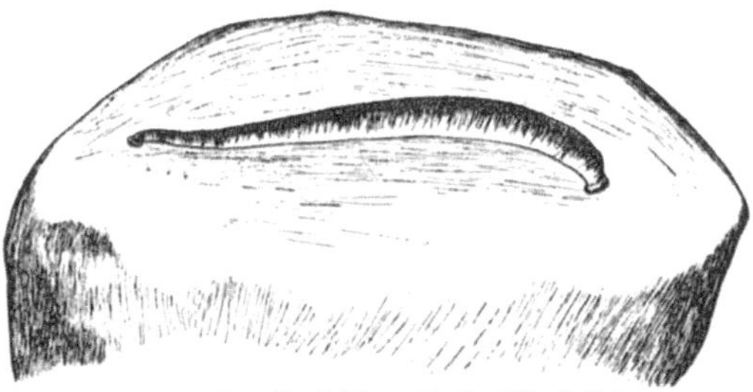

Abb. 44. Der Egel *Herpobdella* (*Nephelis*).

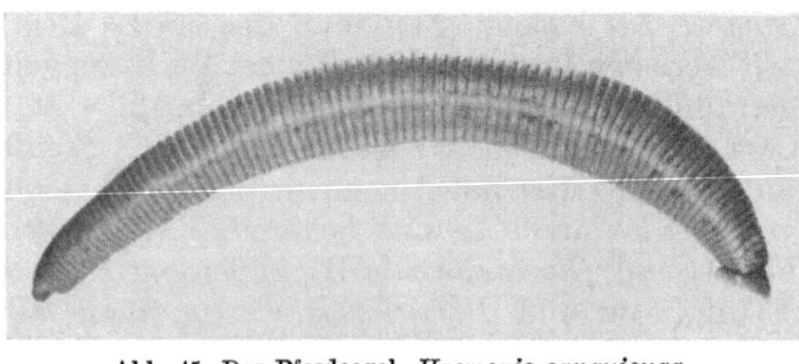

Abb. 45. Der Pferdeegel, *Haemopis sanguisuga*. Phot. Dr. W. EFFENBERGER.

die verschiedenen Fischarten als Wirte angewiesen und kann im freien Zustande nur als zufälliger Bewohner der Litoralzone gelten. Durch seine Größe und dunkle Farbe fällt der Pferdeegel, ein naher Verwandter des echten Blutegels, auf. Er saugt nicht Blut wie dieser; die Zähnchen seiner drei Kieferplatten sind weniger zahlreich und außerdem zu stumpf, um die Haut eines Warmblüters verletzen zu können. Er nährt sich von Würmern, Schnecken, Insektenlarven u. a. Seine Eikokons legt dieser Egel in feuchte Erde. Man findet das Tier selbst aber auch sonst häufig unter den außerhalb des Wassers im Feuchten liegenden Steinen. *Nephelis* oder *Herpobdella* (der braune Egel) hat keine Kieferplatten. Ebenso wie der vorstehend genannte Egel vermag er zu schwimmen. Das geschieht durch schlängelnde Bewegungen. Die normale Bewegungsart aller Egel aber ist das Kriechen („Spannen") mit Hilfe der beiden an den Körperenden sitzenden Saugnäpfe. Auf diese letztere Bewegungsart sind *Clepsine* und die ihr verwandten Formen angewiesen. „Schneckenegel" nennt man diese Egelart nach ihrer hauptsächlichsten Ernährungsweise, die darin besteht, daß sie, in das Gehäuse von Schnecken zum Teil hineinkriechend, diese (vor allem Tellerschnecken, *Planorbis*) aussaugt. Andere Formen dieser als Rüsselegel zusammengefaßten Gruppe saugen auch an größeren Tieren, Fischen, Lurchen, ja sogar Wasservögeln. *Clepsine* ist noch bemerkenswert durch eine Art richtiger Brutpflege: das Tier bildet an der Bauchseite eine Höhlung des Körpers, in der die Eier und später die ausgeschlüpften Jungen liegen und so geschützt mit herumgetragen werden. Andere Arten dieser Gruppe legen die Eier an Steine und decken sie mit ihrem Körper. Der braune Kieferegel (*Nephelis*) dagegen schützt seine an Steine abgelegten Eier durch einen flach gewölbten, uhrglasartigen Kokon, den er mit der flachen Unterseite am Stein festklebt (Abb. 42). Diese kleinen, braunen Schälchen finden sich fast überall und in großer Zahl an den Steinen, auch noch lange Zeit, nachdem die jungen Tiere die schützende Hülle verlassen haben, was ein Loch in deren Oberseite anzeigt. Überhaupt ist *Nephelis* die gemeinste der Egelformen der Steinzone des Sees; sie findet sich auch da, wo ein erheblicher Grad von organischer Verschmutzung, etwa durch einfließende Abwässer menschlicher Siedlungen verursacht, herrscht und zeitweise starken Sauerstoffschwund hervorruft. Das Tier hat eine recht große Anpassungsbreite.

Gehen wir nun zu den Insekten über, die an die Steine des Brandungsufers gebunden sind. Hier müssen wir in erster Linie die Larven der Perliden und Ephemeriden nennen. Besonders die ersteren, die Steinfliegen, die in einigen *Nemura*-Arten bis jetzt aus dieser Region bekannt sind, treten als ganz regelmäßige Bewohner der Steinzone auf. Ihre Schlüpfzeit fällt nach WESENBERG-LUND (1908, S. 584—585) in das Frühjahr (April-Mai), so daß die Larven im Sommer und Herbst nahezu aus der Tiergesellschaft der Steine verschwinden. Aber auch die Eintagsfliegen sind in einigen Arten stets vertreten in der Lebensgemeinschaft der Brandungssteine; vor allem *Heptagenia sulfuria* MÜLL. und *Ecdyurus volitans* ETN. sind hier zu nennen. Perliden und Ephemeriden stellen sehr schöne Beispiele für die Anpassung des Körperbaues an die

Milieueigenarten dar; ihre Nymphen, vor allem die der Eintagsfliegen, sind stark abgeplattet, alles — auch die Extremitäten — scheint in eine Ebene verlegt. So können sich die Tiere den Vertiefungen der Steine fest anschmiegen und außerdem besitzen sie auch noch kräftige Krallen an den Beinen, so daß auch die stärkste Strömung sie nicht von ihrer Wohnstätte wegzureißen vermag. Sehr schön lassen sich an den Jugendstadien der Uferfliegen und Eintagsfliegen die Tracheenkiemen studieren, die sich als büschel- oder blattartige äußere Anhänge darstellen.

Die bemerkenswertesten Bewohner der Steinzone stellen wohl die Larven der Köcherfliegen (Trichopteren) dar. Schon die — von verschiedenen Autoren geschilderte — Mannigfaltigkeit der Form des Köchers lohnt ein näheres Eingehen auf diese Insektengruppe. Wohl nirgends können wir besser beobachten, wie die Natur sich mit den verschiedensten durch das Milieu gegebenen Verhältnissen abzufinden weiß, als es hier beim Bau der Gehäuse oder Röhren der Trichopterenlarven geschieht. Wir sehen daher auch, wie die Wirkung der Brandungsströmung auf die verschiedenste Weise paralysiert wird. Da fällt uns vor allem an den Steinen des Ufers ein Gehäuse (Abb. 46) auf, das — röhrenförmig aus kleinen Steinchen und Sandkörnchen gebaut — an den Seiten flügelartig zwei meist flache größere Steine trägt; diese Vorrichtung garantiert einmal eine Beschwerung des ganzen Gehäuses und zum anderen — vor allem, da die Steine unten so befestigt sind, daß sie eine ganz ebene, schwach konkave Fläche bilden — eine Verbreiterung und Abplattung, die der Strömung eine ganz geringe Angriffsfläche darbietet. Das Tier, das diese Röhre baut, die Larve von *Goëra pilosa*, vermag so mit Hilfe seiner kräftigen Krallen das Gehäuse selbst beim stärksten Wellengang am Stein zu halten, wobei ihm als Haltefläche vornehmlich die inkrustierten Algenpolster zugute kommen. Wesenberg-Lund (1908, S. 586—589), der sich eingehend mit dem Gehäusebau dieser Form beschäftigt, macht darauf aufmerksam, daß schon die ganz jungen Larven ihr Gehäuse auf diese Weise mit einer Beschwerung versehen, daß also diese Flügelsteine mit der wachsenden Größe der Röhren immer größer gewählt werden, daß andererseits die Art des Baues nicht zu jeder Zeit und an jedem Ort die gleiche zu sein scheint.

Abb. 46. Gehäuse der Larve der Köcherfliege *Goëra*.

Abb. 47. Gehäuse der Köcherfliegenlarve *Leptocerus*.

Ein anderes Köcherfliegengehäuse, das in der Brandung des Sees niemals fehlt, ist die hornförmige Röhre von *Leptocerus* (*L. aterrimus* und *L. fulvus* Rb.), die mit ihrem meist kapuzenförmig vorgezogenen, weiten Vorderende ebenso wie mit dem engen Hinterende nach unten gebogen und so dem Stein fest angelegt werden kann (Abb. 47). Nach Wesenberg-Lund (1908, S. 589) nährt sich die Larve von *Leptocerus fulvus* RB. fast immer von grünen Spongillenkolonien, auf denen sie sich auch aufzuhalten pflegt. Der Puppenköcher, vorne und hinten mit einer Membrane verschlossen, wird mit beiden Enden sowie auch noch mittels eines seitlichen Gewebes am Stein befestigt. Wie verschiedenartig gerade die Trichopterenlarven die Milieueigenarten ausnutzen, zeigen die Polycentropinen. Ihre Larven — WESENBERG-LUND (1908, S. 590) nennt z. B. die Art *Polycentropus flavomaculatus* PICT. — spinnen an der Unterseite der Brandungssteine lockere, am Stein festsitzende Röhren, die sich an den Enden zu feinen Fanggeweben erweitern. In diese Fanggespinste treibt die Strömung kleine Tiere und Pflanzen (Krebse, Mückenlarven, Algen) hinein, die der Polycentropinenlarve als Nahrung dienen. Bei der Verpuppung wird ein Gehäuse aus kleineren Steinchen gebaut, das an der Unterseite des Wohnsteines befestigt ist (Abb. 48). An der Oberseite der Steine leben Köcherfliegenlarven, die zu den gemeinsten und häufigsten Uferbewohnern zählen; es sind die *Tinodes*-Larven. Ihre geschlängelten Röhren aus Sand und Kalkpartikelchen sind geradezu typisch für die Steine der Brandung. Sie schmiegen sich fest dem Stein an, der den Boden der Röhren bildet, und sind teilweise ganz eingebettet in die sich auf den Steinen ablagernden Algenwucherungen und deren Kalkinkrustationen, sowie die sich hier sedimentierenden Sand- und Schlammteilchen. Die in den Röhren lebenden Larven nähren sich von dem Algenbewuchs der Steine.

Abb. 48. Gehäuse der Puppen der Köcherfliege *Polycentropus*.

Haben wir an den bisher genannten Beispielen gesehen, daß die Gehäuse der Köcherfliegenlarven in erster Linie nach dem Prinzip gebaut sind, der Strömung möglichst wenig Angriffsfläche zu bieten, so scheint dieses Prinzip bei einigen *Leptocerus*-Arten und bei den vierkantigen *Crunoecia*-Gehäusen (Abb. 49) durchbrochen: diese Köcher sitzen meistens senkrecht an den Steinen der Brandung. WESENBERG-LUND (1908, S. 593) vertritt unter Hinweis auf eine ähnliche Beobachtung des bekannten Trichopteren-Forschers ULMER den Standpunkt, daß die Tiere sich mit Hilfe eines Vakuums am Stein festsaugen. Ihre Puppengehäuse liegen horizontal am Stein und sind durch kleine Steine belastet. Wir sehen, wie mannigfaltig sich hier im Bau der Wohngehäuse die Anpassung des Lokalisationsvermögens der Tiere ausspricht. Entsprechend finden wir natürlich bei den Larven selbst nun auch Anpassungen an das Leben in einem solchen festen Gehäuse bzw. in einem lockeren Gespinst oder Gang. Da ist zunächst der Habitus, der die freilebenden Formen von den in Röhren lebenden unterscheidet. Die ersteren haben einen gestreckten, in der Körperlängsachse liegenden Kopf, die letzteren zeigen

Abb. 49. Gehäuse der Larve der Köcherfliege *Crunoecia*.

bei raupenartig abwärts geneigtem Kopf eine starke Chitinisierung des Kopfes und der beiden vorderen Brustringe. Daß starke Klauen zum Festhalten am Gehäuse vorhanden sind, erscheint beinahe selbstverständlich.

Eigenartig sind auch die Verschlußmembranen an den Puppengehäusen, die den Schutz der wehrlosen, ruhenden Puppe garantieren sollen. Diese Deckel müssen natürlich mit kleinen Öffnungen oder Spalten versehen sein, um das Atemwasser ein- und ausfließen zu lassen. Die Verschlußmembranen und ihre Öffnungen treten in den verschiedensten Formen auf, und ebenso mannigfaltig sind die — von THIENEMANN 1904 eingehend studierten — Putzapparate der Puppen, die diese Öffnungen vor Verschmutzung und Verstopfung bewahren sollen und in ihrem Bau und ihrer Stellung ganz entsprechend der Form und Lage der Öffnungen auftreten, ob es sich um Oberlippe und Kiefer für die vordere Verschlußmembrane oder um Anhänge des Hinterleibes zum Sauberhalten der Öffnungen des hinteren Verschlußdeckels handelt. Überhaupt bietet die ganze Gruppe der Trichopteren eine derartige Vielgestaltigkeit in Bau und Lebensweise, wie wir sie anderswo selten finden. Es kann nicht unsere Aufgabe sein, diese Merkwürdigkeiten selbst für die wenigen Formen, die unseren besprochenen Lebensraum besiedeln, erschöpfend zu behandeln. Wir wollen hier lediglich auf die typischsten Beziehungen zwischen dem Milieu und dieser Tiergruppe hinweisen. Für den, der sich für die letztere eingehender interessiert, sei auf die umfangreiche Trichopterenliteratur hingewiesen, vor allem auf die Arbeiten ULMERS, der ja auch zuverlässige Literaturhinweise gibt.

Abb. 50. Von der Schlupfwespe *Agriotypus* befallene *Goëra*-Larve, kenntlich an dem am Gehäuse befindlichen Bandanhang.

Im Anschluß an die Köcherfliegen sei einer der wenigen als Larve im Wasser lebenden Hautflügler genannt: die Schlupfwespe *Agriotypus*. Sie kommt in *Goëra*- und *Silo*-Gehäusen vor. Die Schlupfwespe sticht bekanntlich die Köcherfliegenlarven an und legt ihre Eier in den Körper der Larve hinein. Die ausschlüpfenden Wespenlarven fressen allmählich die Köcherfliegenlarven auf und beenden so ihre eigene Entwicklung im Gehäuse der Köcherfliege. Köcherfliegengehäuse, die von dieser Schlupfwespe befallen („agriotypiert") sind, erkennt man an dem lang aus ihnen heraushängenden schmalen Band, das die *Agriotypus*-Larve vor ihrer Verpuppung spinnt und das wohl mit der Atmung in Zusammenhang stehen dürfte (Abb. 50). Agriotypierte *Goëra*-Gehäuse finden sich häufig an solchen Stellen des Ufers, die einem Quellzufluß benachbart liegen.

Einen Lebensraum von ganz typischem Charakter stellen die Inkrustationen auf den Steinen, hervorgerufen durch die Tätigkeit der Aufwuchsalgen, dar. Bestimmte Käfer (*Limnius troglodytes* GYLL.) leben im Jugendstadium sowohl wie auch als Imagines in den Gängen und Höhlungen dieser Inkrustationen und zeigen sich besonders angepaßt an den Aufenthalt in diesem Biotop. Die Larven verfügen über kurze kräftige Beine mit starken Klauen, die ein Festhalten in der Strömung ermöglichen; Kopf und Antennen sind klein, eine starke Beborstung schützt den Körper, ein Kranz von haarförmigen Analkiemen ermöglicht den ununterbrochenen Aufenthalt im Wasser. Die Käfer dagegen vermögen ihre Atemluft mit Hilfe einer besonderen Skulptur sowie einer dichten Behaarung über den Körper und die Stigmen in dünner Schicht verteilt mit sich herumzutragen. Diese Luft dürfte (nach WESENBERG-LUND S. 596) der Assimilationtätigkeit der Algen entstammen. Es sei noch erwähnt, daß auch der Käfer — wie die Larve — starke Klauen an den Beinen besitzt.

Die Chironomiden (Zuckmücken), diese so artenreiche und unter den verschiedensten Lebensbedingungen auftretende Dipterenfamilie, haben natürlich in den Krusten auch ihre Vertreter. Außer einigen Orthocladiinen (z. B. *Cricotopus*) kommen auch Chironominen hier vor und zwar Typen der roten Larven der *Chironomus*-Gruppe. Bemerkenswert ist, daß diese Larven meist klein sind zum Unterschied von den zahlreichen übrigen Typen dieser Gruppe. Einige von diesen (*Parachironomus, Pentapedilum, Lenzia*) scheinen von gewissen Schlammbewohnern abzustammen, denen sie zweifellos sehr nahestehen und von denen sie sich zum Teil nur durch die Größe unterscheiden. Im Imaginalstadium stellen sie aber andere Gattungen dar als die ihnen verwandten Schlammformen.

Von Mollusken ist als ganz regelmäßiger Bewohner der Brandungssteine eigentlich nur *Neritina fluviatilis* (die Flußschwimmschnecke) zu nennen, die mit ihrer dicken, napfförmigen Schale und dem kräftigen Deckel dem Wohnstein fest aufsitzt und zwar mit der weiten Gehäusemündung. Ihre mannigfach gezeichnete Schale ist meist stark verkalkt. Weniger häufig ist die kleine Mützenschnecke (*Ancylus fluviatilis* GEOFFROY), die man regelmäßig eigentlich nur in der Nähe der Einmündungen kalter Quellen in der Brandung findet. Sie kommt aber auch an anderen Stellen der Brandung vor, aber nicht überall und nicht in größerer Zahl. Diese kleine Schnecke, die in Bächen regelmäßig auftritt, zeigt sich mit ihrer napf- oder mützenförmigen windungslosen Schale so recht angepaßt an die Strömungsverhältnisse der Brandung. Auch die Dreiecksmuschel (*Dreissensia polymorpha*), die allerdings hauptsächlich im Jugendstadium in den oberen Uferzonen vorkommt, ist sehr gut angepaßt an das bewegte Wasser der Brandung, da sie ihre Schale mit Hilfe der sogenannten Byssusfäden an der Unterlage befestigt (Abb. 51). Von den übrigen Mollusken treten einige Formen ab und zu noch in der Brandung auf; sie dürften dann aber nur zufällige Bewohner sein. Darunter sind zu nennen: einige *Planorbis*-Arten, sowie *Limnaea ovata* und *Limnaea auricularia* (Teichschnecken); diese Formen leben aber eigentlich an den ruhigeren Stellen des Ufers bzw. in tieferen Regionen, so daß wir sie nicht gut als typische Brandungsbewohner bezeichnen können.

Bisher haben wir im wesentlichen die Formen genannt, die an der Oberfläche der Steine selbst leben, an diese also in irgendeiner Form gebunden sind. Nun gibt es noch Tiere, denen gewissermaßen nur indirekt die Steine als Biotop dienen, indem sie ihnen nämlich durch ihr Vorhandensein die Aufenthaltsmöglichkeit in der Brandung schaffen. Es sind Tiere, denen die Haltevorrichtungen zur Befestigung bzw. zum Anklammern an Steine fehlen und die deswegen angewiesen sind auf die zwischen den Steinen und an einzelnen Steinen vorhandenen Höhlungen. Es kommt hier in erster Linie *Gammarus pulex* (Flohkrebs) in Frage (Abbild. 52). Die jungen Tiere — sofern dieser Schlupfwinkel es nämlich erlaubt — finden sich zahlreich in den Algenrasen auf den Steinoberflächen. Im übrigen aber leben die Tiere, wenn der Stein an seiner Unterseite Vertiefungen aufweist, in diesen und, wenn sie fehlen, in den durch Anhäufungen von Steinen entstehenden Räumen, die ja einen gewissen Schutz gegen den Wellenschlag und damit die Gefahr des Weggespültwerdens bieten. Bis zu einem gewissen Grade gehören hierher auch die oben schon genannten Larven der Eintagsfliegen und der Uferfliegen. Dann aber auch Käferarten (*Platambus maculatus* u. a.). WESENBERG-LUND (S. 585) nennt noch die Hemiptere *Nepa cinerea* (Wasserwanze), die vor allem im Winter unter und zwischen den Steinen sich findet. Sie weist ja die mehrfach erwähnte Abplattung in außerordentlich hohem Maße auf. In großen Massen tritt auch die kleine behende *Micronecta* (*Sigara*) *minutissima* (Abb. 53) auf, die durch ihr feines Zirpen — der sehr hohe Ton ist nur bei einiger Aufmerksamkeit vernehmbar — be-

Abb. 51. Dreiecksmuscheln (*Dreissensia polymorpha*) auf einer Teichmuschelschale.
Phot. Dr. W. EFFENBERGER.

Abb. 52. Flohkrebse (*Gammarus pulex*).
Phot. Dr. W. EFFENBERGER.

merkenswert ist. Die Hydracarinen (Wassermilben) fehlen wohl ganz in der steinigen Brandung (VIETS 1924, S. 102). Sie scheinen zu empfindlich gegen äußere mechanische Schädigungen und entbehren wohl eigentlicher Anpassungsorgane (Klammerorgane usw.). Nur die in den benachbarten, d. h. nächsttiefer liegenden Zonen lebenden, mit stärkerer Haut versehenen Lebertien werden nach VIETS ab und zu in die Brandungszone verschlagen. Hervorzuheben wäre die Tatsache, daß die thermischen Bedingungen der Brandungszone nicht in Frage kommen für die Fernhaltung der Wassermilben aus dieser Zone, da diese Tiere an den ruhigeren Stellen des Litorals bzw. im Litoral geschützter Seen nach unseren eigenen Beobachtungen (siehe auch VIETS 1924, S. 102) sich finden.

Als Litoralbewohner — und zwar an Stellen, wo sich dunkle Versteckmöglichkeiten bieten, also auch unter großen Steinen — kann auch der Flußkrebs bezeichnet werden, wenn er auch zur Zeit in den meisten Seen recht selten ist. Vor etlichen Jahrzehnten hat bekanntlich die sogenannte Krebspest fast den ganzen Bestand an Flußkrebsen in unseren Gewässern vernichtet. Nunmehr aber — es sind in vielen Gewässern Krebse, größtenteils aus Finnland, ausgesetzt worden — gibt es bereits wieder Seen, in denen Krebse in größeren Mengen gefangen und wirtschaftlich verwandt, d. h. zu Speisezwecken verkauft werden. In den meisten unserer norddeutschen Seen allerdings finden wir den Flußkrebs nur vereinzelt im Litoral, häufig dagegen in den Zu- und Abflüssen der Seen.

Abb. 53. Die Wasserwanze *Micronecta* (*Sigara*) *minutissima* (Larve). Phot. Dr. W. EFFENBERGER.

Als Bewohner der Hohlräume der Steinzone wäre zum Schluß noch als Vertreter der Wirbeltiere bzw. Fische *Cobitis taenia* L. (der Steinbeißer) zu nennen, der sich zwar nicht massenhaft — er kommt ja überhaupt nicht in Massen vor —, aber doch ziemlich regelmäßig an diesem Spezialbiotop des Sees findet.

Aus allem, was über die mit Steinen bedeckte Brandungszone gesagt wurde, geht hervor, daß die Besiedlung dieses Biotops ihre Zusammensetzung und Reichhaltigkeit ändern muß in demselben Maße, in dem die mehr physikalisch-mechanischen Vorbedingungen sich ändern. Größe, Menge, Lagerung, Oberflächenbeschaffenheit der Steine, das alles sind Faktoren, die mitbestimmend sind für die Auswahl der Bewohner und ihre Mengenentwicklung. Eine Bearbeitung der Brandungsfauna von solchen Gesichtspunkten liegt noch nicht vor; Verfasser studiert zur Zeit die behandelte Biozönose. Daß auch die Lage des einzelnen

Biotops, also der einzelnen Steinansammlungen, zur Wind- und Hauptströmungsrichtung, zur Umgebung und ihren Zuflüssen eine Rolle spielt, ist wohl selbstverständlich; denn durch die genannten Umstände bestimmt sich im wesentlichen die Nahrungsversorgung des Biotops. So weisen Steinansammlungen, in deren Nähe etwa organische Abwässer aus menschlichen Siedlungen einmünden, eine recht reiche Besiedlung auf, die sich vor allem in einem großen Individuenreichtum der meisten Formen äußerst, wenn auch einige Arten dabei aus der Biozönose verschwinden müssen. Voraussetzung ist natürlich, daß es sich nicht um derartig große Mengen von Fäulnisstoffen handelt, daß Sauerstoffschwund eintritt. Allerdings liegt diese Gefahr nicht sehr nahe, denn wenn zahlreiche Steine in der Brandung liegen, so handelt es sich um eine der Wind- und Wellenbewegung ausgesetzte Stelle, die wohl sehr selten — die ganz windstillen Tage der norddeutschen Tiefebene werden auf nur etwa sechs im Jahre beziffert — so lange ruhig liegen, daß die Fäulnis einen katastrophalen Sauerstoffschwund verursachen könnte. Und das bewegte Wasser versorgt einerseits den gefährdeten Bereich immer mit neuem Sauerstoff und vermittelt überdies stets eine Verdünnung der Verschmutzung und teilweisen Weitertransport der Fäulnisstoffe nach der Tiefe.

Methodik und Technik.

Die Sammelapparatur für die Brandungszone ist denkbar einfach: mit der Hand werden die Steine aufgenommen; ihre Bewohner sammelt man je nachdem mit der Hand, mit der Pinzette, mit dem Pinsel. Den letzteren wendet man an, wenn es sich um weiche, leicht verletzbare Tiere handelt (Strudelwürmer). Den Algenbewuchs steckt man zweckmäßig nach dem Abkratzen mit der Pinzette samt seinem Inhalt in das Sammelgefäß. Als solches benutzt man am besten ein mittelgroßes weithalsiges Glas, in das man zuvor etwas Wasser einfüllt. Im allgemeinen wird man den größten Teil der Tiere sofort konservieren. Als Konservierungsflüssigkeit benutzt man Alkohol oder Formalin. Mit Korken verschlossene Glasröhrchen sind die zweckmäßigsten Sammelgefäße für das sofort zu konservierende Material. Insektenlarven, die gezüchtet werden sollen, nimmt man in der mit Wasser gefüllten Flasche lebend mit. Das gleiche gilt für die Strudelwürmer, deren Konservierung im Laboratorium ja mit Hilfe von Salpetersäure geschieht. Arbeitet man quantitativ, — auch sonst ist dies empfehlenswert — so ist es zweckmäßig, das Absammeln des Steines über einem darüber gehaltenen Handnetz, in das man auch einen Teil der Steinbewohner durch Übergießen mit Wasser hineinspülen kann, vorzunehmen. Im übrigen ist das Handnetz beim Sammeln in der Steinzone kaum zu verwenden, es sei denn, man benutze es in der Form eines Pfahlkratzers mit flacher scharfer Eisenkante, mit Hilfe deren man einerseits größere Felsblöcke abkratzen und andererseits kleine Steine aufsammeln kann (Abb. 54). Die Methodik des quantitativen Sammelns ist für dieses Gebiet noch recht behelfsmäßig. Greifer sind natürlich hier nicht zu verwenden. Alm (1919, S. 17) gewinnt Vergleichswerte, indem er die Zahl und Größe der abgesuchten Steine berücksichtigt; er vergleicht die Besiedlungszahl einer Anzahl von Steinen von bestimmter Größe. Da Größe und Mengenverteilung der Steine recht verschieden sein können, halten wir es für richtiger und ganz allgemein für zweckmäßiger, die Besiedlung einer bestimmten Bodenfläche zahlenmäßig festzustellen. Den betreffenden Flächenraum stecken wir etwa durch einen Rahmen ab und sammeln alles, was an und zwischen den darin befindlichen Steinen lebt. Natürlich bleibt die Methode behelfsmäßig, schon allein deshalb, weil wir dabei sicher nicht aller Tiere habhaft werden. Ein Gerät zu benutzen, das etwa alle Steine der betreffenden Fläche nach Art eines Greifers samt den auf und zwischen ihnen lebenden Tieren erfaßte, erscheint vorerst noch nicht durchführbar.

Da die Jugendstadien der Insekten (Käfer, Eintagsfliegen, Uferfliegen, Zuckmücken) eine so große Rolle spielen unter den Bewohnern des behandelten Lebensraumes, andererseits aber ihre Artbestimmung mehr oder weniger große Schwierigkeiten darbietet, ist es im allgemeinen wünschenswert — wenn nicht erforderlich — die Tiere bis zur Imago zu züchten. Der Methodik des Züchtens sei deshalb ein, wenn auch kurzes Wort gewidmet. Die hierfür aufzustellenden Forderungen können ganz allgemein auf folgende kurze Formel gebracht werden: die Zuchtanlagen sollen so beschaffen sein, daß sie den natürlichen Bedingungen, unter denen das Tier lebt, möglichst nahe kommen. Hierin sind alle Einzelheiten enthalten oder vielmehr, die praktische Durchführung muß im einzelnen erfolgen im Rahmen der technischen Möglichkeiten. Daß wir demnach die Brandungstiere nicht züchten können in großen Aquarien mit stehendem Wasser, dürfte einleuchten; für sie ist in irgendeiner Weise das Zuchtwasser stets mit Sauerstoff anzureichern. Ob das geschieht durch Erzeugung einer Strömung im Zuchtgefäß, durch Belüftung mittels Luftpumpe oder durch Verringerung der — stehenden — Wassermenge auf eine ganz dünne, also stark mit der atmosphärischen Luft in Kontakt stehende Wasserschicht, hängt von den zur Verfügung stehenden technischen Mitteln ab. Für die meisten Brandungsinsekten ist erforderlich, daß sie die Möglichkeit haben, sich zum Schlüpfakt außerhalb des Wassers zu begeben. Einzelheiten über die Methodik der Zucht der einzelnen Gruppen hier anzugeben, würde den Rahmen unserer Aufgabe überschreiten. Es sei nur hingewiesen auf die Anleitungen, die das „Handbuch der biologischen Arbeitsmethoden“ von ABDERHALDEN in dem Band „Methoden der Süßwasserbiologie“ (Abtlg. IX, Teil 2, erste Hälfte) aus der Feder berufener Fachleute enthält.

Abb. 54. Pfahlkratzer.

Über die mikroskopische Technik für die Präparation und Untersuchung der Brandungstiere und ihrer morphologischen Eigentümlichkeiten brauchen wir uns hier wohl nicht zu verbreiten. Sie kann im übrigen in denkbar einfachster Form gehandhabt werden: Präpariernadeln, Pinzette, Pipette, Pinsel stellen das wesentlichste Arbeitsgerät dar. Als Einbettungssubstanz für Präparate verwendet man normalerweise Kanadabalsam und Glyzerin. Besondere Konservierungsmittel benutzt man für Milben und Ostracoden, für die ersteren eine Mischung von Essigsäure (2 Teile), Glyzerin (5 Teile) und destilliertem Wasser (3 Teile), für die letzteren eine Mischung von Eisessig (1 Teil), Formalin (5 Teile), 96proz. Alkohol (15 Teile) und destilliertem Wasser (30 Teile). Über die Konservierung der Strudelwürmer muß wegen ihrer Besonderheit ein Wort gesagt werden. Die Tiere sind sehr zart und die normalen Konservierungsmittel Alkohol und Formalin zerstören sie fast vollkommen. Zur Konservierung werden verschiedene Reagenzien verwandt, je nachdem was man an den Präparaten besonders gut erhalten bzw. studieren will. Handelt es sich um Erhaltung der äußeren Form — und darauf kommt es uns ja wohl meist an —, müssen die Tiere durch Übergießen mit verdünnter Salpetersäure abgetötet werden. Noch besser ist — um die Kopfform gut zu erhalten — Sublimat-Salpetersäure (1 Teil Salpetersäure, 1 Teil konzentrierte Sublimatlösung in Salzwasser, 1 Teil dest. Wasser). Es empfiehlt sich, die Tiere in einer größeren Schale, die eine dünne Schicht Wasser enthält, kriechen zu lassen und sie im Augenblick, da sie langgestreckt in Bewegung sind, schnell mit der Säure zu übergießen. Diese letztere muß dann aber sofort wieder abgegossen werden, und ebenso schnell müssen die Tiere darauf in absoluten Alkohol gebracht werden, der mehrmals zu wechseln ist. Das Sublimat ist durch eine schwache Lösung von Jod in 95proz. Alkohol zu entfernen; das Jod wird dann wiederum durch Auswaschen mit absolutem Alkohol beseitigt. Die Tiere können dann in 95proz. Alkohol aufbewahrt bzw. zu Präparaten verarbeitet werden, und zwar sowohl zu Ganzpräparaten als auch zu Schnittserien. Will man an dem Material vor allem die inneren Organe untersuchen, so müssen andere Konservierungsmethoden angewandt werden, die man in den betreffenden Spezialabhandlungen nachlesen wolle (STEINMANN-BRESSLAU 1913, S. 11—14).

Es ist vorteilhaft, sich zur Untersuchung neben dem Mikroskop eines Binokulars zu bedienen, da vor allem der Bau größerer Tiere mit diesem Instrument außerordentlich gut zu erkennen ist.

Übungen.

Feststellen der Merkmale und Besonderheiten des speziell zur Untersuchung vorliegenden Gebietes (Lage in der Uferlinie; Lage zur herrschenden Windrichtung; Lage zu etwaigen Zuflüssen; Art und Größe der Steine, ihre Menge und Art der Lagerung).

Sammeln der Bewohner der steinigen Brandungszone. Bestimmung der Komponenten der einzelnen Besiedlungsgruppen: des Algenbewuchses, der Steinfläche selbst, der Inkrustationen, der Höhlungen der Unterseite, der Räume zwischen den Steinen. Zahlenmäßige Vergleiche — nach Arten- und Individuenmenge — zwischen den verschiedenen Sammelplätzen, d. h. Einzelbiotopen, und Versuch einer Begründung der

Unterschiede (Zusammenhang mit den physikalisch-chemischen Charakteren der betreffenden Stellen).

Themen aus der Autökologie:

Präparation und vergleichende Untersuchung der verschiedenen Atemorgane: Hautatmung (Strudelwürmer), Blutkiemen (Zuckmücken), Tracheenkiemen (Eintagsfliegen und Uferfliegenlarven), Stigmen (Käfer). Beobachtung von Strudelwürmern im Aquarium: Kriechen, Nahrungswitterung (getötete Flohkrebse locken aus gewisser Entfernung die Würmer an), Regenerationserscheinungen. Beobachtung der Bewegung der verschiedenen Egelarten. Brutpflege bei *Clepsine*. Präparation und Untersuchung der Halteorgane und -vorrichtungen: Saugnapf (Egel), Beinkrallen (Larven der Eintagsfliegen und Uferfliegen, Köcherfliegenlarven, Käfer), Saugfuß (Schnecken). Sonstige „Strömungsanpassungen": Abplattung (Eintagsfliegenlarven, Wanzen); Beschwerungen (*Goëra*, *Silo*).

b) Die litoralen Sandflächen.

In engem Zusammenhang mit der Steinregion der Brandung steht das Gebiet der kahlen Sandflächen. Seiner Lage nach ist dieser Biotop ganz denselben Verhältnissen ausgesetzt wie die Brandungssteine; auch hier haben wir Wellenwirkung, Sauerstoffreichtum und wechselnde Temperaturverhältnisse. Ein grundlegender Unterschied indes, nämlich das Fehlen von Steinen und Pflanzen, bringt es mit sich, daß auch die Besiedlung eine ganz andere ist als dort. Anders insofern, als sie sehr viel ärmer ist, vor allem an Arten. Einer ganzen Reihe von Formen fehlt rein physikalisch die Möglichkeit, sich hier zu halten; alle Arten, die sich irgendwie an den Steinen bzw. an ihrem Bewuchs festklammern oder sich im Schutz der Steine aufhalten, müssen hier ausscheiden, da der Sand keine Unterlage zur Anbringung und Anwendung von Befestigungsmanipulationen darstellt. Es kommen hier nur zwei Anpassungsvorrichtungen als Schutz gegen das Weggespültwerden in Frage: das ist einmal eine stark ausgeprägte Abplattung, die unter Verminderung der Angriffsfläche für die Wellen auf ein Minimum das Tier der Unterlage fest anschmiegt, und zum anderen ist es die Fähigkeit, sich in den Sand einzugraben. Daß bei dieser Beschränkung der Anpassungsmöglichkeiten nur wenige Arten auftreten, erscheint selbstverständlich. Es erhebt sich nun die Frage, ob diese wenigen Arten, wie wir es von anderen Biotopen mit beschränkter Artenzahl kennen, dafür um so zahlreicher vertreten sind. Das hängt davon ab, ob genügend Nahrung vorhanden ist. Wie steht es damit in der litoralen Sandzone? In der Steinregion, so sahen wir oben, wird erstens selbst Nahrung produziert vom Aufwuchs der Steine, und zweitens wird der herangespülte Detritus an und unter den Steinen zum Teil festgehalten und abgelagert. Anders auf dem Sand. Hier wird fast nichts produziert, und außerdem kann sich der angespülte Detritus nicht halten, sondern wird immer wieder nach der Tiefe weitertransportiert; außerdem verfallen die geringen Mengen, die sich vorübergehend ablagern, einer sehr schnellen Zersetzung angesichts der dauernden Durchmischung und Sauerstoffanreicherung. Eine Massenentwicklung größerer Tiere (Würmer, Insekten, Mollusken u. a.) oben auf dem Sand kommt also nicht in Frage. Sehen wir aber etwas tiefer in den Sand hinein, so liegt dort die Sache anders. Wir müssen uns vorstellen, daß die Wellenbewegung nicht nur den leichten Detritus, sondern auch die schwereren Sandkörnchen aufwirbelt; dabei vermischen sich beide, und es wird ein Teil des Detritus nach unten gerissen und unter dem Sand begraben. Nur so ist es zu erklären, daß etwas tiefer, etwa 3—10 cm tief, der Sand vermischt ist mit schwarzem Faulschlamm. Nur hier können also auch diejenigen Tiere, die diese Schicht des Sandes bewohnen, sich zu größeren Mengen entwickeln. Es ist vor allem eine Chironomidenart, die wir hier finden, *Stictochironomus histrio* KIEFF., eine rote Larve der *Chironomus*-Gruppe der Subfamilie der Chironominen, eine Form von merkwürdiger systematischer Stellung, auf die wir aber hier nicht eingehen wollen. Die Larven leben also vergraben im Sand, in der Zuchtschale bauen sie lockere Sandröhren. Vermutlich bedienen sie sich auch unter normalen Lebensbedingungen dieser Schutzmaßnahme, die im Zusammenkleben der einzelnen Sandkörnchen zu einer lockeren Röhre besteht. Außerdem leben noch vereinzelte *Tanytarsus*-Larven (ebenfalls zur Unterfamilie der Chironominen gehörend) im Sand; wie überall, wo kleinere Zuckmückenlarven sich finden, lebt auch die räuberische Chironomidenlarve der *Cryptochironomus*-Gruppe hier. Oligochäten (WESENBERG-LUND, S. 599 nennt als Hauptform *Psammoryctes fossor* DITL.) und Nematoden (Fadenwürmer) finden sich ebenfalls im Sand. Zahlreich scheinen neben niederen Würmern die Protozoen (Einzeller) zu sein, die die oberen Schichten des Sandbodens bevölkern.

Abb. 55. Gehäuse der Köcherfliege *Molanna*, das untere aus Sand, die beiden andern aus Molluskenschalenstückchen gebaut. Phot. Dr. W. EFFENBERGER.

An größeren Tieren finden wir hier vor allem die Köcherfliegenlarve *Molanna angustata* CURT. mit ihrem flachen, schildförmigen, aus Sandkörnchen gebauten Gehäuse, das ein kleines Wunder an „Kunstfertigkeit" und Anpassung darstellt (Abb. 55). Dieser flache, sich in leichter Wölbung dem Untergrund anschmiegende Köcher hält das Tier sicher auf dem nackten Sandboden auch bei stärkstem Wellenschlag. Im einzelnen variieren die Köcher etwas nach Größe, Form und Baumaterial. Ganz ähnlich scheint die Libellenlarve *Gomphus vulgatissimus* L. an das Leben im Sand durch eine starke Abplattung angepaßt zu sein; hier aber weist das Tier selbst diesen flachen Habitus auf. Außerdem lebt *Gomphus* nicht eigentlich auf dem Sand wie *Molanna*, sondern etwas eingegraben in die obere Sandschicht und mit herausragenden Antennen anscheinend auf Beute lauernd. Bei Eintritt einer Störung kann man sehen, daß die

Larve sich rückwärts eingräbt und zwar mit Hilfe des scharfen, aufwärts gekrümmten Seitenrandes ihrer Abdominalsegmente und ihrer Beine. Das Schlüpfen der *Gomphus*-Imagines scheint an Uferpflanzen zu geschehen; Wesenberg-Lund (S. 601) fand die Nymphenhäute im Mai an *Phragmites* und *Scirpus*. Die Methode, sich durch Eingraben gegen die Wellenwirkung zu schützen, finden wir auch beim Flohkrebs, dem so auch der Aufenthalt auf dem Sandboden ermöglicht ist. Vielleicht verhält sich die schon im vorigen Kapitel genannte *Sigara* ähnlich, denn man findet sie bei ruhigem, sonnigem Wetter oft in großen Ansammlungen am Sandufer.

Methodik und Technik.

Für die Untersuchung der Sandformen kommen in erster Linie Handnetz und Pfahlkratzer in Frage (Abb. 56). Das Aussuchen der Tiere ist verhältnismäßig zeitraubend, da der Sand nicht durchgespült werden kann, man daher die ganze gefaßte Menge auf Tiere untersuchen muß. Schneller arbeitet in dieser Hinsicht das Handsieb, ein in Form eines Handnetzes hergestellter starker Leinenbeutel mit kreisförmiger, drahteingefaßter oberer

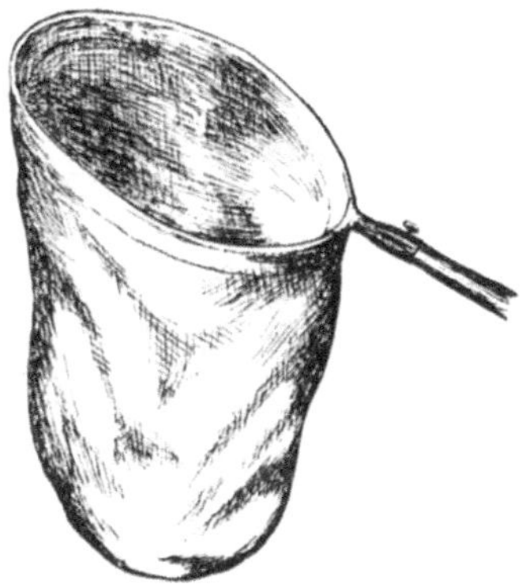

Abb. 56. Handnetz.

Abb. 57. Siebbeutel.

Öffnung und einem kreisförmigen Metallsieb als Boden (Abb. 57). Durch dieses Sieb lassen sich sehr gut die größeren Chironomidenlarven aus dem Sande herausfangen, da die Maschen des Siebes den Sand durchlassen. Für quantitative Zwecke allerdings ist diese Methode unbrauchbar, da alle kleineren und auch viele größere Tiere durch die Maschen des Siebes mit durchgespült werden. Für quantitatives Arbeiten bleibt nur der Bodengreifer, der aber auch nur mit gewissen Schwierigkeiten hier zu handhaben ist. Er dringt nur beschwert tief genug in den Sand ein und schließt, da die Sandkörnchen sich an verschiedenen Stellen einklemmen, nicht immer exakt. Außerdem gilt für die Untersuchung der Tiere das gleiche, wie für den Fang mit dem Handnetz: die ganze gefaßte Sandmenge ist portionsweise, am besten in weißen Emailleschüsseln zu durchsuchen.

Übungen.

Sammeln der verschiedenen Sandbewohner (der auf dem Sand und der darin vergraben lebenden). Untersuchung des *Molanna*-Köchers (eigentlicher mittlerer Köcher und Flügel, Art des Baues, Variationen im

Bau bei den einzelnen Tieren und an den verschiedenen Fundplätzen), Beobachtung der vergrabenen *Gomphus*-Larve im Freien und im Aquarium, Untersuchung ihrer Baueigentümlichkeiten. Untersuchen der Sandproben auf Einzeller und niedere Würmer, Aufsuchen der *Stictochironomus*-Larven (die Larven sind stiktotaktisch, d. h. sie rollen sich bei Berührung und sonstigen Störungen zusammen), Präparation ihrer Mundteile (charakteristisch sind vor allem die abgenagten Zähne der Unterlippe und des Oberkiefers).

c) Die Pflanzenregionen.

Wir kommen nun zu den mit höheren, meist wurzelnden Pflanzen bewachsenen Uferpartien. Diese stehen zum Teil, wenn sie auch etwa der gleichen Tiefenzone des Sees angehören wie die vorstehend behandelten

Abb. 58. Schilfbestand im Behler See in Holstein. Phot. A. LÜDTKE.

Bezirke, doch in einer Hinsicht in gewissem Gegensatz zu diesen. Sie stellen Bezirke dar von etwas ruhigeren Wasserbewegungsverhältnissen als Brandung und Sandufer.

Das gilt vor allem für die dem Ufer zunächst liegenden Schilfwälder (Abb. 58). Sie sind als lenitische Lebensbezirke der Seenuferzone zu bezeichnen. Demzufolge weist ihre Besiedlung meist einen der Teichfauna ähnelnden Charakter auf. Die Zusammensetzung und die Mengenentwicklung ihrer Besiedlung variiert aber in dem Maße, als die ganz verschiedene Dichte der Schilfwälder an manchen Stellen einen vollkommenen Schutz gegen die Brandung gewährt, an anderen Stellen die Wirkung der Brandung nur bis zu einem gewissen Grade aufhebt und ein andermal wieder die Wellen sich auswirken läßt bis zum trockenen Strand. Wir sehen ohne weiteres, daß dazwischen eine ganze Reihe von verschiedenen Dichtestadien und demnach auch verschiedenen Ausbildungen der Besiedlung liegen müssen. Meistens aber sind die Schilfbestände dicht, wenn auch ihre räumliche Ausdehnung recht verschieden ist. Sie bestehen zumeist aus *Phragmites communis*, dem gemeinen Schilfrohr, und *Scirpus lacuster*, der Binse, wobei ersteres zu überwiegen pflegt. Beide Arten können vermischt auftreten, sie können aber auch — und das ist häufiger der Fall — jede für sich geschlossene Bestände bilden, die zonenartig aufeinanderfolgen vom Ufer nach der Tiefe zu. Die Reihenfolge wechselt dabei. *Phragmites* allerdings wird meist nach dem Ufer zu gefunden; diese Art schiebt sich auch häufig bis weit aufs feste Land hinauf. Vereinzelt treten im Schilfgürtel auch *Typha*-Arten (Rohrkolben) auf. Die Schilfbestände gehen in die Tiefe bis etwa 2 m hinunter. Sie siedeln sich im allgemeinen nur da an, wo nicht gerade ein Maximum an Wellenbewegung herrscht. Der grundlegende Unterschied dieser Regionen gegenüber dem freien Ufer ist also der Mangel an Wellenbewegung, der demgemäß eine besondere Herausbildung von Befestigungsmethoden für die Bewohner dieses Lebensortes überflüssig macht. Auf der anderen Seite müssen diese Bewohner hinsichtlich ihres Sauerstoffbedarfs anspruchsloser sein als die Organismen der eigentlichen Brandung. Eine gute Durchlüftung ist im Schilfdickicht meist nicht möglich; ja es kann sogar in extremen Fällen eine starke Fäulnis auftreten, die den Bestand an Organismen vermindert und ihn, wenn sie häufig und regelmäßig auftritt, dauernd bis auf wenige Arten reduziert. Es ist ohne weiteres klar, daß demgegenüber gewisse andere Schilfbestände durch den Grad ihrer Dichtigkeit geradezu optimale Lebensbedingungen für die Organismen schaffen, indem sie einerseits genügend Schutz gegen die Wellenbewegung schaffen, um auch mehr lenitischen Formen den Verbleib zu ermöglichen, andererseits aber der Strömung so viel Wirkung lassen, daß eine genügende Durchlüftung des Bezirkes ermöglicht wird. Jedenfalls aber sind die reinen Schilfbestände weit weniger besiedelt, als die oben schon erwähnten Regionen ruhigeren Wassers mit verschiedenartigen wurzelnden Pflanzen. Da die Erforschung der litoralen Fauna für die meisten Tiergruppen noch nicht nach den einzelnen Pflanzenbeständen durchgeführt ist, müssen wir die Besiedlung der litoralen Pflanzenzone mehr oder weniger summarisch behandeln.

Die Unterschiede in der Besiedlung der Pflanzenzone gegenüber der freien Brandungsregion treten uns schon beim Aufwuchs entgegen. Der Bewuchs — diesen Ausdruck wendet Willer (1923, S. 37) für den Aufwuchs auf toten Gegenständen an — der Steine tritt zwar quantitativ zahlreicher auf als der Aufwuchs der Pflanzen, ist aber bei weitem nicht so artenreich. Willer (1923, S. 40—41) führt dies auf die Verschiedenheit der Produktionsfähigkeit der einzelnen Pflanzenarten zurück, die in einer engen Wechselbeziehung zu ihren Aufwuchsorganismen stehen. Zweifellos kommt noch etwas anderes hinzu: die in physikalisch-chemischer Hinsicht ganz spezifisch ausgeprägte Eigenart der freien Brandungszone (starke Wellenbewegung verbunden mit Sauerstoffreichtum) bewirkt eine Auslese der Aufwuchsorganismen und eine Beschränkung auf die hieran angepaßten Formen. Daß diese mangels zahlreicher Nahrungs-

und Raumkonkurrenten sich dann stark vermehren, ist ja eine bekannte Folgeerscheinung. Hier im Pflanzengürtel wird man auch an den Steinen und anderen leblosen Gegenständen zweifellos mehr Aufwuchsarten finden als in der freien Brandung. Der Aufwuchs an Pflanzen findet wohl im Schilfgürtel nicht gerade seine stärkste Ausbildung. Hier stehen ja nur die senkrecht verlaufenden Flächen der Schilfstengel für die Besiedlung zur Verfügung. Reichhaltiger ist die Aufwuchsbesiedlung an den eigentlichen Wasserpflanzen, deren Blätter untergetaucht sind oder auf der Wasseroberfläche schwimmen. Kalkausfällende, d. h. krustenbildende Formen, vor allem Blaualgenkolonien, gehören zu den typischsten Aufwuchsorganismen (Abb. 59). Von Interesse ist bei dem Aufwuchs, der nicht nur der Pflanzenwelt (Kieselalgen, Grünalgen u. a.), sondern auch der Tierwelt (Glockentierchen u. a.) angehört, die Art der Befestigung am Substrat (WILLER 1923, S. 49): durch Schleim, durch Haftscheiben, durch wurzelartige, stielartige, hakenartige Bildungen. Bemerkenswert ist außerdem die Ernährungsweise der festsitzenden Tierchen, die sich das die Nahrungsteilchen enthaltende Wasser durch ein Strudelorgan an die Mundöffnung heranführen. Einige von ihnen kommen nicht nur auf Pflanzen, sondern auch auf anderen Tieren vor. Wir finden sehr häufig dichte Büschel von Glockentierchen auf dem Körper — vornehmlich auf dem Kopf — von Chironomidenlarven (Abb. 60), als deren Kommensalen sie zu betrachten sind.

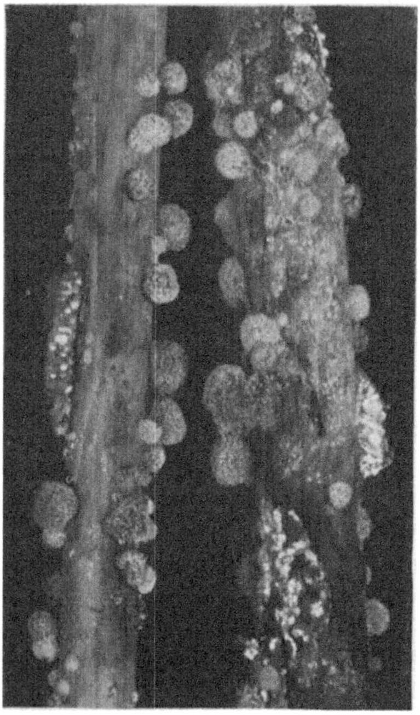

Abb. 59. Schilfstengel mit verkalkten Spaltalgenkolonien als Aufwuchs und Köcherfliegenlarven. Phot. Dr. W. EFFENBERGER.

Abb. 60. Kolonien des gestielten Wimperinfusors, *Epistylis nympharum* ENGELM. auf dem Kopf einer Chironomidenlarve.

Daß der eigentliche Aufwuchs auf den Pflanzen einer Reihe von größeren Tieren (Insektenlarven, Schnecken u. a.) als willkommene Weide dient, bleibe schließlich nicht unerwähnt (Abb. 59).

Die höheren tierischen Bewohner der Pflanzenbestände sind zum Teil festsitzend, zum Teil freilebend. So finden wir hier Moostierchen (Bryozoen) und Schwämme an den Schilfstengeln, in Knollenform die Stengel verdickend (Abb. 61) oder verzweigt zwischen ihnen ins Wasser hineinragend (Abb. 62). Mehrere Arten von Süßwasserpolypen erstrecken ihre mit Nesselzellen bewehrten Fangarme in den von Krebsen und Rädertierchen u. a. bevölkerten Raum. Auch festsitzende Rädertiere finden wir hier (*Floscularia* u. a.); Fadenwürmer, Borstenwürmer und Egel leben im Bodenschlamm bzw. an den Pflanzenstengeln. Unter den im freien Wasser lebenden, eigentlich dem Plankton zuzurechnenden Tieren gibt es eine ganze Reihe, die auf die Uferregion, d. h. auf die Zone der höheren Pflanzen, beschränkt sind. Es handelt sich hauptsächlich um Krebse und Rädertiere; die kleinen Muschelkrebse (Ostracoden) sind an den Boden gebunden und kommen im Litoral in großer Zahl vor. Flohkrebs und Wasserassel finden hinreichend Schlupfwinkel hier; besonders die letztere

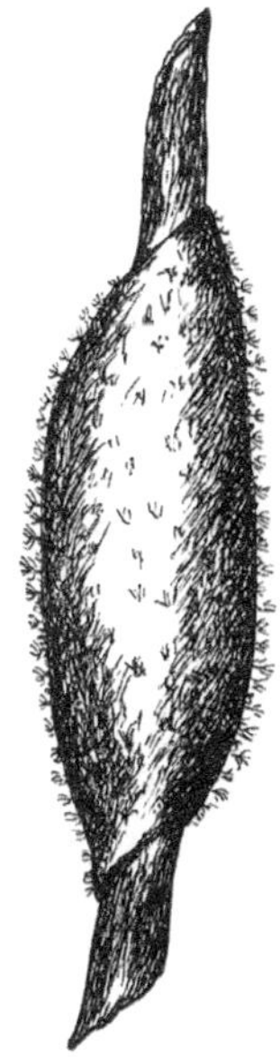

Abb. 61. Moostierchenkolonie (*Plumatella fungosa*) an einem Pflanzenstengel.

Abb. 62. Der Süßwasserschwamm *Spongilla lacustris* an einem Holzzweig.

Abb. 63. Gehäuse von Köcherfliegenlarven. Phot. Dr. W. EFFENBERGER.

überwiegt gegenüber dem Flohkrebs, weil sie weniger große Ansprüche an den Sauerstoffgehalt stellt als jener.

Zahlreich sind die Insektenarten, die — meist als Larven — den Schilfgürtel bevölkern. In erster Linie fallen uns die verschiedenen Köcherfliegen auf — vor allem Limnophiliden — mit ihren Gehäusen aus Holz- und Schilfstückchen, Steinen, Sand, Schnecken, Blattstückchen usw. (Abb. 63). Nur einige seien genannt: *Stenophylax* baut meist aus Steinchen; *Limnophilus flavicornis* F. benutzt oft vorwiegend Molluskenschalen zum Bau seiner Röhren und zwar entweder von nur einer Art (etwa *Planorbis*) oder von einer ganzen Reihe von Arten; *Limnophilus rhombicus* L. benutzt Pflanzenteilchen; *Anabolia laevis* ZETT. beschwert ihre aus Sandkörnchen gebaute Röhre durch in der Längsrichtung angeklebte Holzstückchen. Weiter sind vertreten die Leptoceriden, die Sericostomatiden, Mollanniden, Polycentropiden u.a. Bemerkenswert sind vielleicht noch die kleinsten unter den Trichopteren, die Hydroptiliden mit den bekanntesten Typen *Agraylea* CURT. mit brillenfutteralähnlichem Gehäuse (Abb. 64), *Oxyethira* EAT. mit flaschenförmigem Gehäuse (Abb. 65) und *Hydroptila* DALM. Die Fanggespinste der Köcherfliegenlarven sind ihrer Natur nach eine Einrichtung zur Ausnutzung des strömenden Wassers im Dienst der Nahrungsversorgung. Wir brauchen uns daher nicht zu wundern, wenn die netzspinnenden Formen sich — wenigstens teilweise — auch im Seenlitoral finden, wo ja fast stets Strömungen vorhanden sind. Außer *Polycentropus* finden wir — nach WESENBERG-LUND 1915, S. 169ff. — auch *Holocentropus*-Larven im Pflanzengewirr des Ufers, wo sie in Algenmassen lange dünne Röhren fertigen, die nach außen sich trichterförmig öffnen. Die *Cyrnus*-Larven spinnen kurze an der Basis von *Potamogeton*-Blättern oder anderen Wasserpflanzen befestigte Röhren. Die Netze von *Polycentropus* sind mehr beutelförmig. *Neureclipsis* baut ziemlich lange gebogene posthornförmige Fangsäcke. In den Zuflüssen und Abflüssen der Seen treten auch die großen zarten Fanggespinste von *Hydropsyche* auf. Die Beute, die durch die genannten Vorrichtungen aus dem strömenden Wasser herausgefischt wird, stellen im wesentlichen die Planktonorganismen

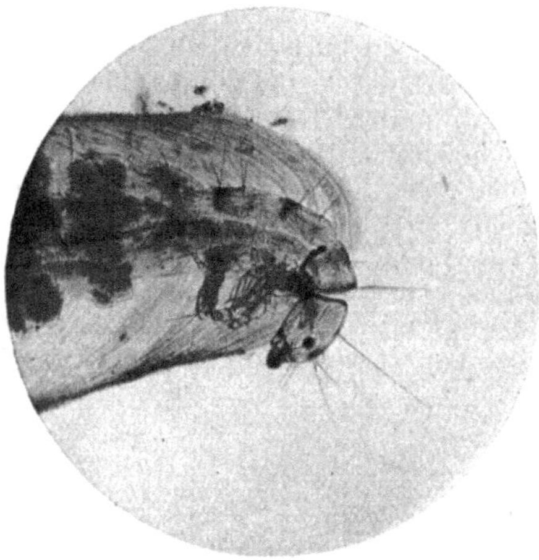

Abb. 64. Die Larve der Köcherfliege *Agraylea* im brillenfutteralähnlichen Gehäuse. Phot. Dr. W. EFFENBERGER.

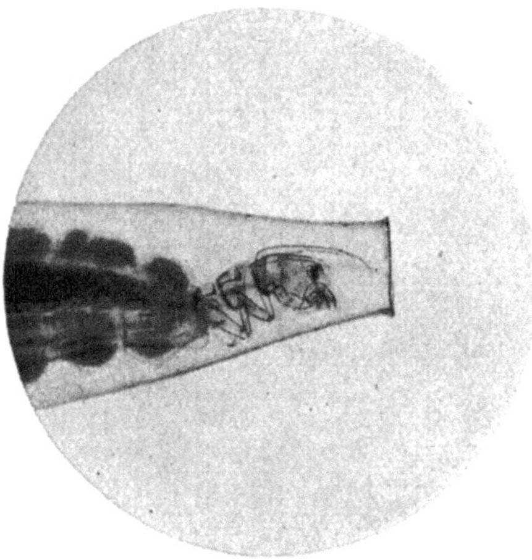

Abb. 65. Die Larve der Köcherfliege *Oxyethira* im flaschenförmigen Gehäuse. Phot. Dr. W. EFFENBERGER.

dar, Kleinkrebse, Rädertiere, Algen u. a. m. Das Wasser, das so dicht bevölkerte bewegliche Lebenselement, ist ja für die Verwendung solcher Fangvorrichtungen viel geeigneter als das feste Land oder die atmosphärische Luft, daher darf es uns nicht wundern, wenn wir diese so sinnreich erscheinenden Bauinstinkte hier fast häufiger und mannigfaltiger finden als auf dem Lande.

Mannigfaltig wie die Bauten der Köcherfliegen ist u. a. auch ihre Laichablage. Da sehen wir zunächst die charakteristische Ringform der Laichmasse der *Phryganea* (Abb. 66); bei den übrigen Formen ist die Laichmasse bald kugelig, bald plattenförmig, bald unregelmäßig geformt; sie wird vom Weibchen in der verschiedensten Weise abgelegt: entweder — indem es schwimmend ins Wasser taucht — an Steinen und Pflanzen unter Wasser angeklebt, oder an über dem Wasserspiegel befindlichen Gegenständen befestigt — so daß die ausgeschlüpften Larven sich nur ins Wasser fallen zu lassen brauchen — oder schließlich einfach ins Wasser selbst abgelegt.

Gerade die Eiablage bietet auch bei anderen Insektengruppen dem Beobachter recht viel Merkwürdiges. Wohl noch interessanter als bei

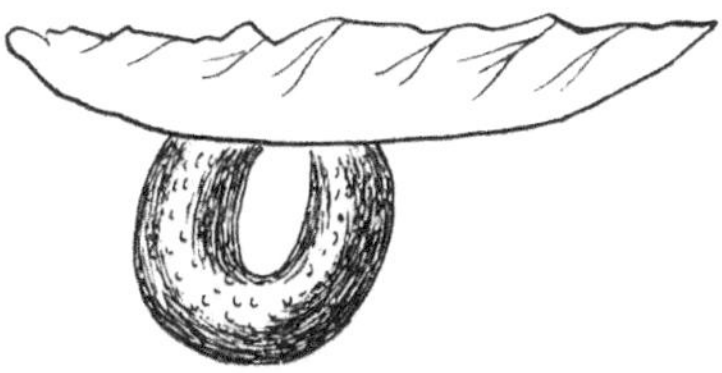

Abb. 66. Ringförmiger Laich der Köcherfliege *Phryganea*, an einem Schwimmblatt befestigt.

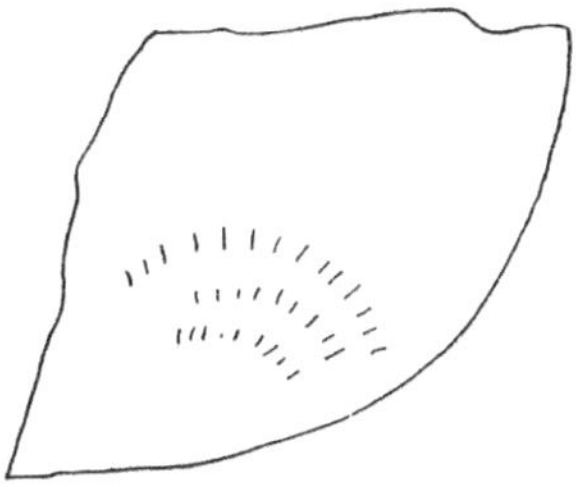

Abb. 67. Laichablage der Libelle *Aeschna* in einem Wasserrosenblatt.

den Köcherfliegen ist sie bei den Libellen. Hier gibt es sowohl Arten, die ihre Eier einzeln oder in Massen im Fluge frei ins Wasser legen, als auch solche, die ihre Eier einzeln vermittels eines Legeapparates in grüne Blätter, in Torfwände, in den Schlamm ablegen. Bekannt ist die kreis- und bogenförmige Anordnung der abgelegten Eier z. B. bei *Aeschna*-Arten (Abb. 67). Wesenberg-Lund (1915, S. 64) berichtet von *Agrion pulchellum*, daß diese Art — ihren Hinterleib durch die Fraßlöcher der Schilfkäfer steckend — ihre Eier an der Unterseite der Blätter in Kreisen ablegt. *Lestes viridis* sticht sogar Weiden an und erzeugt Gallen, in denen die Larven ausschlüpfen, um sich dann ins Wasser fallen zu lassen. In der Lebensweise bzw. im Bau der Libellenlarven (Abb. 68), die besser als Nymphen bezeichnet werden, da sie deutliche Flügelansätze haben, treten uns vor allem zwei Charakteristica entgegen: die zu einem ausstreckbaren Fangarm ausgebildete Unterlippe, die man treffend als „Maske“ (Abb. 69) bezeichnet hat, und die Atmungsorgane der Tiere. Die letzteren stellen sich in zweierlei Ausbildung dar: die schlanken Agrioniden besitzen Schwanzkiemen in Form von drei gefiederten länglichen Blättchen (Abb. 70), die Aeschniden und Libelluliden dagegen haben Darmkiemen. Der Pumpvorgang, d. h. das

Abb. 68. Nymphen der Libelle *Aeschna viridis*. Phot. Dr. W. EFFENBERGER.

Ausstoßen des verbrauchten Atemwassers aus dem Darm, bewegt das Tier gleichzeitig im Wasser vorwärts.

Eine große Rolle unter den Organismen der litoralen Pflanzenbestände spielen auch die Wasserkäfer und ihre Larven. Wenn auch der räuberische Gelbrand und seine verschiedenen Verwandten ihr Hauptdomizil in Teichen haben, so finden sich doch einige von ihnen auch im Seenlitoral und zwar um so häufiger, je teichartiger der Charakter der betreffenden Uferpartie ist (Abbild. 71, 72). Interessieren die Schwimmkäfer durch die Anpassung an ihr räuberisches Leben (große Schwimmfähigkeit, starke Mundwerkzeuge, Saugkiefer der Larven), so ist beim Kolbenwasserkäfer (Abbild. 73) merkwürdig die Eiablage: er verpackt seine Eier in einen Kokon, der — mit einem spitzen Anhang versehen und mit Luft gefüllt — wie ein Schiffchen auf der Wasseroberfläche schwimmt bzw. sich zwischen den Wasserpflanzen festsetzt. Der

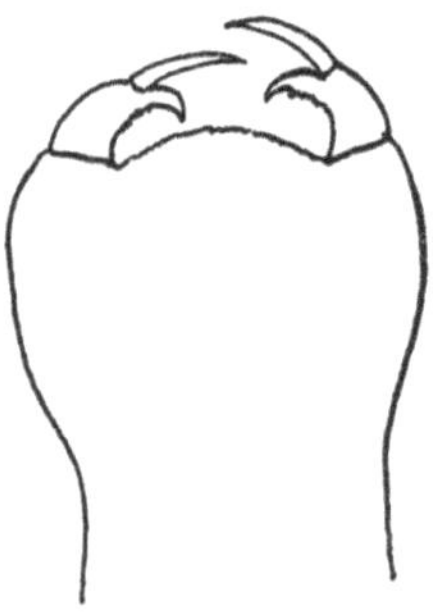

Abb. 69. Fangmaske der Nymphe der Libelle *Gomphus*.

Abb. 70. Die blattartigen Schwanzkiemen der Nymphe der Libellengattung *Lestes*.

Abb. 71. Der Schwimmkäfer *Acilius sulcatus*. Phot. Dr. W. EFFENBERGER.

Kolbenwasserkäfer ist ein Pflanzenfresser, während seine Larve sich von Tieren nährt. Schließlich sind noch die Taumelkäfer zu nennen, die in ganz charakteristischer Art schwarmweise durch ihr kreisendes taumelndes Hingleiten auf der Wasseroberfläche das Litoral der meisten Seen beleben. „Flossen" an den Hinterbeinen ermöglichen diesen flinken Schwimmern ihre Beweglichkeit. Da sich dieser Käfer meist auf der Wasseroberfläche bewegt, ist sein Auge durch Zweiteilung auf das Sehen oberhalb des Wassers und nach unten ins Wasser hinein eingerichtet.

Wir müssen es uns versagen, die gerade bei den Wasserkäfern und ihren Larven so mannigfachen Eigentümlichkeiten im Bau und in der Lebensweise sämtlich hier zu besprechen. Wir erwähnen nur noch die — zum Festhalten des Weibchens während der Begattung dienenden — Haftfüße des männlichen Gelbrandkäfers (Abb. 74), die Legevorrichtung der Weibchen, die als Saugzangen wirkenden Raubkiefer der Gelbrandlarve, die verschiedenen Atemvorrichtungen.

Abb. 72. Larve des Schwimmkäfers *Acilius*. Phot. Dr. W. EFFENBERGER.

Einige der eigentümlichsten Atmungsanpassungen müssen wir noch erwähnen. Sie finden sich bei der Gruppe der Schilfkäfer. Die Larven der Donacien leben am Grunde der teich- und seeartigen Gewässer und zwar an den Wurzeln von Teichrosen, Laichkräutern und anderen Wasserpflanzen (Abb. 75). Sie besitzen am Hinterende zwei dornartige Gebilde; nahe dabei befinden sich die beiden größten der offenen Stigmen. Die weißlichen, wenig beweglichen Larven bohren mit ihren Dornen die Luftleitungsbahnen ihrer Wohnpflanzen — von deren Geweben sie sich auch nähren — an und gewinnen so ihre Atemluft, die aus den Gefäßen

Abb. 73. Der Kolbenwasserkäfer *Hydrous piceus*. Phot. Dr. W. EFFENBERGER.

Abb. 74. Der Gelbrand-Schwimmkäfer *Dytiscus marginalis*, ♂ und ♀, von unten gesehen.

der Pflanzen ausströmt, an den beiden Dornen entlangsteigt und die Stigmen erreicht. Als Puppe bewohnen diese Tiere einen Kokon, der wasser- und luftdicht ist und durch die beiden Chitindornen bzw. deren Einstichlöcher aus der Wohnpflanze mit Luft gefüllt wird. Die Puppe ruht also trocken in dem Kokon. Im Herbst desselben Jahres verwandelt sich die Puppe zum Käfer, der aber erst im nächsten Frühjahr den Kokon verläßt und zur Wasseroberfläche emporsteigt, eingehüllt in eine Lufthülle, die durch die Behaarung seiner Unterseite festgehalten wird. Die Käfer der Gattung *Donacia* (Rohrkäfer) leben im Trockenen auf den schwimmenden Blättern der Wohnpflanzen ihrer Larven. Sie fressen an diesen Blättern, und überall, wo man die Fraßlöcher erkennt, findet man auch im Frühjahr und Vorsommer den schlanken, metallisch glänzenden Käfer mit den langen Fühlern auf Wasserrosen- und Laichkrautblättern. Die Eiablage erfolgt derart, daß das Weibchen zunächst ein Loch in das betreffende Schwimmblatt hineinbeißt, dann das Hinterende des Körpers hindurchsteckt und die Eier an der Blattunterseite in mehreren Reihen, die bogenförmig das Loch im Blatt umgeben, festklebt (Abb. 76).

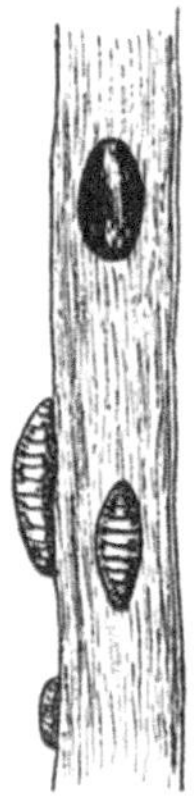

Abb. 75. Pflanzenstengel mit Larven und Puppen des Schilfkäfers, *Donacia*.

Die Imagines einer anderen Gattung, *Haemonia*, dagegen bleiben unter Wasser, kommen anscheinend mit sehr wenig Atemluft aus, erneuern ihren geringen Bedarf, indem sie an den Stengeln der Wasserpflanzen hochkriechen bis zur Oberfläche des Wassers. Merkwürdig ist bei ihnen die Fähigkeit, die atmosphärische Luft ihren Stigmen oder vielmehr der Luftschicht, die — an der Körperunterseite durch die Behaarung gehalten — als Reservoir dient, vermittels der Antennen zuzuleiten. Die Antennen sind zu diesem Zweck mit gebogenen und an der Spitze verklebten Haaren versehen, die in ihrer Gesamtheit als Leitungsbahn wirken. Ist das Tier nicht in der Lage, die Wasseroberfläche zu

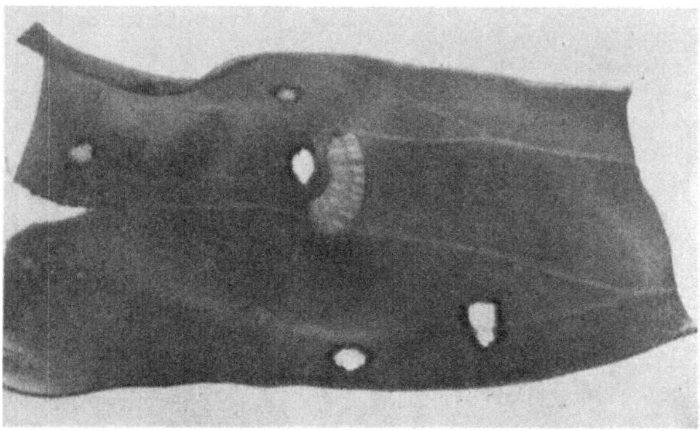

Abb. 76. Laich des Schilfkäfers, *Donacia*. Phot. Dr. W. Effenberger.

erreichen, so gebraucht es nach BROCHER (1911, S. 18—20) folgendes Mittel: es fängt mittels der Antennen die aus den angefressenen Pflanzenstengeln (Laichkräutern) austretenden Luftblasen auf und leitet sie so seinem Luftvorrat zu. Dieser Luftvorrat reicht für eine Zeit von mehr als zwei Wochen aus. Diese den Körper an bestimmten Stellen als silberglänzender Überzug bedeckende Luftschicht dürfte nicht nur als Luftreservoir und Luftleitung, sondern auch dem Gasaustausch dienen, d. h. sie wirkt ähnlich wie Tracheenkiemen. Während diese letzteren Teile des Körpers darstellen, liegt die Luftschicht außerhalb des Körpers und ist nach außen begrenzt durch die dichte Behaarung der betreffenden Körperflächen. Die Behaarung ist übrigens außen benetzbar und innen unbenetzbar. Zwischen den einzelnen Antennengliedern sind unbenetzbare Stellen, die der Kommunikation mit der atmosphärischen Luft dienen und so die Luftaufnahme ermöglichen. Die Einatmung erfolgt durch die prothorakalen, die Ausatmung durch die abdominalen Stigmen. Die ausgeatmete Luft wird unter den Flügeldecken (Elytren) eingeschlossen.

Abb. 77. Larve der Schlammfliege, *Sialis*. Phot. Dr. W. EFFENBERGER.

Nicht unerwähnt dürfen wir lassen eine Gruppe von Blattkäfern, die zwar nicht im Wasser leben, deren Larven aber ganz regelmäßige Bewohner von Schwimmblattpflanzen sind. Selten sieht man einen Teichrosenbestand, dessen Blätter frei wären von den Fraßspuren der zahlreichen auf der Blattoberseite lebenden schwarzen Larven von *Gallerucella nymphaeae* L.

Uferfliegen und Eintagsfliegen, die wir bei der Steinfauna kennenlernten, finden sich auch in der Pflanzenzone. Hier tritt auch die räuberische Larve der Schlammfliege oder Uferflorfliege (*Sialis*) mit ihren langen beiderseitigen Tracheenanhängen am Hinterleib auf (Abb. 77). Dies für schlammigen Boden typische Tier bewegt sich kriechend vorwärts, wobei der Hinterleib zwecks Erneuerung des Atemwassers auf und ab bewegt wird. Die Larve nährt sich von Köcherfliegenlarven, Eintagsfliegenlarven, Zuckmückenlarven und anderen Wasserinsekten.

Die soeben genannten Zuckmückenlarven treten in der Pflanzenzone recht zahlreich auf. Eine Reihe von ihnen findet sich in den Bodenablagerungen, fast noch mehr aber an und in den Pflanzen selbst (Abb. 78). Wie in den Kalkinkrustationen der Steine, so finden sich auch in den Kalküberzügen der Pflanzen kleinere Chironomidenlarven. Hier begegnen wir vor allem Vertretern der Gattungen *Endochironomus*, *Parachironomus*, *Lenzia*, *Cricotopus* u. a. Soweit diese Formen der Unterfamilie der Orthocladiinen (z. B. *Cricotopus*) angehören, sind sie weißlich, gelblich oder grünlich gefärbt, haben also keinen roten Blutfarbstoff. Eine Reihe von ihnen aber gehört zu den Chironominen, die samt und sonders Hämoglobin,

d. h. roten Blutfarbstoff, besitzen. Es ist nun bemerkenswert, daß diese in und an Pflanzen lebenden Arten sich in der Färbung deutlich von ihren Verwandten, die Bodenbewohner d. h. meist Schlammbewohner sind, unterscheiden, indem sie weit weniger rot — ja oft nur orangefarben bis gelb — erscheinen, ein Zeichen, daß sie also in geringerem Maße mit Hämoglobin versehen sind als die Schlammbewohner. Nur die Angehörigen der Gattungen *Glyptotendipes* und *Phytochironomus* sind dunkelrot; es sei aber betont, daß diese Typen nicht nur in lebenden Pflanzen, sondern auch — oder sogar meistens — in abgestorbenen Pflanzenteilen (Holzstückchen, Stengeln, Blättern) sowie in Schwämmen minieren, ja einige von ihnen sind sogar richtige Schlammbewohner. Die Puppen der beiden letztgenannten Gattungen besitzen eine ganz eigenartige Baubesonderheit, die nicht unerwähnt bleiben soll: auf der Rückenpartie haben sie an mehreren Körperabschnitten braune Chitinplatten, die wie Epauletten gestaltet und am Hinterende mit dornartigen Spitzen bewehrt sind. Ob sie eine Rolle spielen beim Festhalten in den Miniergängen bzw. zum Herauskommen aus den Gängen dienen sollen, das ist noch nicht klar. Von Interesse sind bei den Chironomidenpuppen noch die mannigfach gestalteten Atemanhänge, die als eine Art von Tracheenkiemen eine besondere Anpassung an das Leben im Wasser darstellen.

Einige der minierenden Insektenformen bevorzugen ganz bestimmte Pflanzen, in denen sie ganz charakteristische Miniergänge graben. Das schönste Beispiel hierfür bietet die Fliege *Hydromyza livens*, deren bogenförmig von der Mittelrippe des Teichrosenblattes ausgehende und zurückkehrende Mine nicht zu verkennen ist. In den Blättern der Krebsschere (*Stratiotes aloides*) wird man im Frühjahr und Vorsommer wohl nie vergebens nach der Miniermade der Fliege *Hydrellia* suchen, wie auch in den Blättern der verschiedenen Laichkräuter die Fraßgänge der Chironomidenlarven eine ganz typische und regelmäßig auftretende Erscheinung darstellen (Abb. 78).

Die Pflanzenbestände des Ufers sind für sehr viele Wasserinsekten von besonderer Bedeutung als Laichablagestätten. Die Laichmassen gewisser in der Uferregion in großen Mengen lebender Chironomidenarten sind zu bestimmten Zeiten stets an den litoralen Pflanzen festzustellen (Abb. 79).

Die walzenförmigen Schnakenlarven (Tipuliden, Abb. 80) mit ihren charakteristischen Stigmen und Kiemenanhängen finden sich zwar fast regelmäßig in der Pflanzenzone des flachen Wassers, erlangen aber keine besondere Bedeutung, da sie — verglichen etwa mit den Chironomidenlarven — nie in Massen auftreten, sondern nur in geringer Individuenzahl oder nur ganz vereinzelt vorkommen. Sie finden sich hauptsächlich an der Wassergrenze, im angespülten Material des Strandes, da sie eigentlich Bewohner des Feuchten sind.

Von den unzähligen Insekten, die gerade die Pflanzenzone bevölkern, sind vor allem noch die Wasserwanzen zu nennen, die ihr ganz besonderes Lebensgebiet in Teichen finden und deshalb auch in der Pflanzenregion, die ja — bald mehr, bald weniger — dem Teichcharakter nahekommt, auftreten. Sie sind besonders geeignet, uns das Verhältnis von Organismus zum Lebensraum erkennen zu lassen. Vor allem der Rückenschwimmer (*Notonecta*) ist hier zu nennen, und zwar sind bei ihm Atmung und Bewegungsweise ganz charakteristisch. Das Tier fällt auf durch den silberschimmernden Luftmantel, den es mit sich herumträgt und der

Abb. 78. Ein Laichkrautblatt mit den Miniergängen von Zuckmückenlarven. Phot. Dr. W. EFFENBERGER.

Abb. 79. Laich der Zuckmücke *Bezzia*, abgelegt an Schilfblättern. Phot. Dr. W. EFFENBERGER.

von der aus den großen Atemöffnungen der Brust ausgeatmeten Luft gebildet wird. Diese Luftblase verringert das spezifische Gewicht des unter Wasser lebenden Tieres so stark, daß es sich nur loszulassen braucht, um wie ein Kork an die Wasseroberfläche emporzuschießen, ohne daß irgendeine Schwimmbewegung erforderlich wäre. Zur Wasseroberfläche muß das Tier von Zeit zu Zeit, um zu atmen, da es auf die atmosphärische Luft angewiesen ist. An der Oberfläche liegt der Rückenschwimmer mit dem Rücken nach unten; in dieser Haltung steigt er auch nach oben, was aus der Lage der Luftblase, die vornehmlich die Bauchseite bedeckt, erklärlich ist. Die Atemlöcher des letzten Hinterleibsringes, im Wasser durch Klappen und Haare verschlossen und geschützt, werden in

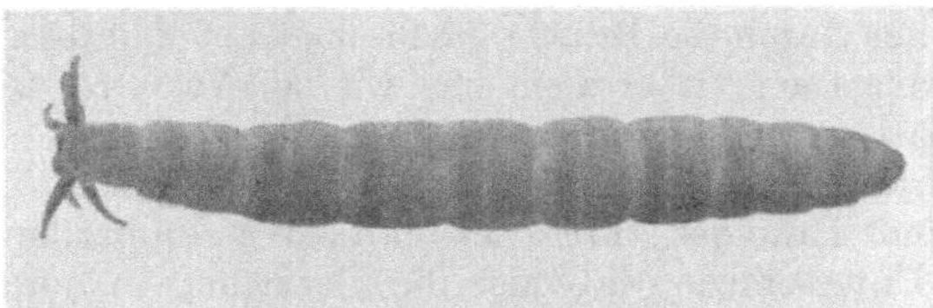

Abb. 80. Schnakenlarve vom überspülten Seestrand. Phot. Dr. W. EFFENBERGER.

der vorstehend erwähnten Hängelage mit der Luft in Verbindung gebracht und versorgen das Tracheensystem mit frischer Luft. Auch die Atemöffnungen des vorletzten Ringes können zur Atmung benutzt werden. Wie gelangt nun der Rückenschwimmer bei dem starken Auftrieb, den ihm der Luftmantel verleiht, wieder in die Tiefe? Entweder zieht er sich an Wasserpflanzen hinunter oder — und das ist das Normale — er vergrößert sein spezifisches Gewicht und schwimmt mit Hilfe seiner langen behaarten Hinterbeine nach unten; die Vergrößerung des spezifischen Gewichts geschieht durch schnelles Ausatmen einer größeren Luftmenge, und zu diesem Zweck sind die zum Ausatmen dienenden Bruststigmen um so viel größer als die Atemlöcher der Hinterleibsringe. Wir sehen, Bewegung und Atmung dieser Wasserwanzen zeigt Ähnlichkeit mit den diesbezüglichen Einrichtungen gewisser Wasserkäfer, nur die Ernährung und die ihr dienenden Mundwerkzeuge verraten den Wanzencharakter des Tieres: es besitzt einen Stechrüssel, mit Hilfe dessen es kleine Wassertiere aussaugt. Unter Umständen kann man sich vom Vorhandensein dieses Stechapparates überzeugen, wenn man das Tier dementsprechend mit der Hand anfaßt („Wasserbiene").

Diese Ausbildung der Mundwerkzeuge und außerdem die Art der Entwicklung sind die hauptsächlichen Charakteristica der Wasserwanzen, vor allem gegenüber den Wasserkäfern, denen sie in ihren Lebensgewohnheiten und zum Teil auch im Habitus so sehr ähneln. Die Entwicklung der Wanzen vollzieht sich allmählich; es fehlen die sich deutlich voneinander scheidenden drei Stadien der Larve, Puppe und Imago, vielmehr gehen alle Entwicklungsphasen ohne merkbare Unterbrechung allmählich ineinander über; man nennt in diesem Fall bekanntlich die jungen Tiere „Nymphen". Die Unterschiede der häufigsten Vertreter der Wasserwanzen betreffen — abgesehen vom Körperbau — in erster Linie die Bewegungsart und die Atemtechnik. Die neben den Rückenschwimmern häufigste Wasserwanze *Corixa* (die Ruderwanze) z. B. schwimmt geschickt mit Hilfe ihrer durch Behaarung und Verbreiterung als Ruder geeigneten Hinterbeine (Abb. 81). Ebenso wie auch der Rückenschwimmer kann auch die Ruderwanze fliegen. Ihre Atmung vollzieht sich in gewissem Sinne umgekehrt wie beim Rückenschwimmer, indem sie nämlich durch die Bruststigmen einatmet und durch die Hinterleibsstigmen ausatmet. Aber auch hier wie bei *Notonecta* wird die ausgeatmete Luft als gewichtsvermindernder Mantel benutzt, der die Bauchseite vollständig bedeckt. Das Tier steigt also genau wie die erstbehandelte Art mit Hilfe des Auftriebes an die Wasseroberfläche zum Atmen, mit dem Unterschiede, daß hier die Bewegung in normaler Körperhaltung geschieht; zum Atmen muß diese Art die Brust mit den beiden großen Stigmen an die Wasseroberfläche bringen. *Corixa* hat eine Merkwürdigkeit besonderer Art gegenüber dem Rückenschwimmer aufzuweisen: man hat festgestellt, daß sie — vor allem des Abends — eine Art „Musik" hören läßt, die erzeugt wird durch die über den Schnabel geigenden beiden breiten Vorderbeine. Die gleiche Beobachtung hatten wir schon von der weiter oben genannten kleinen *Micronecta*, die scharenweise auch in der Pflanzenzone vorkommt, erwähnt. Die Vorderbeine von *Corixa* sind im übrigen noch in besonderer Weise an die Raubtätigkeit angepaßt, indem sie mit Dornen besetzt sind, die das Festhalten der Beutetiere erleichtern. Noch ausgeprägter zeigt sich diese Anpassung bei den Schwimmwanzen (*Naucoris*); hier sind die Schenkel der Vorderbeine besonders kräftig und besitzen an der Innenseite eine Längsrinne, die zur Aufnahme der beim Ergreifen der Beute nach innen eingeschlagenen säbelartigen Schiene dient. In geradezu vollkommener Weise ausgebildet zeigt sich dies Raubinstrument beim Wasserskorpion (*Nepa cinerea*); hier sitzen die Vorderbeine ganz nach vorne gerückt und erscheinen so mehr als Greifarme denn als Beine. Die erwähnte Rinne ist besonders tief, dazu ist noch eine Vertiefung vorhanden, die den klauenförmigen Fuß des Vorderbeines aufnimmt und so den Fangring gewissermaßen durch ein Schloß verschließt. Etwas modifiziert ist die Fangvorrichtung bei einer Verwandten des Wasserskorpions, der schlanken Stab- oder Schweifwanze *Ranatra*;

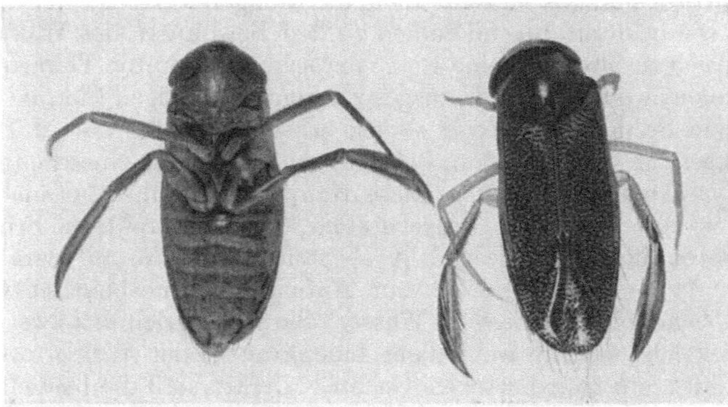

Abb. 81. Die Wasserwanze *Macrocorixa Geoffroyi*. Phot. Dr. W. EFFENBERGER.

ihre Greifer sind besonders lang, im übrigen aber ebenso zweckentsprechend gebaut wie die von *Nepa cinerea*. Diese beiden Formen sind weit weniger lebhaft als die erstbesprochenen, da sie sehr schlecht schwimmen, sie fliegen aber um so besser. Im Wasser sind sie gezwungen, auf Beute zu lauern, wobei ihnen Pflanzen und pflanzliche Ablagerungen sowie die eigene Form und Färbung als Deckmittel gute Dienste leisten. Daß diese Tiere angesichts ihrer Unbeholfenheit im Wasser nicht gut in gleicher Weise sich mit Atemluft versorgen können wie etwa der Rückenschwimmer, leuchtet ein. Sie sind mit einem langen, vom Hinterende aus sich erstreckenden Atemrohr versehen, durch das die Stigmen mit der atmosphärischen Luft an der Wasseroberfläche in Verbindung gebracht werden. Bemerkenswert ist die Modifikation dieser Vorrichtung bei den Nymphen der beiden Wanzenarten: hier stellt sich die Luftleitung dar als eine an der Unterseite eines längeren Hinterleibfortsatzes befindliche Rinne, die sich an der Bauchseite des Tieres fortsetzt in zwei haarbedeckten Längsfurchen, die nach vorne zu den Stigmen führen. Es ist merkwürdig, daß auch die Eier dieser beiden Formen in fast ganz ähnlicher Weise mit einer Luftzuleitung versehen sind in Gestalt von porösen Fäden. Die Eier werden demgemäß so abgelegt — an Schwimmpflanzen

(Wasserskorpion) oder eingebettet in die Gewebe der Pflanzen (Schweifwanzen) —, daß die Fäden die Wasseroberfläche erreichen.

Von den Wasserwanzen sind endlich noch die Wasserläufer zu erwähnen, die ja als nicht im Wasser lebend nicht in dem Maße zur Organismenwelt des Sees gehören wie ihre eben besprochenen Verwandten; andererseits sind sie ja aber mehr oder weniger an das Wasser als Lebensort gebunden und zeigen dementsprechend auch eine sehr hübsche Anpassung an das Leben auf dem Wasser: mit Hilfe ihrer behaarten unbenetzbaren Fußglieder gleiten sie wie Schlittschuhläufer auf dem Oberflächenhäutchen des Wassers umher.

Wir haben nun noch einige Insekten der litoralen Pflanzenzone zu erwähnen, die zwar nicht als eigentliche Charaktertiere dieser Region bezeichnet werden können, die sich aber unter gewissen Bedingungen doch dort finden und die hinsichtlich ihrer Biologie ein gewisses Interesse beanspruchen. Es sind vor allem die wenigen Vertreter der Schmetterlinge, die in ihren Jugendstadien zu den Bewohnern des Wassers gehören. Auch sie sind, wie eine Reihe der schon genannten Tierarten, nur da zu finden, wo das Seeufer ausgesprochen teichartigen Charakter hat. An solchen Stellen finden wir — wie ja schon erwähnt — u. a. auch Wasserrosen; ihre Blätter nun beherbergen die Raupe eines Schmetterlings, *Nymphula nymphaeata.* Diese Raupe — die übrigens nicht ausschließlich auf *Nymphaea*, sondern auch auf Laichkräutern, Froschbiß und anderen Wasserpflanzen lebt — besitzt wie ihre auf dem Lande lebenden Verwandten Stigmen zur Aufnahme atmosphärischer Luft. Wo aber bekommt sie diese im Wasser? Sie fertigt sich aus zwei ovalen Blattstückchen, die sie aus einem Laichkraut- oder Wasserrosenblatt ausschneidet, ein transportables Gehäuse, derart, daß die beiden Stückchen als Decke und Boden seitlich durch Fäden verklebt miteinander verbunden werden. Dies Gehäuse dient, mit Luft gefüllt, als Taucherglocke, in der das Tier, umhüllt von der zum Atmen notwendigen Luft, sich bewegt. Die Luft wird vermutlich entnommen bzw. erneuert aus den Luftleitungsbahnen der angefressenen Pflanzengewebe, die dem Tier ja auch als Nahrung dienen. Vorne und hinten hat das ebenso primitive wie zweckmäßige Gehäuse je eine Öffnung, die der Raupe gestattet, zum Zweck des Weiterkriechens und Fressens die vordere Körperhälfte herauszustecken; kleine Höcker auf der Körperhaut machen diese unbenetzbar und halten die Luft in dünner Schicht als Mantel um den Körper fest. Bemerkenswert ist, daß die jungen Raupen nicht durch offene Stigmen, sondern durch die Haut atmen, also als echte Wassertiere den im Wasser gelösten Sauerstoff aufnehmen. Sie brauchen demnach auch kein mit Luft gefülltes Gehäuse, sondern fressen sich einfach in das Blattgewebe hinein, wobei sie sich allerdings noch durch ein über ihrem Standort angebrachtes Blattstückchen abzudecken pflegen. Winterruhe halten sie am Boden des Gewässers, denn die Wohnpflanzen sterben ja im Herbst ab. Erst im nächsten Frühling oder Sommer gehen sie zur Stigmenatmung über. Von zwei anderen Schmetterlingsraupen, der *Cataclysta lemnata* und der seltenen Art *Acentropus niveus* wollen wir nur die Namen erwähnen. Eine weitere Form sehen wir uns etwas näher an, die im

Raupenstadium ein echtes Wassertier darstellt, es ist die meist auf den Blättern der Wasseraloe, *Stratiotes aloides*, in aus Blattstücken gesponnenem Gehäuse lebende Raupe von *Paraponyx stratiotata* (Abb. 82). Sie besitzt fadenförmige Tracheenkiemen, büschelförmig in mehreren Reihen angeordnet, die ebenso wie bei anderen Insektenarten (Eintagsfliegenlarven u. a.) als eine Besonderheit des Wasserlebens erscheinen. Die Puppe atmet wieder durch Stigmen und ruht in einem mit Luft angefüllten Gehäuse; die Lufterneuerung erfolgt auch hier durch die Luftleitungsbahnen der Pflanzen. Eine der merkwürdigsten Einrichtungen im Dienst der Atmung besitzt die einzige ganz als Wassertier lebende Spinne *Agyroneta*, die Silberspinne: sie baut sich mit Hilfe ihrer Spinnfähigkeit einen kugelförmigen Behälter, befestigt ihn zwischen den Pflanzen und füllt ihn mit atmosphärischer Luft. Die Spinne richtet sich also ein Luftreservoir unter Wasser ein. Die Luft nimmt das Tier an der Wasseroberfläche in das Haarkleid ihres Hinterleibes auf, der so in einen silberglänzenden Mantel gehüllt scheint. Auf diese Weise wird die Luft in den Ballon, der unten oder seitlich eine Öffnung hat, hineingetragen. In Teichen ist die Silberspinne mit ihrem „Luftschloß" eine regelmäßige Erscheinung, aber auch in Seen findet sie sich an geeigneten Stellen (in pflanzenbewachsenen Buchten).

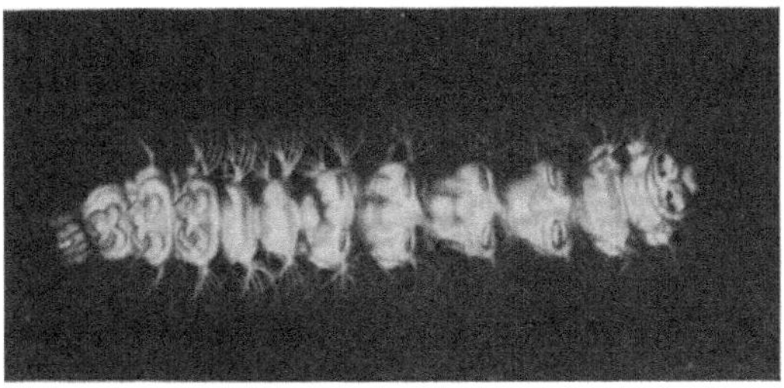

Abb. 82. Raupe des Schmetterlings *Paraponyx stratiotata*. Phot. Dr. W. EFFENBERGER.

Wir sehen, die Atmung ist diejenige Funktion der Wassertiere, an der sich in erster Linie und in den meisten Fällen der Einfluß des Milieus auswirkt. Noch bei weitem nicht für alle Tiere ist die Frage nach der Atemtechnik gelöst; hier bieten sich dem forschenden Biologen noch Probleme in Hülle und Fülle.

Eine Tiergruppe, die vor allem in der Pflanzenzone der Seen heimisch ist, stellen die Wassermilben (Hydracarinen) dar. Namentlich in den dichten Rasen der untergetauchten Pflanzen (Characeen, *Ceratophyllum*, *Myriophyllum*) finden wir sie in Mengen. Zu den Spinnentieren gehörig, unterscheiden sie sich von den echten Spinnen durch das Fehlen jeder Körpergliederung. Sie sind in sehr vielen Arten im See vertreten und fallen zum Teil schon äußerlich durch ihre lebhafte Färbung auf. Besonders die ziegelrot gefärbten Arten stechen sofort ins Auge und fehlen nirgends. Die häufigsten Gattungen sind *Limnesia* und *Piona* (Abb. 83). Die meisten Arten des stehenden Wassers sind Schwimmer und dementsprechend mit langen Schwimmhaaren an den Beinen versehen. So sind sie auch in der Lage, sich ihre Nahrung zu verschaffen; die kleinen Planktonkrebse, die sie mit ihren schnabelartigen Mundwerkzeugen aussaugen, fallen ihnen in erster Linie zum Opfer. Die Milben selbst scheinen von den meisten größeren räuberischen Formen — auch von den Fischen

— verschmäht zu werden. Sie sondern aus Hautdrüsen einen Saft ab, der sie anscheinend ungenießbar macht. Die Entwicklung der Milben — deren Eier, oft rot gefärbt, an Pflanzen und Steinen abgelegt werden — ist gekennzeichnet durch mehrere Stadien (ein Larven- und ein Nymphenstadium). Die Larven der Milben besitzen nur sechs Beine, während ja die Nymphen und die ausgewachsenen Tiere deren acht haben. Die Larven parasitieren oft an größeren Tieren, an Wasserkäfern, Wasserwanzen und Libellenlarven, an denen sie sich mittels ihres Schnabels festsaugen. Meist finden wir sie an den Beinen, aber auch sonst am Körper, wo sie mit dem Rüssel einzudringen vermögen, setzen sie sich fest. Es gibt sogar Arten, deren Larven an den fliegenden Imagines der Zuckmücken — oft in mehreren Exemplaren — gefunden werden. Sie überfallen diese Tiere in dem Augenblick, wo diese an der Wasseroberfläche der Puppenhaut entschlüpfen, um das nasse Element mit dem Luftleben zu vertauschen. Mit den absterbend ins Wasser fallenden oder das Wasser zur Eiablage berührenden Mücken gelangen die Milbenlarven — d. h. ein Teil von ihnen — wieder in ihr ursprüngliches Milieu, das sie für die Dauer dieser einen Entwicklungsperiode anscheinend verlassen müssen. Es gibt auch Milbenarten (der Gattung *Unionicola*), die ihr ganzes Leben als Parasiten und zwar in den Kiemen von Muscheln verbringen. Ihre Larven finden sich eingegraben im Mantel der Muscheln.

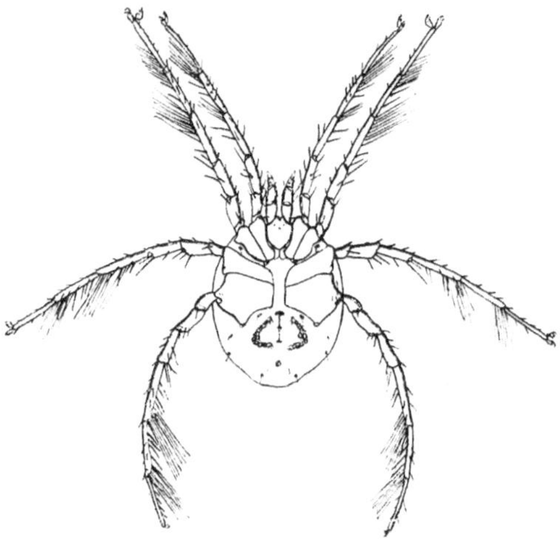

Abb. 83. Die Wassermilbe *Piona nodata* (O. F. M.) ♀. Gez. Dr. K. VIETS.

Eine bedeutende Rolle unter der Bewohnerschaft der Pflanzenzone spielen schließlich noch die Mollusken (Weichtiere). In der eigentlichen Brandung halten, wie wir sahen, sich nur wenige an das bewegte Wasser angepaßte Arten auf. Zwischen den Pflanzen dagegen finden sie genügend Schutz und Nahrung, um sich in großer Formenzahl dort einzubürgern. Da fallen zunächst durch ihre Größe die Angehörigen der Muschelgattungen *Unio* und *Anodonta* auf, die Fluß- und die Teichmuscheln, die allerdings meist nicht in großen Mengen, stellenweise sogar nur in einzelnen Exemplaren vorkommen (Abb. 84, 85). In den Verbindungsflußläufen zwischen den Seen bringen sie es zu größeren Individuenzahlen. Biozönotisch spielen sie daher im See eine nur geringe Rolle, aber ihr Bau und ihre Lebensweise bieten doch so viel Bemerkenswertes, daß sich eine nähere Beschäftigung mit ihnen lohnt. Es ist nicht unsere Aufgabe, hier die Morphologie und Lebensweise dieser Form zu schildern;

es sei nur kurz auf die wichtigsten Eigenarten aufmerksam gemacht: der keilförmige muskulöse Fuß, mit Hilfe dessen die Muschel sich — sehr langsam — fortbewegt und in den Sand eingräbt, die starken Schließmuskeln und das elastische Schloßband, die Atmungs- und Ernährungstechnik, die ja eng miteinander verbunden sind, da das eingestrudelte Atemwasser gleichzeitig die von der Mundöffnung aufzunehmenden Nahrungsteilchen mit sich führt, weiter die Flimmerhärchen, die die Strudelbewegung hervorrufen, schließlich noch die vom Mantel produzierte Kalkschale, die außen von einer hornigen Schicht bedeckt ist. Bemerkenswert ist auch die Fortpflanzung und das Verhalten der Muschellarven (Glochidien), die sich mit Dornen und Haken ihrer beiden Schalen

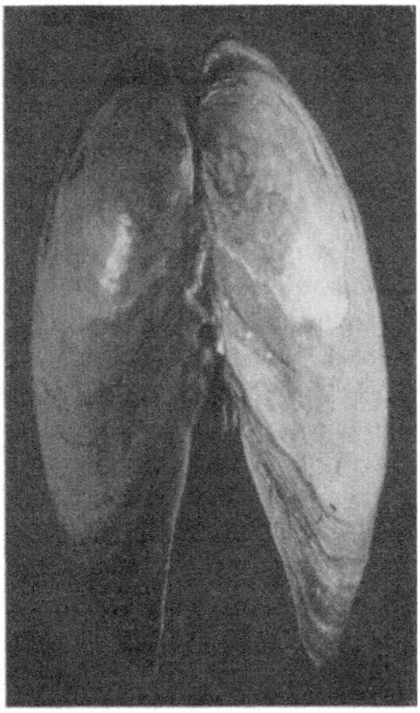

Abb. 84. Die Flußmuschel, *Unio*. Phot. Dr. W. EFFENBERGER.

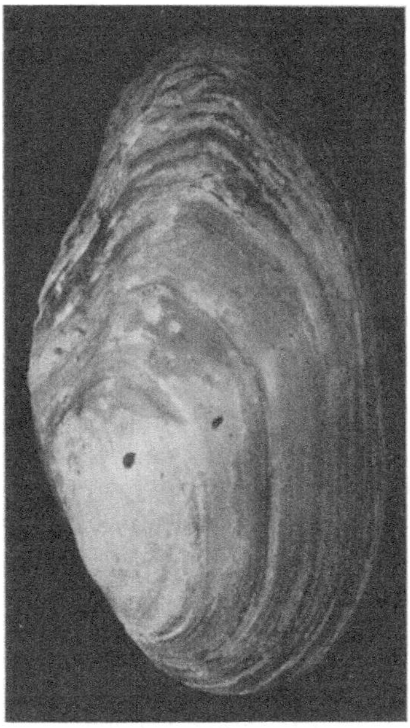

Abb. 85. Die Teichmuschel, *Anodonta*. Phot. Dr. W. EFFENBERGER.

an Fischen und Amphibien festklammern und so ihr Wachstum mehrere Monate hindurch als Schmarotzer fördern.

In größerer Artenzahl als die oben erwähnten Formen leben im Seenlitoral zwei sehr kleine Muschelgattungen, die Kugelmuschel *Sphaerium* und die Erbsenmuschel *Pisidium*. Die letztere wird höchstens 0,5 cm groß, die erstere kann etwa 2 cm Länge erreichen. Sie sind daher kaum zu sehen, vor allem auch darum, weil sie ganz im Bodenschlamm vergraben leben, was ihnen um so eher ermöglicht ist, da ihre Atem- und Afteröffnungen sich am Ende von Röhren befinden, den Siphonen. Auch der Fuß dieser Formen ist im Verhältnis zur Körpergröße recht lang und schmal. Sie sind daher auch etwas beweglicher als die großen Flußmuscheln und können sogar an Pflanzen in die Höhe klettern. Die Kugel-

und Erbsenmuscheln sind nicht auf das Litoral beschränkt, die meisten Arten gehen bis in die Seetiefe hinunter.

Eine ungleich größere Rolle im Seenhaushalt als die bisher genannten Muscheln spielt die Dreiecksmuschel *Dreissensia polymorpha* PALLAS. Vor etwa rund 100 Jahren erst wanderte diese Muschel aus dem südöstlichen Europa kommend bei uns ein und hat heute bereits alle Gewässer — manchmal sogar Wasserleitungen — besiedelt, zum Teil sogar regelrecht überschwemmt. Diese rasche Verbreitung geht wohl auf eine gewisse ökologische Einstellung und starke Vermehrungsintensität zurück; befördert wird sie aber zweifellos durch das Vorhandensein einer freischwimmenden planktischen Larve und die Fähigkeit der Muschel, sich durch die von ihr produzierten Byssusfäden an allen beliebigen Gegenständen festzuheften (Abb. 51). Wir finden sie an Holzstückchen, Steinen, Teichmuschelschalen befestigt zu ganzen Kolonien gehäuft fast überall in der Uferzone. Als morphologische Eigenart weisen die Dreiecksmuscheln — ebenso wie die oben genannten Kugel- und Erbsenmuscheln — verwachsene Mantelränder mit Öffnungen für den Fuß und die beiden Röhrenöffnungen auf.

Sind die Muscheln durch nur wenige Arten im Binnensee vertreten, so finden sich die Schnecken mit einer ganzen Reihe von Formen gerade in der litoralen Pflanzenzone. Schon die Schlammschnecke *Limnaea* kommt in mehreren Arten hier vor: *L. stagnalis* L., *L. auricularia* L., *L. ovata* DRAP., *L. palustris* O. F. MÜLL. In mancherlei Hinsicht bieten die Wasserschnecken Interesse. Auf einige Eigenarten sei aufmerksam gemacht. Da ist zunächst die breite Kriechsohle des Fußes, die den Körper, ohne ihn von der Unterlage zu heben, in wellenförmigen Kontraktionen weiterbewegt, wobei die Berührung mit der Unterlage durch Schleimabsonderung noch inniger wird. Sogar am Oberflächenhäutchen des Wassers können die meisten Schnecken, nach unten hängend, entlang kriechen. Dabei trägt die Lungenschnecken zur Hauptsache die in der Atemhöhle eingeschlossene Luft. Zur Erneuerung dieser Atemluft müssen die Lungenschnecken von Zeit zu Zeit an die Wasseroberfläche aufsteigen. Das geschieht aber nicht durch Kriechen, sondern das Tier läßt sich bei stark verringertem spezifischem Gewicht einfach nach oben treiben. Gewisse Schneckenarten, denen es unmöglich gemacht ist, die atmosphärische Luft zu erreichen — das gilt z. B. für die in der Seetiefe lebenden Formen —, atmen durch die Haut der Fühler den im Wasser gelösten Sauerstoff oder gar mit den als Kiemen funktionierenden Lungen. Die Kiemenschnecken dagegen besitzen richtige gefiederte Kiemen in der Atemhöhle. In der Ernährung der Wasserschnecken interessiert die zum Abkratzen der Aufwuchsalgen dienende Vorrichtung, die mit zahlreichen sich stets erneuernden Chitinzähnchen besetzte Zunge. Artenreichtum bietet ebenso wie die Schlammschnecke die Tellerschnecke (*Planorbis*) mit ihrem von Art zu Art etwas variierenden, tellerförmigen, flachen Gehäuse; auch von ihr kommen mehrere Arten im Litoral vor. Seltener — oft ganz fehlend in Seen — ist die Mantelschnecke (*Amphipeplea glutinosa* O. F. MÜLL.), die eigenartigerweise ihren Mantel über das ganze Gehäuse hinüberziehen kann; auch ihre Verwandte, die Blasenschnecke (*Physa*) verfügt, wenn auch nicht in demselben Maße, über dies Merkmal. Schließlich sind als Uferbewohner unter den Schnecken noch zu nennen die lebendgebärende *Paludina* oder *Vivipara,* die Sumpfdeckelschnecke und ihre Verwandten *Valvata* und *Bythinia.*

Als letztes Glied der so vielgestaltigen Besiedlung der Uferzone sind die Wirbeltiere zu nennen. Sie sind fast ausschließlich durch Fische hier vertreten. Zwar gibt es nur 2—3 Formen, die an die Pflanzenregionen und an die Steinbezirke gebunden sind. Das sind vor allem die Koppe (*Cottus gobio* L. und *C. poecilopus*) und der schon genannte Steinbeißer (*Cobitis taenia* L.). Wenn auch die übrigen Fischarten infolge ihrer großen Beweglichkeit nicht an eine bestimmte Region gebunden sind, so können wir doch sagen, daß sich das Leben der meisten von ihnen in den Uferregionen, und zwar da, wo sie mit Pflanzen bewachsen sind, abspielt. Hier finden sie ihre Nahrung, sei es, daß sie als Grünweidefische große und kleine Pflanzen fressen (Plötze *Leuciscus rutilus* L., Rotfeder *Scardinius erythrophthalmus*), sei es, daß sie sich von den zahlreichen kleinen Tieren der Pflanzenregion nähren (Schleie *Tinca vulgaris* CUV. und Karausche *Carrassius vulgaris* NILS., Karpfen *Cyprinus carpio* L., Bitterling *Rhodeus amarus* BLOCH.), sei es, daß sie als Raubfische im Pflanzenwald den Beutefischen auflauern (Barsch *Perca fluviatilis* L., Hecht *Esox lucius* L., Zander *Lucioperca sandra* CUV.VAL.). Auch der Aal, ein typischer Bodenfisch, muß hier genannt werden. Seine so sehr interessante Lebensgeschichte können wir hier natürlich nicht schildern. Wenn auch nicht sämtliche Fischarten hinsichtlich der Nahrung auf die Uferzone angewiesen sind, so ist diese Zone doch für fast alle Fische unentbehrlich zur Laichablage. Sie bietet den nötigen Schutz für den Laich selbst und auch für die ausschlüpfende Brut, Schutz gegen die mechanische Wirkung der Wellenbewegung und Schlupfwinkel gegen die zahlreichen Feinde. So sind also die jungen Fische wohl aller Fischarten — von vereinzelten Ausnahmen abgesehen — als Uferbewohner des Sees zu bezeichnen.

An Amphibien ist der See arm. Sie ziehen Tümpel und Teiche vor. Da sich aber die Lurche und Frösche immerhin vereinzelt auch in Seen finden, und zwar da, wo eine sehr flache Uferbank Teichcharakter vortäuscht, so seien sie unter den Bewohnern der Litoralzone mit genannt.

Nicht eigentlich in die Biologie der Süßwasserseen hinein gehören die Wasservögel. Ihr Leben spielt sich ja nicht in, sondern an und auf dem Wasser des Sees ab. Brutplätze bietet ihnen der undurchdringliche Schilfwald, das Ufer und die Bodenfläche mancher Inseln; auch die Nahrung liefert den meisten von ihnen der See, sei es in Gestalt von Fischen, sei es in Form von Würmern, Schnecken, Insekten und Insektenlarven, die sie sich selbst aus dem Wasser holen oder die — wie die Mehrzahl der im Wasser lebenden Insekten — nach beendigter Entwicklung das Wasser verlassen und, über dem Wasser oder am Ufer schwärmend, eine willkommene Beute rascher Flieger werden. So sind die meisten der sogenannten Wasservögel auch hinsichtlich ihrer Nahrung auf den See angewiesen. Die Rolle, die sie selbst für den See spielen, dürfte indessen im allgemeinen nur gering sein und nur in bestimmten Fällen ins Gewicht fallen. In größeren Seen wird die Verminderung des Fischbestandes durch Wasservögel kaum fühlbar, obwohl etliche von ihnen sich ausschließlich von Fischen nähren. Das gilt z. B. für die Taucher, in der Regel vertreten durch den Haubensteißfuß (*Colymbus cristatus* L.) und den Zwergsteißfuß (*C. nigricans* Scop.). Beide Arten kommen allerdings nur in vereinzelten Pärchen vor. Aber auch die in größerer Menge an und auf dem Binnensee lebenden Möwen — vor allem die Lachmöwe (*Larus ridibundus*) und die Flußseeschwalbe (*Sterna hirundo* L.) — üben auf den Gesamtfischbestand wohl kaum einen bemerkenswerten Einfluß aus, da sie hier in erheblichem Maße auch von den Insekten der Luft, des Wassers sowie des festen Landes leben. In kleinen, flachen Seen oder gar in Fischzuchtteichen liegt die Sache wesentlich anders, aber davon haben wir hier nicht zu reden. Dasselbe gilt im großen und ganzen auch für die übrigen hier noch zu erwähnenden Wasservögel, so in erster Linie für die Enten, von denen wir meist die folgenden drei Arten auf unseren Seen antreffen: die Stockente (*Anas boschas* L.), die Knäkente (*A. querquedula* L.) und die Krickente (*A. crecca* L.). Wie die Enten, so finden wir auch das Bläßhuhn (*Fulica atra* L.) regelmäßig und auch in größerer Zahl auf den Binnenseen vertreten. Weniger häufig, teilweise nur in vereinzelten Exemplaren oder gar nur sehr selten treten auf: der Reiher (*Ardea cineria* L.), der Kormoran (*Phalacrocorax carbo* L.), die Rohrweihe (*Circus aeruginosus* L.), die Rohrammer (*Emberiza schoenichus* L.), der Fischadler (*Pandion haliaetus* L.), verschiedene Sägerarten u. a. m. Wenn also, wie schon erwähnt, der durch die Wasservögel erfolgende Eingriff in den Tierbestand eines großen Sees meistens nicht merkbar wird, so können die Vögel doch in anderer Hinsicht dem Fischbestand recht verderblich sein, indem sie — vor allem die Enten, Möwen und Taucher — als Überträger von Fischkrankheitserregern in Frage kommen; so z. B. stellen sie den Zwischenwirt dar für den Riemenwurm (*Ligula simplicissima*), jenen Bandwurm, der den meisten unserer Süßwasserfische so verderblich werden kann.

Man weist auch auf den Nutzen hin, den die Wasservögel den Fischgewässern bringen, indem sie kranke und tote Tiere beseitigen und so als „Wasserpolizei" wirken und indem sie — da wo sie in größeren Mengen auftreten — den See mit ihren Exkrementen düngen. Es ist nicht unsere Aufgabe, in einzelnen Fällen Nutzen und Schaden gegeneinander abzuwägen. Wir wollen hier lediglich die Beziehungen der Wasservögel zur Lebensgemeinschaft des Binnensees feststellen und müssen schließlich wohl zusammenfassend sagen, daß die Gesamtbiologie eines größeren Sees durch die Vögel meist kaum nennenswert beeinflußt wird. In einer Hinsicht jedoch haben sie eine gewisse Bedeutung für die Zusammensetzung der Seenbiozönose: sie kommen zweifelsohne als Überträger für die Verbreitung zahlreicher Seenorganismen in Betracht. Obwohl die Untersuchungen hierüber sich noch in den Anfangsstadien befinden, hat man doch bereits für viele Seenbewohner festgestellt, daß sie — meist im Dauerstadium — durch Vögel verbreitet werden können, indem sie, an deren Gefieder oder Beinen haftend oder die Verdauungsorgane unbeschädigt passierend, von See zu See transportiert werden.

Methodik und Technik.

Die Methodik der Untersuchung der Pflanzenregionen des Sees ist in Anpassung an die verschiedenen speziellen Verhältnisse eine mannigfaltige. Einigermaßen schwierig gestaltet sich die Arbeit im Schilfgürtel. Diese Zone ist mehr oder weniger unzugänglich, und der Gebrauch von Dredge und Bodengreifer ist ganz unmöglich. Hier kann man nur mit Handnetz und Pfahlkratzer arbeiten. Auch das Ausreißen ganzer Schilfstengel erweist sich in vereinzelten Fällen als erforderlich. Die Larven und Puppen des Rohrkäfers *Donacia,* die ja häufig an den Wurzeln des Schilfrohres sitzen, sind nur auf diese Weise zu erlangen. Um gröbere Pflanzenteile des Seebodens dieser Region zu durchsuchen, verwendet man zweckmäßig neben dem Handnetz aus mittelfeiner Seidengaze ein Metallsieb von oben (S. 113) beschriebener Form, das in das etwas längere Handnetz hineingehängt wird. Das Abspülen der kleineren Tiere von dem groben Material geschieht dann in dem Siebbeutel, der die groben Reste zurückbehält, während der feine Schlamm und Sand samt den darin befindlichen Tieren in den Netzbeutel gelangt. Den ganzen Siebrest gibt man mit etwas Wasser lebend in ein weithalsiges Glas oder sucht in einer Schale die einzelnen Tiere an Ort und Stelle heraus. An tieferen Stellen, also zwischen Laichkräutern, Wasserrosen, auf den Armleuchterrasen, muß man natürlich, soweit das Handnetz nicht mehr ausreicht, die Dredge benutzen, das mit schwerem, dreiseitigem Eisenrahmen versehene Bodenschleppnetz (Abb. 86). Da der aus Seidengaze mit mittlerer Maschenweite bestehende Beutel durch ein starkes Netz außen geschützt ist, kann man die Dredge auch im Pflanzengewirr verwenden, ohne fürchten zu müssen, daß sie durch harte Pflanzenreste, Steine, Holz usw. allzuleicht verletzt würde. Um die wurzelnden Pflanzen selbst besser mit heraufzubekommen, benutzt man zweckmäßig eine Dredge, deren Rahmen gleich einer Harke mit Zähnen versehen ist. Harken mit gebogenen Zähnen benutzt man auch direkt zum Ausreißen von Unterwasserpflanzen. Das Abspülen der Pflanzen geschieht am besten mittels oben beschriebener Siebvorrichtung. In den Pflanzen minierende Formen müssen natürlich abgesucht werden. So kann man bei rein qualitativen Arbeiten je nach den Verhältnissen die verschiedenen Hilfsmittel benutzen.

Abb. 86. Dredgen verschiedener Größe. Phot. LENZ.

Anders ist es, sobald wir in der Pflanzenzone quantitative Untersuchungen machen wollen. Hierbei stoßen wir auf große Schwierigkeiten. Der Gebrauch eines Bodengreifers kommt bei dichten Pflanzenbeständen gar nicht in Frage; er ist höchstens an unbewachsenen Stellen zwischen den einzelnen Pflanzengruppen zur Untersuchung der Bodenfauna zu benutzen. In Schilfbeständen, Chararasen und überhaupt da, wo die betreffenden Pflanzen selbst erfaßt werden sollen, versagt der Bodengreifer jeder Konstruktion. Reinsch (1924, S. 255) hat für seine quantitativen Untersuchungen in Teichen ein Gerät benutzt, das bis zu einem gewissen Grade auch in Seen anwendbar ist. Ich gebe die Beschreibung des Apparates nach Reinsch:

„Ein konisch verlaufender Beutel aus kräftigem Nesseltuch von 107 cm Länge ist an einem quadratischen Winkeleisenrahmen von 50 cm lichter Seitenlänge befestigt. Durch eine Blechplatte, für die am Rahmen Führungsnuten angebracht sind, kann es dicht verschlossen werden. Der vordere Rand der Netzplatte ist schneidenartig zugeschärft. Am hinteren Rande ist eine schwach nach der Netzspitze zu gebogene Hülse von 5 cm Durchmesser angebracht. In diese wird ein 3 m langer Stock gesteckt. An den 4 Enden des Rahmens sind Ösen mit kräftigen Halteseilen. Eine Seitenfläche des Netzbeutels ist durch Tuschemarken in Abständen von 5 zu 5 cm graduiert. Als Eimer dient ein 10 cm langes Messingrohr von 3,5 cm Durchmesser, das mit einem Korkstopfen verschlossen ist.“

Die Anwendung der Vorrichtung ist derart, daß das Netz über die betreffende Pflanzengruppe gestülpt wird, die dann durch den im Rahmen befindlichen Schieber (Netzplatte) unmittelbar über dem Boden abgeschnitten wird. Die Pflanzen werden dann im Netz abgespült, und so enthält das im Eimer sich sammelnde Sediment nicht nur die zwischen den Pflanzen lebenden, sondern auch die auf ihnen sich aufhaltenden Tiere. In den Schilfrohr- und Binsenbeständen war die Arbeitsweise etwas komplizierter; hier mußten die Pflanzen — wegen ihrer Länge — zunächst über der Wasseroberfläche abgeschnitten werden, das Durchschneiden der Stengel über dem Boden mußte ebenfalls mit der Sense geschehen, da die Schneide der Netzplatte hierfür nicht ausreichte. Das Auszählen der im Sediment enthaltenen Tiere geschah mittels Zählplatte unter dem Mikroskop. Zuvor wurde der Siebrest fixiert, auf ein bestimmtes Quantum mit filtriertem Wasser verdünnt und zentrifugiert. Das Volumen — und natürlich auch die Art — der in dem gleichen Fang gefaßten Pflanzenmenge wurde besonders bestimmt. Die qualitativen — Reinsch stellte in den Pflanzenbeständen fast ausschließlich Krebse (Phyllopoden, Copepoden und Ostracoden) fest — und die quantitativen Ergebnisse dieser Untersuchungen haben wir leider nicht anführen können, da sie sich ja ausschließlich auf Teiche beziehen. Eine Verallgemeinerung auf die Litoralzone des Sees scheint zu gewagt; es bleibt zu hoffen, daß auch die Pflanzenbestände der Seen nach ähnlichen Gesichtspunkten untersucht werden mögen. Es muß allerdings zugegeben werden, daß die beschriebene Methode recht schwierig und umständlich erscheint. Zudem ist sie nur bis zu einer bestimmten Tiefe verwendbar. Vielleicht aber läßt sie sich noch zweckentsprechend verbessern.

Mit der quantitativen Erfassung der Aufwuchsorganismen der Wasserpflanzen hat sich — wie erwähnt — Willer (1923, S. 37—57) befaßt.

Da er hauptsächlich die einzelnen Pflanzenteile miteinander vergleicht, kann seine Methodik einer besonderen Apparatur entbehren. WILLER überstülpt den zu untersuchenden Pflanzenteil mit einem Glas, schneidet ihn dann bei aufrecht gehaltenem Glas ab, konserviert mit Formalin und verschließt das Glas unter Vermeidung von Luftblasen und Erschütterungen. Die bis zur Untersuchung abfallenden Organismen werden festgestellt und zahlenmäßig erfaßt. Zum Zweck der Zählung der Aufwuchsorganismen etwa eines Blattes wird dies in Felder eingeteilt und diese werden einzeln unter dem Mikroskop untersucht. In eine ebenfalls mit Feldern versehene Zeichnung des Blattes werden die gezählten Organismen mit bestimmten Zeichen eingetragen. Diese Zeichnungen stellen ein sehr anschauliches Bild der Aufwuchsbesiedlung des betreffenden Blattes dar. Nach einem ganz anderen Prinzip versuchte HENTSCHEL (1916, S. 6—14) den Bewuchs fester Gegenstände quantitativ zu erfassen; seine Methode ist eine experimentelle. An den verschiedenen Stellen des zu untersuchenden Gewässers werden Glas- oder Schieferplatten ins Wasser gehängt. Der sich auf ihnen ansiedelnde Bewuchs wird zu verschiedenen Zeiten untersucht und gezählt. Allerdings sind die so erzielten Ergebnisse nicht ohne weiteres übertragbar auf die Aufwuchsbesiedlung lebender Pflanzen. Indessen lassen sich die Resultate doch zu Vergleichszwecken benutzen, indem man die einzelnen Versuchsstellen sowie die Versuchsperioden miteinander vergleicht.

Übungen.

Feststellung der einzelnen Pflanzenbestände und ihrer Zusammensetzung. Qualitative Untersuchungen über die vorwiegend tierische Besiedlung der Pflanzenbestände; Schilfwälder: Aufwuchsorganismen der Schilfstengel (Epistylis, verschiedene Algenarten usw.), minierende Formen (Chironomidenlarven), in den Blattscheiden (*Asellus*, Hirudineen) und an den Wurzeln lebende Tiere (Larven und Puppen des Schilfkäfers), Bodenformen (Schnecken, Muscheln, Würmer); Bestände der Schwimmblattpflanzen (Laichkräuter, Wasserrosen): Aufwuchs, Minierformen; Bestände der untergetauchten Pflanzen (Laichkräuter, Armleuchtergewächse, Tausendblatt, Hornblatt): Chironomidenlarven und -puppen, Würmer, Milben, Schnecken, Muscheln, Krebse, sämtlich an und zwischen den Pflanzen lebend.

Versuch einer quantitativen Erfassung der Besiedlung der einzelnen Regionen oder auch der Aufwuchsbesiedlung der einzelnen Pflanzenarten.

Spezialfragen: Atemeinrichtungen bei Chironomidenlarven (Blutkiemen), Libellenlarven, Eintagsfliegenlarven, Schlammfliegenlarven, Käferlarven, Schmetterlingslarven usw. (Tracheenkiemen); besondere Einrichtungen, z. B. bei Schilfkäferlarven und -puppen, beim Käfer *Haemonia*, bei Wasserwanzen; Ernährungsmethoden, z. B. Fangvorrichtungen bei festsitzenden Tieren, Glockentierchen und Rädertieren (Strudelorgan), Polypen (Nesselfäden), Köcherfliegenlarven (Fanggespinste), Mundwerkzeuge des Gelbrandkäfers u. a. Käfer, sowie Wasserwanzen, Fangmasken der Libellenlarven; Befestigungsvorrichtungen festsitzender Tiere (Glockentierchen, Rädertiere, Polypen, *Dreissensia*-muschel, Köcherfliegenpuppen), Schwimmbeine von Käfern, Wasserwanzen usw.; Eiablage von Chironomiden, Libellen, Köcherfliegen, Käfern, Milben usw.; Beobachtungen an der Fischbrut in verschiedenen Stadien (Dottersack); Beobachtungen über das Vorkommen der einzelnen Fischarten und Wasservogelarten.

2. Die Tiefenregion (Profundal).

Ist die Litoralzone durch die Anwesenheit grüner wurzelnder Pflanzen charakterisiert, so kennzeichnet sich das Profundal eben durch die Abwesenheit der Makrophyten. Positiv erhält es seine Ausprägung durch das Vorhandensein von Ablagerungen. Diese Ablagerungen, Sedimente, sind — wie wir im Kapitel I sahen — ihrer Herkunft und Zusammensetzung nach verschieden und charakterisieren demgemäß den See. Daraus folgt, daß gerade in der Seetiefe sich die Unterschiede der verschiedenen Seetypen besonders stark ausprägen. Wir wählen zur Einführung in die Biologie der Profundalzone einen See von einem in der norddeutschen Tiefebene vorwiegend vertretenen Charakter, den eingangs schon erwähnten normalen eutrophen See, wie ihn die Mehrzahl der holsteinischen und mecklenburgischen Seen repräsentiert. Hier sind die Verhältnisse der Tiefe am besten studiert und in ihren Zusammenhängen schon recht gut bekannt. In diesen Seen stammt das Sediment der Tiefe größtenteils aus dem Pelagial, das abgestorbene Plankton bildet die Hauptmasse. Dazu kommen in geringerem Maße die aus der Litoralzone von den dort absterbenden Pflanzen und Tieren herrührenden Überreste. Jedoch spielt dieser Teil des Bodensedimentes in den in Frage kommenden größeren Seen eine nur geringe Rolle. Noch kleiner allerdings ist der Anteil am Sediment, der allochthon zu nennen ist, d. h. der von außerhalb des Sees kommt, es handelt sich dabei um Einschwemmungen durch einmündende Gewässer und Pflanzenreste (Blätter von Laubbäumen), die von Landpflanzen aus der Umgebung des Sees herrühren und die wohl meist durch den Wind in den See hineinbefördert werden. Während diese Ablagerungen in kleinen, von Wald umgebenen Seen eine große Bedeutung erhalten, derart daß sie den Charakter des Sees bestimmen, verschwinden sie in den größeren Seen vollständig. Die aus dem Litoral stammenden Sedimente zeigen — wenn sie auch sonst wenig Einfluß haben auf den Gesamtcharakter der Ablagerung des Sees — doch eine deutlich erkennbare Wirkung: sie trennen sichtbar vom eigentlichen Profundal eine Zone ab, die zwar noch dazu zu rechnen ist, die aber ihre eigene Prägung erhalten hat: das Eprofundal.

a) Das Eprofundal.

Über die Benennung und die Abgrenzung dieser Zone sowie über die verschiedenen in der Literatur gebrauchten Bezeichnungen dafür haben wir weiter oben bereits einiges ausgeführt. Die Zone, die hier gemeint ist, stellt sich also vorwiegend als die oberste Teilzone des Profundals dar, indem sie durch die Abwesenheit wurzelnder Pflanzen und die beginnende Ansammlung von Sedimenten charakterisiert ist. Außerdem erhält sie ihr besonderes Aussehen durch die Anhäufung von Schalen und Schalenresten abgestorbener Mollusken (Weichtiere) aus der Litoralzone. Wir können daher von einer Schalenzone oder Zone der Muschelablagerungen sprechen. Ein Dredgezug im Eprofundal fördert meistens riesige Mengen von Schalen und Schalenteilchen zutage, so daß der Rückstand eines solchen Fanges fast ausschließlich aus Molluskenschalen und deren Fragmenten besteht (Abb. 87). Außerdem finden sich in dieser Zone auch die organischen Reste der abgestorbenen und im Zerfall befindlichen Uferpflanzen und -tiere. Aber auch eigentlicher planktogener Faulschlamm (Gyttja) ist hier abgelagert. Die oberen Partien der Schalenzone indes weisen wenig oder keinen Faulschlamm, dagegen aber viele lebende Mollusken auf und bilden so den Übergang zum Litoral. Es sei hierzu bemerkt, daß

Abb. 87. Dredgerückstand (Molluskenschalen) aus dem Eprofundal eines holsteinischen Sees. Phot. Dr. W. EFFENBERGER.

diese obere Sedimentationsgrenze nichts unverrückbar Feststehendes ist, sie kann sich vor allem nach oben verschieben. In Seen, bei denen infolge geschützter Lage nur geringe Strömungen herrschen, kann schon im Litoral die Faulschlammablagerung beginnen, d. h. der Schlamm bleibt auch in dieser Zone liegen, da ihn keine Wellen nach unten transportieren (LUNDQVIST 1927, S. 89).

Versuchen wir nun, mit ein paar Überlegungen die Entstehung der Schalenzone zu verstehen. Früher (WESENBERG-LUND 1917) hat man angenommen, daß sich in diesem Schalengürtel eine ehemals von den Mollusken bewohnte Zone darstelle, die also in vergangenen Entwicklungszeiten des Sees tiefer lag als heute und im Verlauf der Reifung des Sees aufgegeben werden mußte zugunsten einer höher — im jetzigen Litoral — gelegenen Besiedlungszone. Heute weiß man, daß dies eine irrtümliche Auffassung war. Die Schalen der in der Uferzone lebenden

Weichtiere — die Hauptmasse bilden bei uns die Dreiecksmuscheln — werden nach dem Absterben der Tiere von der Strömung erfaßt und weitertransportiert. Das lebende Tier hält sich mit Hilfe des Fußes, der Byssusfäden oder sonstwie an der Unterlage fest; die leere Schale ist leicht und kann in der von Strömungen durchwühlten Uferzone nicht liegen bleiben. Die durch den Wind hervorgerufene Oberflächenströmung erzeugt ja am Ufer eine Staußtrömung, die nach unten und seeeinwärts gerichtet ist. Sie ist es, die den Transport der leeren Schalen vollführt. Erleichtert wird diese Abwärtsbewegung natürlich durch die Wirkung des Schwergewichtes. Ein Drittes kommt hinzu: im Winter wandern die lebenden Mollusken größtenteils aus dem Litoral in tiefere Zonen und sterben zum Teil dort ab. So sammeln sich also im Laufe der Zeit durch die Wirkung der vorstehend angeführten Faktoren große Mengen von Schalen in dieser unmittelbar unter der Pflanzenzone liegenden Region an. In allererster Linie — das sei nochmals betont — sind die Strömungen verantwortlich zu machen für das Zustandekommen der Schalenablagerung. Alle diese Umstände machen es verständlich, daß die Schalenzone sich längs des ganzen Seeufers nicht in genau gleicher Tiefe und Breite ausbildet. Modifizierend wirken der an den einzelnen Stellen verschieden steile Abfall und die Lage der Böschung zur vorherrschenden Windrichtung. Auch die Verbreitung der lebenden Mollusken ist natürlich von Einfluß. In größeren Seen (vor allem in Wannenseen), die besonders starke Strömungen aufweisen, liegt die Schalenzone am tiefsten. In kleineren und vor allem flacheren Seen ist sie weniger scharf ausgeprägt und liegt mehr uferwärts. Hier kann die Staußtrömung nicht in demselben Maße zur Auswirkung kommen wie in tieferen Seen, da sie auf flachem Strand gestört wird durch die Oberflächenströmung und gewissermaßen „im Sande verläuft". Dabei ist der Grad des Böschungswinkels sicher auch nicht bedeutungslos hinsichtlich der Wirkung der Schwerkraft; an einem steilen Hang wird eine in Bewegung gesetzte Muschelschale zweifellos tiefer absinken als auf einer ganz flachen Uferböschung. In einzelnen Fällen wird die Art der Ablagerung noch modifiziert durch die besonderen topographischen Verhältnisse des betreffenden Seebeckens; die verschiedene Lage der einzelnen Teilbecken und -buchten zur vorherrschenden Windrichtung, vorgelagerte Inseln, Halbinseln, das alles sind Dinge, die auf Richtung und Stärke der Strömung einwirken und so auch die Ablagerung der Schalen mit beeinflussen. Die Zusammensetzung der Schalenablagerung hängt natürlich von der Häufigkeit der einzelnen Molluskenarten ab. *Dreissensia* herrscht vor (vgl. Abb. 34 u. 87), aber auch *Bithynia* und *Valvata* sind häufig. Die Fluß- und Teichmuschelschalen sind weit seltener; sie bleiben meist im Litoral liegen, da sie durch ihre Schwere dem Transport zuviel Widerstand entgegensetzen. Es sei erwähnt, daß gewisse in der oberen flachen Uferzone lebende Formen nach ihrem Absterben außerhalb des Wassers auf dem Strand abgelagert werden. Wasmund (1926) nennt hier Limnaeen und *Sphaerium*. Von Bedeutung für das Aussehen der Schalenablagerung ist auch die verschiedene Widerstandsfähigkeit der einzelnen Schalen gegen die mechanische und chemische Zerstörung. Beim Transport werden die leeren Schalen zum großen Teil zerstört und zerrieben und verfallen im Laufe der Zeit der Auflösung durch CO_2. Die Dicke der *Dreissensia*-Schalen trägt auf diese Weise mit dazu bei, dieser Art zum Überwiegen in der Schalenablagerung zu verhelfen, da sie der Zerkleinerung und Auflösung am längsten widersteht. Es erhebt sich nun die Frage, weshalb nun werden die Schalenreste nur bis zu dieser ganz bestimmten Tiefe transportiert? Vergleichen wir die Temperaturzahlen mit den Tiefenangaben für die Schalenzone, so finden wir, daß die Temperatursprungschicht des Hochsommers mit der ersteren zusammenfällt. Die Schalenzone liegt etwa bei 7—12 m, die Temperatursprungschicht hatten wir etwa bei 10—15 m festgestellt. Es zeigt sich nämlich, daß die Staüströmungen — das sind die Strömungen, die wir in erster Linie für den Transport der Schalen verantwortlich machen müssen — im großen und ganzen an der Sprungschicht halt machen, d. h. an ihr gewissermaßen abprallen und sich oberhalb der relativ ruhig liegenden Wassermasse des Hypolimnions als eine der Oberflächenströmung entgegengesetzt verlaufende Strömung fortsetzen. Hieraus ist leicht ersichtlich, daß also auch etwa in der Tiefe, wo sich die Sprungschicht längere Zeit befindet, sich die Schalen in größerer Zahl ablagern müssen. Hierzu kommt noch der Umstand, daß bis hierher auch die Wanderung der lebenden Tiere hinunterreicht.

Fassen wir nun die Charakteristik der Eprofundalzone noch einmal zusammen: Pflanzen fehlen. Dagegen ist hier schon organische Ablagerung vorhanden, während das Litoral Pflanzenwuchs aufweist und kaum organische, hingegen aber fast ausschließlich mineralische Ablagerungen erkennen läßt. Das Wasser ist bei weitem nicht so bewegt wie das der Litoralregion, liegt andererseits aber auch nicht so ungestört wie das Tiefenwasser, da die Stauströmungen und die Teilzirkulation bis hierher hinuntergehen. Die Folge ist eine nicht sehr stark schwankende, aber auch nicht konstante Temperatur und günstigere Sauerstoffverhältnisse, als sie die Tiefe hat. Die Ablagerungen von organischem Schlamm sind in dieser Zone deutlich, und zwar mischen sich hier in stärkstem Maße mit dem planktogenen Detritus die Reste der abgestorbenen Uferpflanzen und Tiere, unter denen die Molluskenschalenreste die Hauptrolle spielen. Das Schlammsediment kann sich in den oberen Partien der Zone noch nicht definitiv ablagern, da hier die Strömungen noch zu stark wirken. Der Zersetzungsprozeß geht im Eprofundal auf Grund der dauernden Durchmischung jedenfalls viel schneller und intensiver vor sich als in der Tiefe. Alle diese Milieubedingungen erscheinen mitbestimmend für die Zusammensetzung und Stärke der tierischen Besiedlung dieser Region.

Sehen wir nun zu, wie sich die Biozönose der Eprofundalzone darstellt. Grundlegend bestimmt die Nahrungsfrage die Zusammensetzung einer Besiedlung. So finden wir hier also in erster Linie Schlammfresser, außerdem sind natürlich die hinsichtlich der Nahrung weniger eng begrenzten Raubtiere vorhanden. Fäulnis verursacht in dieser Zone einen gewissen, zuweilen sogar recht großen O_2-Schwund; dieser kann sich allerdings nicht katastrophal auswirken, da er immer wieder beseitigt wird durch die mittels der Konvektions- und Zirkulationsströmungen erfolgende Wiederanreicherung mit O_2 von der Wasseroberfläche aus. Hieraus folgt, daß zwar alle gegen O_2-Gehaltsschwankungen empfindlicheren Formen auf den Aufenthalt im Eprofundal verzichten müssen; andererseits aber bietet sich Lebensmöglichkeit für eine große Zahl von Arten, da ein großes Nahrungsangebot hier vorliegt. Die Zone stellt also auch hinsichtlich ihrer Besiedlung einen Übergang dar zwischen dem artenreichen Litoral und dem einförmig besiedelten Profundal. Die Hauptrolle spielen unter den Bewohnern dieser Zone die Chironomidenlarven. Vorherrschend sind bei weitem unter ihnen die Angehörigen der *Chironomus*-Gruppe im weiteren Sinne, d. h. die zu den *Chironomariae* gehörenden größeren, roten Larvenformen. Ihre rote Färbung geht zurück auf das Vorhandensein von Hämoglobin in ihrer Blutflüssigkeit. Der Blutfarbstoff steht auch bei diesen niederen Organismen — ebenso wie bei den höheren Tieren — im Dienste der Sauerstoffaufnahme. Es fällt auf, daß gerade die Schlammfresser, die Bewohner der Faulschlamm führenden Schichten, vorwiegend roten Blutfarbstoff enthalten. Diese Formen sind es, die vor allem an das Ertragen von zeitweiligem Sauerstoffmangel angepaßt sein müssen. Man hat daher das Hämoglobin der Blutflüssigkeit direkt als eine Speichervorrichtung für Sauerstoff angesprochen, die es dem Tier ermöglicht, zeitweilig ohne jegliche Sauerstoffaufnahme von außen auszukommen. Später hat ALSTERBERG (1922, S. 38) die Ansicht vertreten, daß die Blutflüssigkeit doch wohl nur als Sauerstofftransporteur fungiere und nicht als eigentliches Reservoir für Zeiten des Sauerstoffmangels. ALSTERBERG (S. 39) zitiert die Definition PFLÜGERS (1875, S. 275): „Das Hämoglobin ist nur ein bequemer Lastwagen von großer Kapazität.“ Wie dem auch sei, der Zusammenhang zwischen Rotfärbung der Organismen und Anpassung an Sauerstoffarmut ist nicht zu leugnen. PAUSE (1919) hat festgestellt, daß die jüngsten Larvenstadien der roten *Chironomus*-Larven, die noch kein Hämoglobin besitzen, weit weniger widerstandsfähig gegen O_2-Mangel sind als die erwachsenen Tiere. ALSTERBERG (1922, S. 32) hat gefunden, daß „die farblosen *Tanypus*-Larven im hohen Grade empfindlich“ sind gegen O_2-Mangel. Nach ALSTERBERG (1922, S. 33) sind noch widerstandsfähiger gegen O_2-Mangel die Tubificiden. Doch von ihnen soll weiter unten bei Behandlung des Profundals die Rede sein. Charakteristisch ist jedenfalls für die Chironomidenbesiedlung des Eprofundals die Tatsache, daß hier im Gegensatz zum Litoral, wo die grünlich-gelben bzw. farblosen Typen der Orthocladiinen vorherrschen, ein deutliches Überwiegen der roten Formen festzustellen ist (LENZ 1923, S. 150). Die einzige farblose Form, die auch im sehr sauerstoffarmen Wasser zu leben vermag, die *Tanypus*-Larve, bringt es hier zu erheblichen Individuenzahlen. Andererseits treffen wir unter den roten Formen diejenigen hier an, die einer allzu großen Sauerstoffarmut aus dem Wege gehen, die *Tanytarsus*-Formen, die Angehörigen der Sektion *Chironomus connectens* (*Microtendipes, Polypedilum* u.a.), die *Cryptochironomus*-Formen u.a.m. Kurz wir stellen fest, daß die Chironomiden der Eprofundalzone eine ziemlich typische Gemeinschaft darstellen. Das gilt aber nicht für alle Bewohner dieser Region.

So scharf sie sich botanisch vom Litoral scheidet, so wenig deutlich ausgeprägt sind die Verbreitungsgrenzen gewisser Tiere des Eprofundals. Eine Anzahl der Bewohner des Litorals geht dauernd oder zeitweise in das Eprofundal hinüber. Das trifft vor allem für die Mollusken zu, von denen an erster Stelle *Dreissensia*, die Dreiecksmuschel, neben einem starken Vorkommen im Litoral ein ebenso starkes im oberen Eprofundal zeigt. Die Schnecke *Valvata piscinalis* (Kammschnecke) dürfte sogar ihr Maximum nicht im Litoral, sondern im oberen Eprofundal haben. Auch *Pisidium*, die Erbsenmuschel, weist im Eprofundal die meisten Individuen auf; sie findet sich allerdings auch in der Uferzone und im Profundal. Ob die einzelnen Arten der Gattung bestimmte Zonen bevorzugen, scheint noch nicht genügend festgestellt. Die Verbreitung der Unioniden und der Schnecke *Bithynia* erstreckt sich ebenfalls bis ins Eprofundal hinein. Charakteristisch für das Eprofundal sind auch zwei Milben *Arrhenurus nobilis* und *Mideopsis orbicularis*. Eine Nematodengattung, *Monohystera*, bevorzugt in mehreren Arten die eprofundale Region. Von den Insektenlarven des Litorals gehen — wenn wir von den Chironomiden absehen — *Sialis* (die Larve der Uferflorfliege oder Schlammfliege) und die Larve der Eintagsfliege *Caenis* ins Eprofundal und erreichen dort die gleiche oder gar noch größere Häufigkeit als im Litoral. Auch eine Köcherfliegenlarve, die uns schon bekannte *Molanna*-Larve, tritt im Eprofundal auf, wo sie ihr Gehäuse aus Molluskenschalenstückchen zu bauen pflegt (Abb. 55). Alles in allem genommen erkennen wir den Übergangscharakter des Eprofundals deutlich darin, daß sich im oberen Teil des Eprofundals die Einflüsse der Uferzone bemerkbar machen, indem eine Anzahl von Uferformen in mehr oder weniger großer Häufigkeit und Regelmäßigkeit hier auftreten, daß andererseits die unteren Partien des Eprofundals in steigendem Maße den Charakter des Euprofundals annehmen, wenn auch nicht dargestellt durch Tiefenbewohner, so doch durch die ganze Art der Besiedlung. Die Bewohnerschaft dieser unteren Eprofundalbezirke ist schon relativ artenarm, ein Charakteristikum, das — wie wir sehen werden — in ausgeprägtem Maße das Profundal kennzeichnet.

b) Das Euprofundal.

Die Tiefenregion im engeren Sinne ist in physikalisch-chemischer Hinsicht sehr scharf und eindeutig charakterisiert. Wir haben schon betont, daß sie die pflanzenlose Zone der Schlammablagerungen unterhalb des Eprofundals darstellt. Diese Ablagerungen geben der ganzen Region einen fast vollkommen einheitlichen Charakter. Wenn wir absehen von gewissen Ungleichmäßigkeiten der Ablagerung selbst, so fehlen doch hier jene großen Verschiedenheiten, wie sie die einzelnen Wohnplätze des Litorals aufweisen. Die Ablagerungen stellen sich in einem größeren See, bei dem Einschwemmungen durch Zuflüsse, Abfallstoffe von außerhalb — von der Vegetation der Umgebung herrührend — ebenso wie auch die aus der Uferzone kommenden Ablagerungen eine geringe Rolle spielen, dar als ein feiner, zum großen Teil aus organischen Stoffen bestehender Faulschlamm. Es sind die Reste der abgestorbenen Planktonorganismen, die — wie ja im Abschnitt I (S. 11) schon ausgeführt — hier der Zersetzung anheimfallen. Es erscheint einleuchtend, daß die Faulschlammdecke der Tiefe in ihrer ganzen Ausdehnung nicht überall gleich ist. Die Form des Beckens und vor allem die Strömungen des Wassers bedingen einmal eine verschieden starke Anhäufung und zum anderen auch eine ungleich intensiv verlaufende Zersetzung. Im großen und ganzen nimmt die Sedimentmenge mit der Tiefe zu, denn im allgemeinen können wir wohl annehmen, daß die Wirkung der Wasserströmung nach unten immer geringer wird. Im einzelnen spielen noch andere Faktoren eine Rolle und verändern das Bild von Fall zu Fall. In einem großen offenen Becken ist die Verteilung des Sedimentes von der vorherrschenden Windrichtung zum Teil abhängig. Die durch den Windstau an der Luvseite des Beckens hervorgerufenen Strömungen verhindern eine starke Anhäufung von Schlamm an dem hier gelegenen Abhang, da sie ihn nach der Tiefe transportieren. Das ist vor allem dort der Fall, wo der Abhang steil ist, auf flachem Abfall kommen die Stauströmungen naturgemäß in nicht derselben Stärke zur Auswirkung, da sich auf breiter Uferbank die Strömung gewissermaßen zerreibt. Diese die ruhige Ablagerung an den Hängen störende Wirkung der Strömungen findet während der Stagnation einen gewissen Widerstand an der thermischen Sprungschicht; sie kommt aber voll zur Geltung während der Herbst- und Frühjahrsvollzirkulation, so daß demzufolge die Abhänge eines großen offenen Beckens, die der Windrichtung ausgesetzt sind, bis in große Tiefen nur wenig Schlamm aufweisen. Demgegenüber zeigen geschützt liegende Buchten meist schon in geringen Tiefen eine ganz erhebliche Ablagerung, vor allem, wenn ihre Lage ihnen vielleicht auch noch Zustrom von Sediment aus größeren Becken vermittels lokal bedingter Strömungen verschafft und außerdem etwa noch eine stark bewachsene Uferzone reichlich organische Stoffe liefert. In einem kleinen See können diese aus der Uferzone stammenden Sedimente, eventuell auch noch vermehrt durch von außen stammende Pflanzenreste (Laub usw.), vorherrschende Bedeutung gewinnen. Sie geben dem Schlamm dann einen besonderen Charakter, indem sie ihn dem Torfschlamm (Dy) annähern. Ausgesprochener Torfschlamm bildet sich indes nur in den nährstoff- und planktonarmen Gewässern, deren Sediment größtenteils durch ausgeflockte Humusstoffe seinen Charakter erhält, die dem See von außerhalb — aus Mooren usw. — zufließen, mit dem sich dann die schon genannten gröberen Pflanzenfragmente mischen. Oft finden sich hier Beimischungen von Eisen. Während der Faulschlamm zahlreichen Bodentieren als Nahrung dient und im übrigen durch Bakterien abgebaut und größtenteils allmählich in lösliche Nährstoffe umgewandelt wird, ist der Torfschlamm zum weitaus größten Teil für den Stoffumsatz verloren; als Nahrung scheint er ziemlich wertlos, und seine stoffliche Substanz bleibt eben in humifizierter Form fast restlos Sediment. Regelrechter Faulschlamm bildet sich — dem oben Gesagten zufolge — nur da, wo viel Plankton produziert wird. Die genannten Humusgewässer sind planktonarm. Es gibt aber auch humusfreie Seen mit geringer Planktonproduktion; hier finden wir nur eine sehr geringe oder gar keine

Faulschlammablagerung. Von der Art der Ablagerung sind die übrigen Verhältnisse der Tiefenregion eines Sees im höchsten Maße abhängig. Wir haben im Abschnitt I schon hingewiesen auf die Beziehung zwischen Ablagerung und Sauerstoffschwund in der Tiefe. Diese zeitweilige Sauerstoffarmut im Profundal der meisten unserer baltischen Seen ist eines ihrer prägnantesten Kennzeichen. Die Tiefenregion dieser Seen wird durch diesen Umstand zu einem Lebensbezirk, dessen zeitweilig so ungünstigen Sauerstoffverhältnissen sich nur wenige Tierarten angepaßt haben. Ausgesprochene Artenarmut ist also bezeichnend für die Tiefe dieser Seen. Die wenigen Arten, die hier leben, können sich in sehr großen Mengen entwickeln, da Nahrung im Überfluß vorhanden ist. Die oben schon genannten nährstoffarmen Seen mit nur geringer Faulschlammablagerung und reichlichem Sauerstoffgehalt weisen weniger große Individuenzahlen auf, enthalten aber erheblich mehr Arten in der Tiefenbesiedlung. 100 oder gar 200 Arten — ohne die Protozoen und die Dipteren (Zweiflügler) — sind in den verschiedenen Seen dieser Art festgestellt, während Wesenberg-Lund (1917, S. 163) für den nährstoffreichen Furesee nur 23 Arten angibt. Nicht nur rein quantitativ hinsichtlich der Zahl der Arten wirkt sich die Ausbildung der Sauerstoffverhältnisse in der Tiefe der Seen aus, sondern auch qualitativ hinsichtlich der Auswahl der Arten. Thienemann hat schon vor Jahren in seinen Untersuchungen der Eifelmaare nachgewiesen, daß die häufigste und charakteristischste Tiergruppe der Seetiefe in zwei verschiedenen Typen vorkommt, je nachdem ob Sauerstoffarmut oder -reichtum in der Tiefe den betreffenden See kennzeichnet. Es sind die Angehörigen der Gattung *Chironomus* (Abb. 88), deren Larven viel Faulschlamm zum Leben, d. h. als Nahrung, brauchen und mit wenig Sauerstoff auskommen. Dahingegen sind die Larven der *Tanytarsus*-Gruppe mit weniger gehaltvoller Nahrung zufrieden, stellen aber größere Ansprüche an den Sauerstoffgehalt des Milieus. So hat denn Thienemann (1918a, 1920a) die *Chironomus*-Larven der *Bathophilus*- und der *Plumosus*-Gruppe geradezu als Charakterformen dieses nährstoffreichen Sees — er nannte ihn, da er in der norddeutschen Tiefebene vorherrscht, den baltischen Seetypus — bezeichnet, während die Larve von *Lauterbornia coracina*, eine *Tanytarsus*-Form, den nährstoffarmen See, der sich vorwiegend im Alpengebiet findet, kennzeichnet. Man hat daher auch von *Chironomus*-Seen und *Tanytarsus*-Seen gesprochen. Über diese

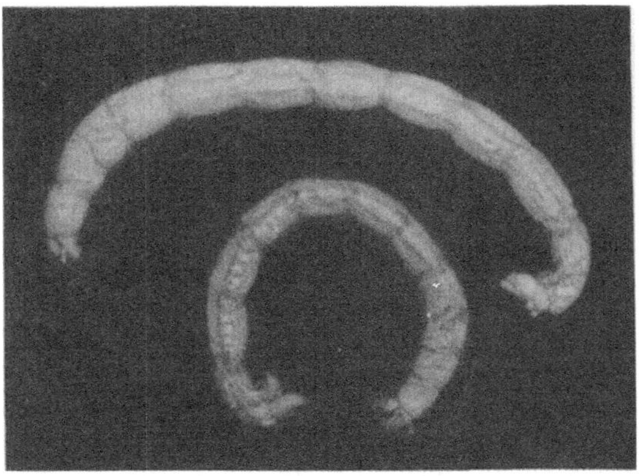

Abb. 88. Larven der Zuckmücke *Chironomus bathophilus*. Phot. Dr. W. Effenberger.

Frage der Einteilung der Seen in verschiedene Typen werden wir in einem besonderen Abschnitt sprechen. Hier in diesem Zusammenhang interessieren uns zunächst die Charaktertiere des Milieus selbst, insonderheit also die Tiefenbewohner unserer norddeutschen Seen und von diesen in erster Linie die *Chironomus*-Larven. Den Formenkreis, zu dem sie gehören, und eines seiner wesentlichen Charakteristika, das Vorhandensein von roter Blutflüssigkeit, haben wir oben schon besprochen. Wenn schon die meisten Angehörigen der *Chironomariae*, vor allem die Formen der *Chironomus*-Gruppe, eine weitgehende Anpassung an Schwankungen des Sauerstoffgehaltes zeigen, so steht doch in dieser Hinsicht an der Spitze die Larve der Gattung *Chironomus* selbst. Wir kennen diese roten Bewohner stark verschmutzter und durch faulende organische Abwässer verseuchter Gräben, Bäche und Tümpel. Zu Tausenden bevölkern und beleben sie im Verein mit den *Tubifex*-Würmern den nach Schwefelwasserstoff riechenden Faulschlamm. In senkrecht über die Schlammoberfläche hinausragenden Röhren stecken sie mit dem größeren Teil ihres Körpers, mit dem Körperende bzw. Vorderteil dauernd in schwingender Bewegung neues Atemwasser herbeistrudelnd. Es ist typisch, daß gerade diese Form unter den zahlreichen Chironomiden die einzige ist, die sich den besonderen Verhältnissen der Seetiefe — wenigstens in den meisten Flachlandseen — angepaßt hat. Die Larven dieser Gattung können eben ein recht erhebliches Minimum von Sauerstoff ertragen, ja man hat Anzeichen dafür gefunden, daß sie zeitweilig überhaupt ohne Sauerstoffaufnahme von außen zu leben vermögen. Das Vorhandensein des oben schon erwähnten Blutfarbstoffes ist zweifellos eine der Vorbedingungen für diese Anpassung, aber darüber hinaus liegt hier ja doch eine ganz spezifische physiologische Einstellung vor, deren Klärung vorläufig noch im Dunkeln liegt. Gewiß kennen wir Eigentümlichkeiten im Bau dieser Tiere, die sehr wahrscheinlich im Zusammenhang stehen mit ihrer ökologischen Sonderart, aber diese Einzelheiten erklären uns nicht die ganze ökologische Einstellung. Die *Chironomus*-Larven z.B. besitzen im Gegensatz zu allen übrigen — mit verschwindenden Ausnahmen — Chironomidenlarven ein Organ, das allgemein als im Dienst der Atmung stehend angesehen wird. Im allgemeinen sind die Chironomidenlarven Hautatmer, d. h. der im umgebenden Wasser gelöste Sauerstoff diffundiert an allen Stellen des Körpers — mit Ausnahme des chitinigen Kopfes — durch die Körperhaut hindurch, um im Innern von der die Leibeshöhle füllende Blutflüssigkeit aufgenommen und weiter transportiert zu werden. Eine andere Auffassung lokalisiert den Atemprozeß auf die sogenannten Analschläuche (Abb. 89), das sind kleine Schläuche, die meist vier an der Zahl am Hinterende der Larven aller Chironomiden sich befinden. Trifft diese Auffassung zu, dann hätten wir also bei den Chironomidenlarven bereits eine höhere Stufe der Atmung, nämlich die Vermittlung eines besonderen zu diesem Zweck vorhandenen Organes, und zwar einer Art von Blutkiemen. Pause (1918, S.80), der in seinen Untersuchungen diese Auffassung recht überzeugend vertritt, spricht sich übrigens dahin aus, daß sich der Gasaustausch in den Atemanhängen nicht als reiner Diffusionsvorgang abspiele, sondern daß wohl eine Mitwirkung des Protoplasmas anzunehmen sei. Das ganze Problem der Atemanhänge hat für die *Chironomus*-Larven eine besondere Bedeutung: sie besitzen außer den Analschläuchen noch meist zwei Paar von längeren schlanken Schläuchen am vorletzten Körperabschnitt (Abb. 89). Auch sie stehen — und zwar in erster Linie — im Dienst des Gasaustausches, wie PAUSE (1918, S. 33) nachwies. Es ist also von Interesse festzustellen, daß gerade die meist im sauerstoffarmen Milieu lebenden Larven der Gattung *Chironomus* ein „weiteres Atemorgan" besitzen, das sie befähigt, den Sauerstoffgehalt des Milieus in höherem Maße auszunutzen als die übrigen, nur mit Analschläuchen versehenen Tiere. Diese Anpassung — wenn wir sie so nennen wollen — geht noch weiter. Die *Chironomus*-Larven der Seetiefe kommen in zwei Haupttypen vor, die Larven der *Bathophilus*- und die der *Plumosus*-Gruppe (Abb. 89). Die ersteren — etwa 15—18 mm lang — haben relativ kurze Tubuli (so nennt man die Blutkiemenschläuche am vorletzten Segment), während die Larven vom *Plumosus*-Typus — bis 25 mm lang — fast immer viel längere Schläuche und zudem ein weiteres kurzes Paar am vorhergehenden Körperabschnitt besitzen. Auf der Grundlage unserer obigen Voraussetzung heißt das also, daß die *Plumosus*-Larven noch größere Sauerstoffarmut aushalten können als die *Bathophilus*-Larven (LENZ 1923). Und in der Tat teilt THIENEMANN (1922, S. 643) die *Chironomus*-Seen ein in *Plumosus*-Seen und *Bathophilus*-Seen; die ersteren kennzeichnen sich dadurch, daß sie außer der sommerlichen noch eine winterliche Stagnationsperiode mit starkem Sauerstoffschwund unter Eis aufweisen, mit anderen Worten ihrer Tiefenbewohnerschaft also noch ungünstigere Sauerstoffverhältnisse bieten als die großen, offenen *Bathophilus*-Seen. Als weiteres Argument im Rahmen dieses Gedankenkreises sei noch angeführt, daß wir *Chironomus*-Larven ohne oder mit verkürzten Tubuli feststellen in Gewässern, die als sauerstoffreich zu bezeichnen sind (LENZ 1926b). Gerade die erwähnten vergleichenden Beobachtungen sprechen für die Deutung der Tubuli und Analschläuche als Atemorgane. Es bleibe aber nicht unerwähnt, daß gerade experimentelle Untersuchungen (FOX 1921) in neuerer Zeit diese Deutung in Zweifel ziehen. Wir müssen daher die bisherige Lösung dieses Problems mit einem Fragezeichen versehen, zumal vermutlich — wie wir in einer Abhandlung betonten (LENZ 1926a) — die weiteren Untersuchungen sich auch noch mit anderen Komplikationen der Frage zu beschäftigen haben werden: es ist nicht ausgeschlossen, daß das zur Zeit von verschiedenen Forschern untersuchte Problem der Ernährung der Wassertiere mit Hilfe gelöster Stoffe auch bei den Chironomiden eine Rolle spielt. Hierdurch würde unsere Fragestellung auf eine ganz neue Basis gestellt. Mehr läßt sich zur Zeit jedoch hierüber nicht sagen.

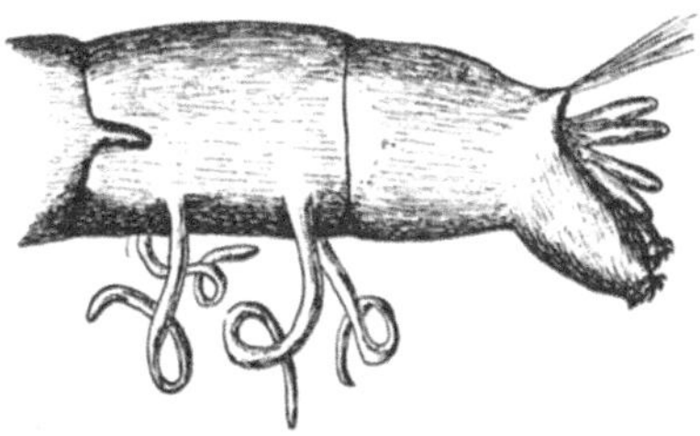

Abb. 89. Hinterende der Larve der Zuckmücke *Chironomus plumosus* mit Analkiemen und Blutkiemen.

Jedenfalls aber ist die Kenntnis der Ökologie gerade der Chironomidenlarven in der besprochenen Hinsicht von so großer Wichtigkeit für das Verständnis der Lebensprozesse eines Sees, daß wir das behandelte Problem der Atmung der *Chironomus*-Larven keinesfalls hier übergehen durften, da ja gerade die Sauerstoffverhältnisse bestimmend sind für die Auswahl der Besiedlung der Seetiefe.

Welche Faktoren kommen außerdem noch in Frage als auswählend für die Zusammensetzung dieser Biozönose? Wie müssen wir uns überhaupt die Lebensgemeinschaft der Tiefe entstanden denken? Die Antwort auf die letzte Frage lautet: hauptsächlich durch Einwanderung von Litoraltieren in die Tiefenregion. Die Mehrzahl der Tiefentiere kann auch in der Uferzone leben bzw. stammt aus ihr. Ihre Einwanderung ist eine zufällige oder eine endgültige; das heißt: es gibt Tiere, die nur zufällig meist vereinzelt sich in der Tiefe finden und sich nicht dort fortpflanzen. Sie beschäftigen uns hier nicht, da sie nicht als eigentliche Tiefentiere zu bezeichnen sind. Die regelmäßigen Bewohner der Tiefe dagegen haben hier ihr einziges oder wenigstens ihr Hauptlebensgebiet. Untersuchen wir die Faktoren, die als die Ursachen für die Besiedlung der Tiefenregion zu gelten haben. Zunächst einmal sei hervorgehoben, daß im Binnensee die Tiefe als solche nicht bestimmend ist als Besiedlungsfaktor.

Die Tiefenregion stellt von vornherein für Bodenorganismen eben einen Lebensraum dar, der von dem so artenreich bevölkerten benachbarten Litoral aus soweit besiedelt wird als gewisse Schranken es zulassen. Es kommen also zunächst nur Tiere in Frage, die nicht an grüne Pflanzen gebunden sind und sich von Schlamm bzw. als Räuber oder Parasiten von anderen Tieren nähren. Die letzteren, in ihrer Verbreitung biozönotisch bedingten Tiere spielen nur teilweise eine nennenswerte Rolle als Tiefenbewohner. Die in Chironomidenlarven schmarotzenden *Paramermis*-Würmer können wir wohl kaum als eigentliche Tiefenbewohner bezeichnen. Die räuberischen *Tanypus*-Larven, die von kleineren Chironomidenlarven und Würmern leben, haben im übrigen eine so große Anpassungsbreite, daß sie in den verschiedensten Zonen und Seetypen zu leben vermögen. Allerdings finden sie sich doch wohl regelmäßig in der Seetiefe der meisten Seen. Die *Corethra*-Larve (Büschelmücke, Abb. 90) ernährt sich hauptsächlich von Copepoden und hält sich in den baltischen Seen unmittelbar über dem Schlamm der Tiefe auf. Sie kann eine erhebliche O_2-Armut vertragen. Damit ist schon eine engere Auswahl getroffen für die Zuwanderung vom Litoral ins Profundal, deren Zeitpunkt in den meisten Seen natürlich schon weit zurück liegt, und die in Abhängigkeit von der Stabilisierung, wenn wir überhaupt von einer solchen sprechen wollen, der Lebensverhältnisse erfolgte.

Was unterscheidet weiter die Tiefenzone vom Litoral? Das sind vor allem auch die Temperaturverhältnisse. Die Tiefe eines größeren Sees, der nicht gerade flach ist, hat während des ganzen Jahres eine nahezu gleichmäßige niedrige Temperatur. Tiere, die auf derartige Temperaturverhältnisse eingestellt sind, d. h. sogenannte kaltstenotherme Tiere, treffen also im Profundal das ihnen zusagende Milieu. Eine ganze Anzahl der Tiefenbewohner sind solche stenothermen Kaltwassertiere. Für die

Alpenseen gibt Zschokke (1911, S. 167) eine Reihe von Formen an, die an niedere Temperaturen gebunden sind und demgemäß meist in der Tiefe der Seen leben; in den Hochgebirgsseen, die ja andere Temperaturverhältnisse haben, leben diese Formen auch in der Uferzone. Der genannte Forscher nennt als solche stenotherme Kaltwasserbewohner verschiedene Wurzelfüßler, Strudelwürmer, Wasserflöhe, Milben u. a. Die Kaltstenothermie, d. h. die Vorliebe für gleichmäßig niedere Temperaturen, stammt bei diesen Tieren aus ihrer Vorgeschichte. Sie sind wohl die Reste der Fauna der eiszeitlichen bzw. nacheiszeitlichen Schmelzwässer, die bis zur Jetztzeit in der Tiefe der Seen das Milieu gefunden haben, das ihrer ererbten ökologischen Einstellung entspricht. Im Zusammenhang mit der Eiszeit steht auch das Vorkommen der sogenannten glazial-marinen Reliktenkrebse (*Mysis relicta*, *Pallasea quadrispinosa* und *Pontoporeia affinis*), die sich in der Tiefe von skandinavischen und einigen norddeutschen Seen finden. Auch diese Tiere sind stenotherme Kalt-

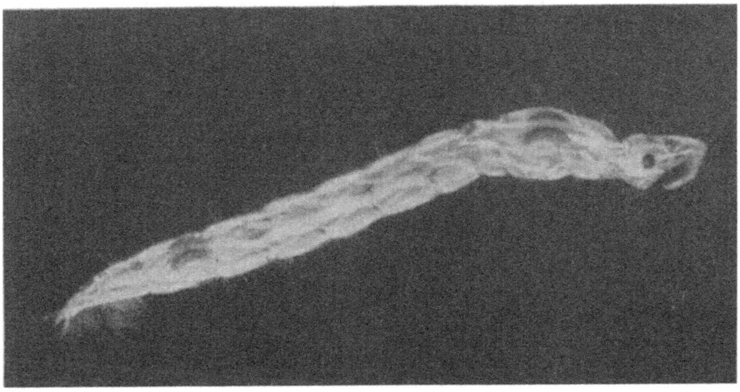

Abb. 90. Larve der Büschelmücke, *Corethra plumicornis*. Phot. Dr. W. Effenberger.

wassertiere. In den meisten Seen der norddeutschen Tiefebene ist ihnen allerdings eine Verbreitungsschranke gesetzt, die wir oben schon kennen lernten: das ist der Sauerstoffschwund der Tiefe zur Zeit der Sommerstagnation. Der O_2-Gehalt darf — wie Thienemann (1925b) nachwies — nicht unter 50—60 vH der Sättigung heruntergehen, wenn die genannten Krebse, die ja ihrer Kaltstenothermie wegen an die Tiefe gebunden sind, hier leben sollen. Der Erfolg ist, daß sich eben diese Reliktenkrebse nur in wenigen Seen finden. Ganz ähnliche Feststellungen machte Thienemann (1918, S. 59) für gewisse Coregonen (die große Maräne, *Coregonus lavaretus*), die demgemäß ebenfalls als Glazialrelikte anzusprechen sind, deren Beschränkung auf gewisse Seen ökologisch, d. h. durch die O_2-Verhältnisse des Tiefenwassers, bedingt ist.

Für die norddeutschen Seen werden neuerdings noch einige weitere stenotherme Kaltwassertiere als Bewohner der Seetiefe genannt, es sind zwei Milbenarten (*Huitfeldtia rectipes* und *Piona paucipora*) und ein Strudelwurm (*Otomesostoma auditivum*).

Die Mehrzahl dieser bathyphilen Tiere kommt — wie schon erwähnt — jetzt noch im Litoral vor oder lebte früher dort; sie sind von Ekman als eurybathe Formen bezeichnet worden. Die Formen, die in der Tiefe selbst entstanden sind, scheinen sehr selten zu sein; EKMAN behauptet sogar (1917, S. 118), bis jetzt sei diese euprofunde Natur noch für keine einzige Form unzweideutig bewiesen. Demgegenüber hält THIENEMANN (1925a, S. 149) zum mindesten den Tiefseesaibling (*Salmo salvelinus* var. *profundus* SCHILL.), der in der Tiefe einiger tiefer Voralpenseen — u. a. im Bodensee — lebt, für eine solche Form und glaubt überdies, daß sich auch unter den niederen Tieren wohl noch euprofunde Arten oder Varietäten feststellen lassen werden. Nicht hierher gehören gewisse *Limnaea*-Arten, die sich in der Seetiefe zwar morphologisch verändern, diese Abänderung aber nicht beibehalten, sobald sie ins ursprüngliche Litoralmilieu zurückgebracht werden.

Es ist der kleinere Teil der Tiefentiere der Seen, deren Aufenthalt in dieser Region durch kaltstenotherme Einstellung bedingt ist. Die meisten sind eurytherm, d. h. sind hinsichtlich der Temperatur sehr anpassungsfähig, haben — wie man sich exakt ausdrückt — eine große Anpassungsbreite. Der Nahrungsüberfluß der Tiefe hat sie gewissermaßen aus dem Litoral in das Profundal gelockt. Im nährstoffreichen baltischen See hat die Schranke des sommerlichen Sauerstoffminimums nur wenige Formen zugelassen, die sich aber bei dem vorhandenen Nahrungsüberfluß in sehr großen Mengen entwickeln können. Es kommen hier außer den beiden schon genannten *Chironomus*-Typen vor allem noch zwei Wurmarten in Frage, *Tubifex tubifex* und *T. hammoniensis*, die ganz ähnlich leben wie die *Chironomus*-Larven und überhaupt bei ganz gleicher ökologischer Einstellung — sie vertragen vielleicht noch größeren Sauerstoffmangel als die *Chironomus*-Larven — auch sonst meist mit diesen vergesellschaftet sind. Die Fadenwürmer sind ebenfalls durch fast stets die gleiche Art, *Trilobus gracilis*, vertreten, zu der sich im oberen Profundal und Eprofundal oft noch *Chromadora leuckarti* gesellt. Von den Mollusken vermögen nur *Pisidium*-Arten (Erbsmuscheln) hier zu leben. Nicht im Schlamm, aber unmittelbar darüber lebt die ebenfalls für diese Seen charakteristische Larve der Büschelmücke *Corethra plumicornis*.

In nährstoffarmen Seen des subalpinen Typus herrscht zwar nicht solch großer Nahrungsüberfluß, dafür fehlt aber auch die Sauerstoffarmut. Die Zahl der einwandernden — oder besser eingewanderten, da dieser Prozeß ja der Vergangenheit, der Geschichte des Sees angehört — Arten ist größer. Statt der hinsichtlich Nahrungsversorgung anspruchsvolleren *Chironomus*-Larven finden wir hier die schon genannten *Tanytarsus*-Formen, vor allem *Lauterbornia coracina*. Neuerdings haben wir für die Tiefe dieser Seen noch eine Anzahl weiterer Charakterformen unter den Chironomiden festgestellt: *Sergentia profundorum*, *Stictochironomus histrio*, *Monodiamesa bathyphila*, *Didiamesa miriforceps* (LENZ 1925a u. b, 1927a). Auch die Würmer, Oligochäten und Nematoden sind durch andere Arten vertreten als in den erstgenannten Seen, die Borstenwürmer durch *Tubifex velutinus* und *T. barbatus*, die Fadenwürmer durch *Ironus ignavus*. Dazu kommen in manchen Seen noch die schon genannten Reliktenkrebse, deren Verbreitung ja — wie wir sahen — auch von geographischen Faktoren abhängt. Geographisch bedingt ist teilweise auch das Vorkommen der sogenannten Stygobionten, d. h. derjenigen Tiere, die aus dem Grundwasser stammen und aus diesem in die Seetiefe verschleppt worden sind. Es sind die beiden blinden Krebsarten *Niphargus puteanus* (der blinde Höhlenkrebs) und *Asellus cavaticus* (die Höhlenassel). Sie finden sich nur in subalpinen Seen, und zwar nur dann, wenn diese in der Tiefe sauerstoffreich sind. Die Sauerstoffarmut hält sie wohl den norddeutschen Seen fern. Ihr Fehlen in den sauerstoffreichen skandinavischen Seen hält THIENEMANN für geographisch bedingt; sie fehlen ja auch im Grundwasser der nordischen Gebiete.

Überblicken wir das Gesagte, so stellt sich heraus, daß zwei Faktoren in erster Linie das Vorkommen der Tiefentiere in dieser Zone bedingen: die Temperatur- und die Nahrungsverhältnisse. Für eine Anzahl von Tieren, die kaltstenothermen, ist ausschlaggebend die konstant niedere Temperatur des Profundals. Eine besondere Stellung in dieser Gruppe nehmen auf Grund ihrer Herkunft die Glazialrelikte ein und unter diesen wiederum die glazial-marinen Reliktenkrebse nordischer und norddeutscher Seen, außerdem noch die kleine Gruppe der stygobionten Grundwassertiere. Die weitaus größere Zahl der Tiefentiere dürfte eurytherm sein. Ihre Anwesenheit in der Tiefe ist bedingt durch das Vorhandensein von Schlamm als Nahrungsstoff bzw. für die Räuber und Parasiten das Vorkommen der Nahrungstiere und Wirtstiere. Eine Auslese in negativem Sinne übt in den baltischen Seen der niedrige Sauerstoffgehalt des sommerlichen Tiefenwassers aus. Das sind kurz die Faktoren, die bedingend sind für die Zusammensetzung der Tiefenfauna. Die Komponenten der letzteren stammen aus dem Litoral, wo sie jetzt noch oder früher lebten; sie sind eurybath, d. h. vermögen in den verschiedensten Tiefen zu leben, sofern die sonstigen Bedingungen ihnen zusagen. Mit verschwindenden Ausnahmen haben wir also in unseren europäischen Seen keine eigentliche — euprofunde — Tiefenfauna, in dem Sinne etwa, wie wir sie aus dem Meere kennen. THIENEMANN (1925a, S. 152) spricht die Vermutung aus, daß noch größere Tiefen erforderlich sind, um eine euprofunde Fauna hervorzubringen. Baikalsee (1523 m tief) und Tanganjikasee (1435 m tief) besitzen eine solche spezifische Tiefenfauna, eine eigentliche abyssale Fauna im Sinne EKMANS (1917, S. 122). Es kommt allerdings für unsere europäischen Seen noch ein anderer Umstand hinzu, das ist die relativ kurze Zeitdauer des Bestehens dieser Seen. Seit dem Abschmelzen der letzten Eiszeitgletscher sollen nach neuesten Berechnungen etwa rund 10—20000 Jahre vergangen sein, also eine recht kurze Zeit im erdgeschichtlichen Sinne. Diese Zeitdauer dürfte für die meisten der damals oder später ins Profundal eingewanderten Tiere nicht genügend gewesen sein, um sie zu besonderen Tiefentieren umzubilden bzw. ihnen einen eigenen Charakter zu verleihen.

Die am regelmäßigsten und typisch auftretende Profundalfauna — vor allem unserer norddeutschen Seen — zeigt nach ihrer Zusammensetzung eine ganz hervorstechende Annäherung an die Besiedlung von organisch verschmutzten Gewässern. Die sie bildenden Organismen sind Saprobien, die also einen nährstoffreichen Schlamm als Milieu und als

Nahrung bevorzugen und dabei erheblichen Sauerstoffschwund vertragen können. KOLKWITZ und MARSSON (1909) haben diese Organismen bekanntlich eingeteilt nach dem Grade der Verschmutzung, der für sie das Lebensoptimum darstellt. Unsere Tiefenorganismen sind unter die α- und β-Mesosaprobien einzuordnen. Dabei ergeben sich gewisse Abstufungen, insofern als die einzelnen Vertreter der Profundalfauna verschieden eingestellt sind gegenüber dem Nahrungsgehalt des Schlammes und den Sauerstoffverhältnissen, die ja — wie wir schon sahen — mit diesem korrespondieren. Wir haben weiter oben schon davon gesprochen, daß sich diese verschiedene ökologische Einstellung der Tiefentiere ausspricht in der den Zustand des Sees charakterisierenden Zusammensetzung der Tiefenfauna. Man kann im weiteren Rahmen eine Einteilung nach KOLKWITZ und MARSSON vornehmen in α-Mesosaprobien und β-Mesosaprobien, deren charakteristischste Vertreter einerseits die *Chironomus*-Larven und auf der anderen Seite die *Lauterbornia*-Larven sind. Wir haben auch gesehen, daß die *Chironomus*-Larven selbst noch verschieden sind in ihren einzelnen Typen. Noch stärker scheint sich die Nuancierung der ökologischen Einstellung auszuprägen bei den Formen der α-mesosaproben Gruppe. Hier kennen wir eine Reihe von Formen, die eine Mittelstellung einnehmen und zwar in verschiedenem Grade in ihren Ansprüchen sich annähern den extremen β-Mesosaprobien — also etwa den *Chironomus*-Larven — oder den extremen α-Mesosaprobien — also etwa den *Lauterbornia*-Larven. Es sind unter anderen einige Chironomiden (*Monodiamesa bathyphila, Didiamesa miriforceps, Sergentia profundorum, Stictochironomus histrio*, verschiedene *Tanytarsus*-Formen u. a.), *Tubifex barbatus, Pisidium subtruncatum* u. a. Sie können in verschiedener Zusammensetzung die charakteristische Tiefenfauna von Seen bilden, die eben einen Übergangstypus darstellen; sie können zum Teil auch im oberen Profundal oder Eprofundal von Seen leben, die in der Tiefe die β-Mesosaprobien beherbergen. Immer aber sind in der Tiefe wenige Typen vorherrschend und charakterisieren so den See. Diese Charakterisierung beschränkt sich natürlich nicht auf die beiden Faktoren, die das Saprobiensystem zur Grundlage nimmt, den Gehalt an organischen Stoffen und die Sauerstoffverhältnisse; diese Faktoren sind zwar die wichtigsten, indem sie für die meisten Organismen hinsichtlich ihres Vorkommens bestimmend sind, aber es gibt schließlich noch andere Einflüsse. Wir haben ja schon erfahren, daß für manche Tiere die Temperaturverhältnisse bedingend sind. Für andere ist es zweifellos der Gehalt des Wassers — oder auch des Schlammes — an Humusstoffen, der sie unter Umständen zwingt, einen See zu meiden. Welche Rolle für die Bodenorganismen die Wasserstoffionenkonzentration spielt, wissen wir noch gar nicht. Der Kalkgehalt ist zweifellos für manche Organismen unbedingt notwendig; die kalkarmen Humusgewässer weisen nahezu gar keine Mollusken auf, die ja vor allem auf einen gewissen Kalkgehalt angewiesen sind. Welche Rolle für andere Boden- bzw. Tiefentiere der Kalk spielt, ist noch unbekannt. Weiter sind wir noch vollkommen im Dunkeln über die Rolle der Stoffe, die im einzelnen im Nahrungsschlamm enthalten sind. Wir wissen nicht, inwieweit vielleicht die Bewohner der

Tiefe verschieden eingestellt sind auf die qualitative Zusammensetzung ihres Nahrungsstoffes. Es zeigt sich z. B., daß Strandseen mit einem gewissen Gehalt an *NaCl* (Kochsalz) zwar besiedelt sind von Formen, die wir auch in der Tiefe anderer Seen finden, daß sie aber außerdem bestimmte ganz typische Formen aufweisen, die den übrigen Seen meist ganz fehlen.

c) Die örtliche Verteilung der Tiefenorganismen.

Es dürfte einleuchten wenn wir betonen, daß der besondere Charakter des Sees nicht nur die qualitative Zusammensetzung seiner Tiefenfauna bestimmt, sondern auch quantitativ die Beteiligung der einzelnen Formen an der Besiedlung und die Mengenentwicklung überhaupt entscheidend beeinflußt. In den stark nährstoffreichen Seen Norddeutschlands tritt das Überwiegen der „Leitformen" viel schärfer in die Erscheinung als bei den nährstoffärmeren Seen. Im ersteren Falle ist die Artenzahl ja eine sehr geringe, und die wenigen Arten kommen mit großer Regelmäßigkeit und in oft enormen Mengen vor. Die *Chironomus*-Larven — *Bathophilus*-Typus oder *Plumosus*-Typus bzw. beide zusammen — in Gemeinschaft mit den *Tubifex*-Würmern liefern in diesen Seen den weitaus größten Teil der ganzen Tiefenproduktion. Dazu kommen in Seen von noch stärkerem Sauerstoffschwund noch *Corethra*-Larven. In den kleineren Seen, die Humusschlamm enthalten, scheinen die Nahrungsverhältnisse für die *Chironomus*-Larven ungünstiger zu sein. Sie treten stark zurück und verschwinden gar, während *Corethra*, die als Räuber hauptsächlich von kleinen Planktonkrebsen (Copepoden) lebt, Maximalentwicklung zu zeigen pflegt. Die *Tanypus*-Larven sind ja ebenfalls Räuber und treten in den Seen mit normaler *Chironomus*-Besiedlung regelmäßig, aber meist in geringeren Individuenzahlen auf. Die Mollusken sind — wie schon erwähnt — fast ausschließlich durch Pisidien vertreten, die ziemlich regelmäßig aber auch nur in geringen Individuenzahlen vorkommen. In Seen, die noch — den Sinn des hier gebrauchten Wortes „noch" können wir an dieser Stelle nicht erklären, wir kommen später darauf zu sprechen — nicht allzu nährstoffreich sind, tritt von Mollusken noch *Valvata* ziemlich regelmäßig auf. Diese Form findet sich — ebenso wie verschiedene Eprofundalformen von den Chironomiden (*Polypedilum*, *Microtendipes*, *Monodidiamesa* u. a.) — allerdings nur im oberen Profundal, mit anderen Worten an solchen Stellen, die keine übermäßig starke Anhäufung von Schlamm bzw. von damit Hand in Hand gehendem starkem Sauerstoffschwund aufweisen. Das Vorhandensein solcher Formen wie der genannten, die also schon gewisse Ansprüche an den Nahrungsschlamm stellen, die aber gegen O_2-Schwund nicht ganz so unempfindlich sind wie die *Chironomus*-Formen, läßt einleuchtend erscheinen, daß sich Übergänge finden lassen vom eigentlichen Profundal zum Eprofundal. Andererseits gibt es in diesen Seen mit starker Faulschlammablagerung auch Stellen, die sogar das Vorkommen der *Chironomus*-Larven unterbinden infolge allzu starkem und lange anhaltendem O_2-Schwund. Das sind vor allem in den normalen größeren norddeutschen Seen die tiefsten Löcher der Becken. Im allgemeinen ist überhaupt in diesen Seen eine Abnahme der Individuenzahl festzustellen vom Maximum nach der Tiefe zu, eine Abnahme, die je nach den lokalen Verhältnissen mehr oder weniger schnell erfolgt; meist allerdings sinken die Individuenzahlen in dem betreffenden Bereich sehr schnell. Auf S. 235 gibt LUNDBECK (1926) (vgl. auch THIENEMANN 1925a, S. 156) eine graphische Darstellung der Vertikalverteilung der *Chironomus*-Larven im Plöner Becken des Großen Plöner Sees zur Zeit der Tiefenwanderung dieser Larven (Dezember). Das Tiefenmaximum liegt hier etwas unterhalb 20 m. Bei 30 m Tiefe zeigt sich eine plötzliche Abnahme der Individuenzahl, die sich sehr schnell dem *O*-Wert nähert. Im Sommer verschiebt sich die ganze Kurve nach oben (Maximum bei etwa 13 m) bei insgesamt geringeren Zahlenwerten. Die für die Verteilung der *Chironomus*-Larven angegebene Kurve ist von entscheidendem Einfluß auf die Kurve der Gesamtzahlen aller Organismen in den verschiedenen Tiefen; die *Chironomus*-Larven stellen in den Seen von dem besprochenen Typus neben den Tubifiziden die Hauptmasse aller Tiefentiere dar. Die Tubifiziden allerdings scheinen noch erheblich widerstandsfähiger zu sein als die *Chironomus*-Larven; sie gehen im See noch tiefer und sind fast überall — also auch meist in den tieferen Löchern mit starker Fäulnis und erheblichem O_2-Schwund — anzutreffen. Es sind vor allem die Arten *Tubifex tubifex* und *T. hammoniensis*, während *T. barbatus* zu den sauerstoffbedürftigeren Arten gehört, die auf das obere Profundal beschränkt bleiben. Auch zwischen den beiden *Chironomus*-Typen, den Larven der *Bathophilus*- und den Larven der *Plumosus*-Gruppe, scheinen in einigen Seen Unterschiede bezüglich der Vertikalverteilung zu sein. Anzunehmen ist dies ja, wenn wir an die schon oben (S. 147) erwähnte Tatsache denken, daß die beiden Formen sehr wahrscheinlich hinsichtlich ihrer Sauerstoffansprüche verschieden eingestellt sind. Indes ist bei Beurteilung der Verteilung dieser Formen auch die Zusammensetzung des Nahrungsschlammes zu berücksichtigen. So dürfte u. a. der Umstand zu erklären sein, daß in gewissen Seen (LUNDBECK 1926, S. 173) die *Plumosus*-Larven auf das obere Profundal beschränkt bleiben, während *Bathophilus* sich im ganzen Profundal findet; in diesen Seen spielt das aus dem Litoral stammende Sediment die Hauptrolle gegenüber dem planktogenen — d. h. aus abgestorbenem Plankton bestehenden — Detritus. Also findet sich die bezüglich der Nahrung anspruchsvollere Form (*Plumosus*) im Bereich dieser litorigenen Sedimente. Formen, die eine große Anpassungsbreite hinsichtlich ihres Nahrungsbedarfes haben, treten natürlich in den verschiedenen Zonen auf. Das gilt vor allem für die Pisidenarten; für sie ist demzufolge in erster Linie der Sauerstoffgehalt ausschlaggebend. Indessen unterscheiden sich hierin die einzelnen Arten, so daß bald die Zusammensetzung des Schlammes, bald die Sauerstoffverhältnisse maßgebend sind. Ein Beispiel für die Rolle der Nahrungsart bei der Verteilung der Schlammbewohner bietet auch die Larve der *Chironominen*-Gattung *Glyptotendipes* (*Polytomus*-Gruppe). Sie findet sich fast ausschließlich in flachen Seen mit starker Planktonproduktion und ebenso starker Produktion von Bodenalgen, meist der Spaltalge *Nostoc* (Abb. 91). Die übrigen Vertreter dieser Gattung leben im Ufer, und zwar in lebenden, aber noch mehr in abgestorbenen Pflanzen. Wahrscheinlich ist die Anwesenheit reichlicher Pflanzenreste, die sich ja in flachen Seen meist überall finden, ausschlaggebend für das Vorkommen der oben genannten Larven in solchen Seen. Vielleicht aber auch brauchen diese Tiere die noch unzersetzten Planktonpflanzen, die ja in einem flachen See auf dem Boden reichlicher vorhanden sind als in einem tiefen, als Nahrung. Die Verteilung der Bodentiere in einem See kann — wie verschiedene Forscher nachgewiesen haben — auch durch ganz lokal wirkende Faktoren beeinflußt werden. Die Abwässer menschlicher Siedlungen und die von Viehweideplätzen eingespülten Düngestoffe z. B. können an den betreffenden Stellen im See eine Anreicherung von Bodentieren hervorrufen. JÄRNEFELT (1921, S. 29) macht die gleiche Beobachtung sogar für gewisse Partien des finnischen Tuusulasees, die im Winter unter Eis besonders stark von Schlitten befahren werden (Winterwege).

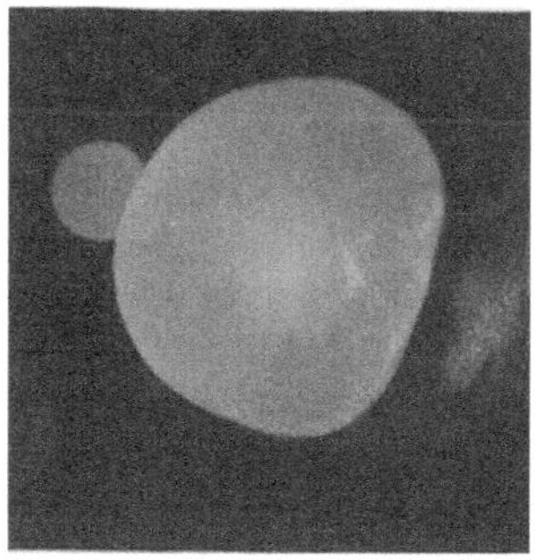

Abb. 91. Kolonien der Spaltalge *Nostoc coeruleum* Lyngb. Phot. Dr. W. EFFENBERGER.

Zu den Faktoren, die für die Zusammensetzung der Tiefenbesiedlung von Bedeutung sind, gehört — wie wir oben (S. 148) schon sahen — auch die Temperatur. Bei kaltstenothermen Organismen ist die konstant niedere Temperatur der unterhalb der Sprungschicht liegenden Wassermassen bestimmend für den Aufenthalt in der Tiefenregion. Eine Abstufung innerhalb dieser Region kommt daher nicht in Frage, abgesehen da, wo die Einstellung zum Sauerstoffgehalt andererseits Grenzen schafft.

Abb. 92. Der Flohkrebs *Pallasea quadrispinosa* G. O. SARS. Phot. Dr. W. EFFENBERGER.

So z. B. fand THIENEMANN (1925b, S. 429), daß im Tollensesee der Reliktenkrebs *Mysis relicta* auf einen schmalen Tiefenstreifen beschränkt ist; das Tier ist angewiesen auf Grund seiner Kaltstenothermie auf das Hypolimnion, also die Wasserschicht, die nach oben durch die Sprungschicht abgegrenzt ist; die tieferen Wasserschichten sind infolge der ziemlich kräftigen Schlammfäulnis für diesen Krebs zu sauerstoffarm, und so genügt nur die Region unmittelbar unterhalb der Sprungschicht den ökologischen Ansprüchen des Tieres. *Pontoporeia affinis* verhält sich nach THIENEMANN (1926a, S. 1235) ebenso, scheint sogar noch O_2-bedürftiger zu sein als *Mysis*. Ein anderes der drei glazial-marinen Relikte, *Pallasea quadrispinosa* (Abb. 92), scheint kaum abhängig zu sein von der Temperatur, da es in allen Zonen, vom Ufer bis zur größten Tiefe, gefunden wurde, und kann außerdem auch einen etwas niedrigeren O_2-gehalt vertragen als die beiden andern Arten (THIENEMANN, 1926a, S. 1236). Wir wollen nicht für alle Tiere der Tiefenregion die Vertikalverteilung im einzelnen darlegen; die angeführten Beispiele genügen schließlich, um die Wirksamkeit der verschiedenen in dieser Hinsicht wichtigen Faktoren zu zeigen.

d) Die zeitliche Verteilung der Tiefenorganismen.

Die zeitlichen Schwankungen im Bestand der Tiefenbesiedlung sind regelmäßige und stellen einen gewissen jahreszeitlichen Wechsel dar; sie gehen auf dreierlei Ursachen zurück, die teils in inneren Gesetzmäßigkeiten der Entwicklung der betreffenden Organismen, teils in ökologischen Faktoren begründet sind. Die erste dieser Ursachen betrifft die Insektenlarven, die ja nur ein Stadium im Leben dieser Tiere darstellen. Gewisse Insekten verbringen nur einen Teil ihres Lebens im Wasser. Sobald ihre Entwicklung zur Imago beendet ist, verlassen sie — der Puppenhülle entschlüpfend — das Milieu, in dem sie den weitaus größten Teil ihres Daseins verbracht haben, und erst wieder die nächste — außerhalb des Wassers und des Sees erzeugte — Generation gelangt ins Wasser und wächst zu dem Bestandteil der Bodenfauna heran, den wir kennengelernt haben (LENZ 1923, S. 151). Es ist einleuchtend, daß sich das Ereignis des Schlüpfens einer Dipterenart — es kommen hier ja fast nur Chironomiden in Frage — in der Bodenfauna um so schärfer bemerkbar machen muß, auf je kürzere Zeit es zusammengedrängt ist. Wenn also — wie es bei dem Hauptvertreter der Tiefenfauna unserer Seen der Zuckmücke *Chironomus* (und zwar von der *Bathophilus*-Gruppe) der Fall ist — die Gesamtflugzeit etwa nur 3—4 Wochen dauert, so muß die Bodenfauna während der nächsten auf die Flugzeit folgenden Tage bzw. Wochen dieser Form so gut wie gänzlich beraubt sein, da die ganz jungen Larven der nächsten Generation kaum festzustellen sind. Es folgt dann eine Periode, in der wir nur junge Larven dieses Typus finden, und zwar scheinen sie sich fast ausschließlich in der Zone zwischen 10 und 30 m Tiefe zu entwickeln, die ihnen vermutlich die günstigsten Lebensbedingungen bietet. Die Höchstzahl der Larven von *Bathophilus*[1] wurde im September festgestellt. Im Gegensatz zu diesem Typus beenden die Larven der *Plumosus*-Gruppe ihre Entwicklung im Herbst; aber die Flugzeit ist nicht scharf begrenzt. Wir treffen auch im Sommer vereinzelt schon schwärmende *Plumosus*[1]-Imagines und finden im Herbst während der Flugzeit nicht nur alte, sondern auch junge Larven im Tiefenschlamm. Die Höchstzahl der Larven dieses Typus wurde im Vorwinter

[1] Wir gebrauchen der Kürze halber zur Bezeichnung der *Chironomus*-Typen die Namen *Bathophilus* und *Plumosus*. Das sind in diesem Zusammenhang weder Gattungs- noch Artnamen, sondern Bezeichnungen der Larventypen, die je einer Artengruppe gemeinsam sind.

festgestellt, scheint aber nicht so groß zu sein wie bei *Bathophilus*. Während die Verpuppung der *Bathophilus*-Larven (Abb. 93) vermutlich in den oberen Partien ihres Verbreitungsgebietes beginnt, und zwar unter dem Einfluß der von oben wirkenden allmählichen Erwärmung des Wassers, dürfte die Verpuppung der *Plumosus*-Larven zuerst in der Tiefe beginnen, da dort zu derselben Zeit der Sauerstoffschwund anhebt. In den einzelnen Seen sind Abweichungen von den vorstehend angegebenen Zeiten für die Entwicklung von *Plumosus* festzustellen. Die verschiedenen Sauerstoffverhältnisse in einzelnen Seen scheinen den Zeitpunkt des Schlüpfens zu beeinflussen. Der Unterschied in den Entwicklungszeiten für die beiden *Chironomus*-Typen macht sich für den Bestand der Tiefenfauna des Sees in entscheidender Weise bemerkbar: während des ganzen Jahres enthält das Profundal erwachsene *Chironomus*-Larven. Das ist ein Umstand, der von besonderer Wichtigkeit ist für die weiter unten noch zu behandelnde Produktion des Sees in fischereilicher Hinsicht.

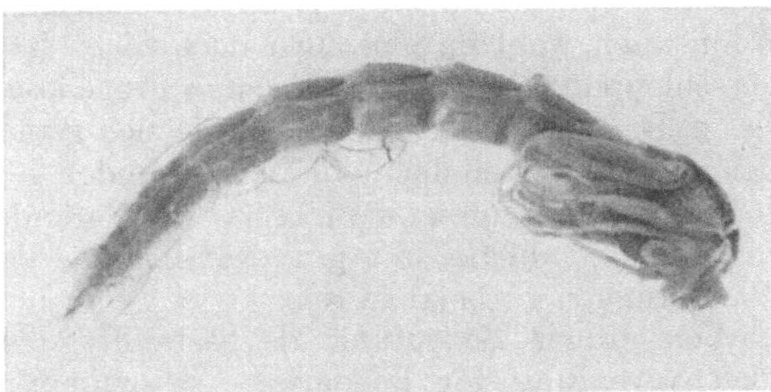

Abb. 93. Puppe der Zuckmücke *Chironomus bathophilus* KIEFF. Phot. Dr. W. EFFENBERGER.

Der Entwicklungszyklus der übrigen Bewohner der Tiefenzone fällt bei weitem nicht so stark ins Gewicht wie gerade der für die *Chironomus*-Larven gekennzeichnete. Die *Tanypus*-Arten schlüpfen während des ganzen Sommers. Wir finden die Larven vom *Tanypus*-Typus daher auch fast stets ziemlich gleichmäßig während des ganzen Jahres in der Tiefenregion. Die wichtigsten Formen des Eprofundals schlüpfen im Frühjahr und Vorsommer; *Microtendipes*- und *Polypedilum*-Larven finden wir also im Sommer kaum in der Tiefenfauna. Auch die *Corethra*-Larven, die — wie wir feststellten — in einigen Seen eine bedeutende Rolle spielen, verschwinden eine Zeitlang gänzlich aus der Gemeinschaft der Tiefentiere. Sie schlüpfen im Hochsommer; die jungen Larven scheinen sich in anderen Regionen aufzuhalten, denn sie tauchen erst im September in halberwachsenem Zustand in der Tiefe auf.

Aus dem Gesagten geht hervor, daß diese heterotopen Formen — wie man sie genannt hat, da sie ihr Leben in zwei verschiedenen Milieus verbringen — im Verlaufe des Jahres erhebliche Schwankungen des Bestandes aufweisen können. Demgegenüber fehlen solche Schwankungen in den Beständen der homotopen Formen, derjenigen also, die ihr ganzes Leben im Bodenschlamm des Sees verbringen. Das sind im eigentlichen Profundal vor allem die Tubificiden und die Pisidien. Aber auch sie zeigen gewisse Steigerungen der Individuenzahlen, und zwar sind die Höchstzahlen im Herbst festzustellen. Es muß dahingestellt bleiben, ob solche Steigerungen in der Produktion einzelner Arten im inneren Entwicklungs- bzw. Vermehrungsrhythmus der betreffenden Formen begründet oder ob bestimmte Veränderungen der Lebensbedingungen also ökologische Gründe dafür verantwortlich zu machen sind.

In das letztere Gebiet gehört zweifellos die zweite der für die Bestandsveränderungen der Tiefenfauna in Frage kommenden Ursachen. Es sind die Wanderungen einiger Formen, die in regelmäßigem jahreszeitlichen Wechsel erfolgen. Im allgemeinen erfolgt die Wanderung im Sommerhalbjahr nach dem Ufer zu, im Winterhalbjahr nach der Tiefe. Maßgebend dürften dabei die Temperatur- und die Sauerstoffverhältnisse sein. Am stärksten prägt sich die Wanderung bei den *Chironomus*-Larven vom *Bathophilus*-Typus aus; sie scheinen die größten Strecken zurückzulegen, da sie im Sommer bis ins Eprofundal, ja sogar zum Teil bis ins Litoral hineingehen; im Winter finden sie sich fast überall in der Tiefenregion. Auch die Eprofundaltiere (*Microtendipes* und *Polypedilum* z. B.) wandern im Sommer litoralwärts und im Winter bis teilweise ins Profundal. Demgegenüber ziehen sich im Winter verschiedene Litoraltiere ins Eprofundal zurück; am deutlichsten ist dies bei *Dreissensia*. Wenn auch wohl im einzelnen noch nicht feststeht, inwieweit passive Verschleppung durch Strömungen in Frage kommt — für die Pisidien ist dies z. B. sehr wahrscheinlich, da sie sich gerade zur Zeit der Vollzirkulation am weitesten nach der Tiefe zu finden —, oder inwieweit vielleicht doch andere Faktoren mitwirken an der Veränderung der lokalen Massenverteilung, so dürfte doch grundsätzlich das Vorhandensein von aktiven Wanderungen zu bejahen sein.

Von großer Bedeutung als bestandregulierende Faktoren für die Tiefenverteilung der Bodentiere ist schließlich auch noch der durch Fischfraß hervorgerufene Verlust. Wir können im allgemeinen den Raum, innerhalb dessen dieser Abgang am Bestand der Bodentiere am stärksten ist, in gewissen Grenzen bestimmen. Er deckt sich teilweise mit dem Eprofundal. Es ist verständlich, daß gerade diese Zone, die ja schon zahlreiche eigentliche Schlammtiere beherbergt, die aber nicht die ungünstigen Sauerstoffverhältnisse zeigt wie das Profundal, von den Fischen bevorzugt wird und daß demgemäß sich hier der Fischfraß besonders stark in der Abnahme der Zahlen der Schlammtiere ausspricht. Dabei ist beobachtet, daß diese sogenannte „Fraßzone" nicht unveränderlich festliegt, sondern sich im Laufe des Jahres mit einer gewissen Regelmäßigkeit verschiebt. Maßgebend hierfür dürfte in erster Linie die Verlagerung der Sprungschicht sein, die nach unten hin die Grenze und Sperre für das Vordringen aller sauerstoffbedürftigeren Fischarten darstellt. So ist festgestellt, daß die Fraßzone im Frühling hochliegt, im Sommer tiefer geht (bis 12 m Tiefe), im Herbst und Winter noch tiefer liegt (16 m Tiefe) und im Vorfrühling höher zu gehen beginnt. Mit dem Fischfraß stehen in engen Beziehungen die Wanderungen der Bodentiere, insofern als sie gewisse Formen in großen Massen in die Zone führen, auf die — wie wir sehen — die Fische angewiesen sind, eben die sogenannte Fraßzone, und dann erfolgt dort eine starke Verminderung der vorher ungefährdet in tieferen Regionen herangewachsenen Larven. Vor allem werden hiervon die *Bathophilus*-Larven betroffen, die sehr früh aufwärts wandern, zu einer Zeit, wo die Fraßzone noch tief liegt, also im Spätwinter. In Seen, deren Tiefenfauna von diesen Larven beherrscht wird, machen sich demnach starke Schwankungen im Gesamtzahlenbestand geltend. Überhaupt hängt die Veränderlichkeit der Gesamtmasse der Tiefenbewohner in erster Linie davon ab, welche Formen vorherrschend sind. Sind es in einem See die Tubificiden, die für Wanderungen wohl gar nicht oder kaum in Frage kommen und die außerdem das Wasser nicht verlassen, so ist die Gesamtzahl ziemlich konstant. Bei den Chironomiden spielen Entwicklung, Wanderungen und Fischfraß eine große Rolle. In Seen mit einer Tiefenbewohnerschaft, in der *Corethra* überwiegt, liegen die Verhältnisse wieder anders; hier ist, da die jungen Larven der *Corethra* nicht im Schlamm leben, die Tiefenbesiedlung im Sommer sehr spärlich, um dann im Herbst zuzunehmen; Wanderungen wie bei den Chironomidenlarven sind hier nicht beobachtet. Der Einfluß des Fischfraßes auf die *Corethra*-Besiedlung ist noch nicht geklärt. Wie die jahreszeitlichen Schwankungen in der Tiefenbesiedlung sich ausprägen, ist für andere Seetypen noch nicht festgestellt. Auch über die definitiven — nicht jahreszeitlich wiederkehrenden — Veränderungen in der Tiefenbesiedlung der Seen wissen wir noch kaum etwas Näheres. Gewisse allgemeine mehr hypothetische Prinzipien kennen wir, den Nachweis im einzelnen muß die Zukunft bringen. Weiter unten werden wir auf diese Dinge noch einmal zurückzukommen haben.

e) Einwirkungen der Tiefenbesiedlung auf ihre Umwelt.

Nachdem wir gesehen haben, wie die Biozönose des Profundals in ihrer qualitativen und quantitativen Zusammensetzung sowie in ihren Lebensäußerungen abhängig ist von dem Lebensraum, den sie bewohnt, wollen wir uns klar machen, welcher Art die Einwirkungen sind, die sie ihrerseits auf den Biotop ausübt. Erinnern wir uns an das weiter oben (S. 90) schon angedeutete Einteilungsprinzip für die Bodenbesiedlung. Nach diesem Prinzip unterscheiden wir Organismen, die unmittelbar oberhalb des Bodens, andere die auf dem Boden und wieder andere, die im Boden bzw. im Bodensediment leben. Diese Einteilung erscheint zweckmäßig zur Darstellung der Einwirkung der einzelnen Komponenten der Biozönose auf diese selbst und vor allem auf den Lebensraum.

Über dem Tiefenschlamm lebt die Larve der Büschelmücke *Corethra*. Ihr Eingriff in den Bestand der Gemeinschaft besteht in der Verminderung der Zahl der Copepoden des Bodens, die ja ihre Hauptnahrung bilden. Eine nennenswerte Beeinflussung des Biotops bzw. des Bodenschlammes findet nicht statt. Eine ganz ähnliche Stellung zur Gemeinschaft der Bodenorganismen nehmen die Fische ein, deren Nahrung aus Bodentieren besteht. Sie wirken — wie im voraufgehenden Kapitel schon betont — zum Teil in ganz erheblichem Maße auf den zahlenmäßigen Bestand der Gemeinschaft ein durch Vertilgung großer Mengen von Würmern, Chironomidenlarven usw. Den Boden und Schlamm verändern auch sie im allgemeinen nicht. Anders liegen die Verhältnisse bei einem Teil der Organismen, die oben auf dem Schlamm oder in einiger Tiefe leben, bei den Bakterien. In ihnen sehen wir das unscheinbarste, aber für die Prozesse des Stoffumsatzes im Schlamm und im See überhaupt wichtigste Glied der Biozönose der Tiefe. Es sind vor allem die aëroben Bakterien, die im freien Wasser ebenfalls wirksam sind, deren Tätigkeit an der Oberfläche des Tiefenschlammes von ausschlaggebender Bedeutung ist. Es sind dies Bakterien, die unter Anwesenheit von Sauerstoff das organische Material des Faulschlammes (Fette, Kohlehydrate, Eiweißstoffe) abbauen, „destruieren" nach ALSTERBERG (1925, S. 366), d. h. in die einfachen Nährsalze, Verbindungen und Gase zerlegen. Tiefer im Schlamm vollziehen sich mit Hilfe der anaëroben Bakterien — unter Abschluß von Sauerstoff — Verwesungsprozesse, die aber nur einen teilweisen Abbau der organischen Verbindungen bedeuten. Bei der Zersetzung entsteht z. B. Schwefelwasserstoff; diesen oxydieren die Schwefelbakterien der Schlammoberfläche zu Wasser und freiem Schwefel. Der letztere wird teilweise weiter oxydiert zu Schwefeltrioxyd. Ammoniak wird von den nitrifizierenden Bakterien zu Nitriten und Nitraten oxydiert. Der Phosphor wird in die Form von Phosphaten gebracht. Die Beggiatoen in erster Linie sind es, die diese wichtige Arbeit leisten (vgl. auch KOPPE 1924). Machen wir uns klar, was ihre Tätigkeit für den Bodenschlamm und für den See überhaupt bedeutet. Sie bedeutet nichts mehr und nichts weniger als eine Wiedernutzbarmachung der durch den Tod der Organismen aus dem Stoffkreislauf ausgeschiedenen Stoffe. Die Bakterien werden daher als die Reduzenten dieses Kreislaufes bezeichnet. Sie führen eben alles noch zersetzbare — Kiesel-, Kalkpanzer usw. sind für sie unzersetzbar — wieder in den Kreislauf des Stoffes ein oder vielmehr sorgen dafür, daß diese Stoffe im Kreislauf verbleiben und nicht als endgültig abgelagert und ausgeschieden am Seeboden liegen bleiben. Sie werden in lösbarer Form als Nährstoffe für die Organismen dem Wasser wieder zugeführt. In unseren nährstoffreichen norddeutschen Seen spielt sich dieser Prozeß in ausgeprägtester Form ab. Die nährstoffarmen Seen besitzen eine sehr arme Bakterienflora im Schlamm, da sie eben auch arm sind an Faulstoffen. Die Schwefelbakterien brauchen zum Leben neben dem Sauerstoff natürlich auch Schwefelwasserstoff, und dieser bildet sich nur da, wo stärkere Fäulnis herrscht. Umgekehrt können die Schwefelbakterien in nährstoffreichen Seen bei sehr starker Schwefelwasserstoffproduktion fehlen, wenn sie den zur Oxydation notwendigen Sauerstoff nicht zur Verfügung haben. In Seen, die Humusschlamm ablagern, kommen die Bakterien in der Tiefe ebenfalls nur sehr spärlich vor. Die Anwesenheit der Humusstoffe dürfte ihnen wohl nicht zusagen; zudem sind hier die Sedimente meist mit Eisenverbindungen imprägniert, fallen also für den Abbau aus. In diesen Seen wird also eine große Menge von organischer Substanz definitiv am Grunde sedimentiert und geht dem allgemeinen Stoffvorrat des Sees verloren. Hier haben wir demnach einen irreversiblen Prozeß, während im echten Faulschlamm sich ein reversibler Vorgang abspielt, d. h. dies ist nur soweit der Fall, als die Bakterien die zu zersetzende Schlammasse zu bewältigen vermögen, und das können sie nicht, wenn der Sauerstoff ganz fehlt, also etwa in den tiefsten Löchern der Seen, wo kaum eine Erneuerung des Wassers durch Strömungen eintritt. Aber auch unter normalen Verhältnissen könnten die Bakterien die gesamte organische Masse nicht abbauen, wenn sie nicht von einer anderen Organismengruppe unterstützt würden. Die Bakterien können ihre destruierende Tätigkeit restlos nur unter aëroben Verhältnissen, also — wie schon erwähnt — nur unter Zutritt von Sauerstoff ausüben. Sauerstoff kann nur an der Schlammoberfläche zutreten, also bleibt die Wirksamkeit dieser Bakterien beschränkt auf die Schlammoberfläche (wenn wir vom freien Wasser absehen). Die restlose Mineralisation der abgelagerten Stoffe würde sehr in Frage gestellt, wenn diese unverändert liegen blieben, jedenfalls würde die Vermoderung, d. i. die Mineralisation durch die aëroben Bakterien, nicht Schritt halten können mit dem Zuwachs an Fäulnisstoffen. Da treten nun als Helfer die „Sedimenttransporteure" in Funktion. Es sind in erster Linie die Würmer, Tubificidenarten, die hier gewissermaßen als ein unentbehrlicher Faktor auftreten. In Riesenmengen bevölkern sie den Schlamm; sie stecken (siehe Abb. 94) in senkrechten Röhren; mit dem Hinterende, das sie schlängend bewegen, ragen sie über die Schlammoberfläche hinaus und fressen andauernd den in etwa 3—6 cm Tiefe liegenden Schlamm, der demnach durch ihren Darm den Weg nach oben macht und auf der Schlammoberfläche in Form von Kotballen (in „koprogener" Form) wieder abgelagert wird. Die übrigen Schlammbewohner, Chironomidenlarven, Mollusken, sind auch Schlammfresser und tragen mit dazu bei, das Sediment zu lockern und in koprogener Form vorzubereiten für die Tätigkeit der Bakterien, aber die Tubificiden besorgen die regelmäßige Umschichtung, durch die jede Schicht des Sedimentes nicht nur ein, sondern mehrere Male der Tätigkeit der aëroben Bakterien und damit der Vermoderung ausgesetzt wird. Die Fraßzone, d. h. die „nutritive Schicht" nach Alsterberg (1925), liegt in bestimmter Tiefe der Schlammschicht, und wenn sie durch Überlagerung neuer Sedimentmassen tiefer zu liegen kommt, so rücken die Würmer etwas weiter nach oben. Welche Leistung von den Tubificiden im Schlamm vollbracht wird, leuchtet ein, wenn wir uns vorstellen, daß unter Umständen auf einer Fläche von 1 qm bis zu viertausend dieser Würmer zu leben vermögen. Alsterberg berechnete (1925, S. 330) die Transportleistung normalerweise im Durchschnitt auf 3 kg Trockensubstanz pro Quadratmeter und Jahr. Nach neueren quantitativen Untersuchungen der Bodenfauna der norddeutschen Seen (Lundbeck 1926) kommen noch viel höhere Zahlen heraus: 6—12 kg Trockengewicht pro Quadratmeter und Jahr. Wir sehen hieraus, wie wichtig die Tätigkeit dieser Tiere für die Gestaltung des Seebodens und den Stoffhaushalt im See überhaupt ist. Ohne sie wäre die allmähliche Zersetzung und Mineralisation des organischen Sedimentes unmöglich, die sich — wie im Abschnitt I schon dargelegt — ausspricht im Vorhan-

Abb. 94. Schlammoberfläche des Seebodens mit Tubificiden und *Chironomus*-Larven.

densein einer unteren Sedimentschicht, die fast ausschließlich aus unzersetzbaren mineralischen Bestandteilen (Sand, Kieselskeletten usw.) besteht. Die Tätigkeit der Schlammbewohner — vor allem also der Würmer und Mückenlarven — verhindert im übrigen nach dem Gesagten auch die Entstehung einer feineren Schichtung nach jahreszeitlich oder jährlich verschiedenen Ablagerungen (LENZ 1921). In der Tiefe von nährstoffärmeren Seen (Züricher See), wo die Fauna fehlt, bildet sich diese Schichtung (NIPKOW 1926). In der Tiefe von nährstoffreichen Seen mit viel Faulschlamm, wo wegen Sauerstoffmangel die Fauna nicht leben kann, fehlt diese Art von Jahresschichtung ebenfalls. Hier ist die Fäulnis, d. h. die stinkende Verwesung, so intensiv, daß die dabei gebildeten Gase die ruhige Ablagerung stören, und zudem kann hier ein Aufarbeiten durch aërobe Bakterien gar nicht oder in nur minimalem Maße stattfinden, einmal weil nicht genügend Sauerstoff vorhanden ist, und zum anderen weil die Sedimenttransporteure hier fehlen und die nötige Umschichtung nicht vornehmen können.

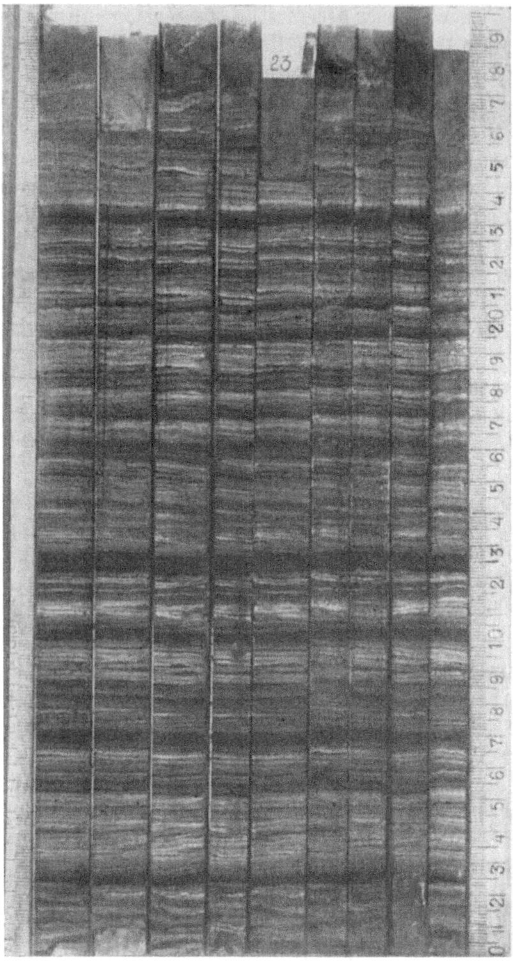

Abb. 95. Mikroschichtung im Schlammsediment eines Sees, dargestellt durch nebeneinandergereihte Längsschnitte durch einen Ausstich. Phot. Dr. PERFILIEV.

Zur Frage der Schichtenbildung im Tiefenschlamm haben indessen neuerdings russische Forscher bemerkenswerte Feststellungen gemacht. PERFILIEV (1923, 1927) hat gefunden, daß im Faulschlamm der meisten Seen eine Art von feinster Schichtung vorhanden ist. Es ist eine Mikroschichtung; die einzelnen Zonen der Schichtung liegen oft nur Bruchteile von Millimetern auseinander (Abb. 95). Diese Mikrozonen (PERFI-

LIEV 1923, S. 127) gehen im wesentlichen auf den durch die Jahresperiodizität verursachten Rhythmus gewisser Lebensvorgänge zurück. Sowohl die Ablagerung von Schlamm selbst als auch dessen Verarbeitung durch die Mikroorganismen unterliegt einem gewissen jahreszeitlichen Wechsel. Mit Hilfe einer besonderen für diesen Zweck ausgearbeiteten Methodik hat PERFILIEV Zonenfolgen für Tausende von Jahren in gewissen Seen festgestellt. Zonen gleichen Alters in verschiedenen Seen nennt er „Isochronen". Es werden Sedimentationszonen und Induktionszonen oder Umwandlungszonen unterschieden. Die Mikrozonen sollen nicht nur in den unteren festen Schichten, sondern auch in den oberen ganz lockeren, ja flüssigen Partien der Faulschlammablagerungen nachzuweisen sein. SELENKOWA-PERFILIEWA ist dies mit Hilfe besonderer Methoden zur Bestimmung der Wasserstoffionenkonzentration und der elektrolytischen Leitfähigkeit festzustellen gelungen (PERFILIEV in Ref. LENZ 1927 b und PERFILIEV-SELENKOWA 1927). Auch in dieser physiko-chemischen Hinsicht lassen sich also feinste zonare Unterschiede im Schlamm nachweisen. Die ganze Frage hat Bedeutung einmal für unsere Kenntnis der Tätigkeit der Mikroorganismen im Tiefenschlamm, weiter für das Studium der Geschichte der Gewässer und schließlich noch für die Unterscheidung der Seen nach Typen. Die interessantesten Ausblicke indes ergeben sich aus der Datierung der „Isochronen": die Periodizität, die das Auftreten gewisser Zonenfolgen (Häufung und Verbreiterung der dunklen Zonen, wohl das Kennzeichen von Perioden starker Produktivität des Sees) charakterisiert, scheint im Zusammenhang zu stehen mit dem Auftreten der Sonnenflecken. Eingehende Untersuchungen, zur Zeit von dem genannten Forscher angestellt, werden vielleicht diese Zusammenhänge exakt nachweisen können. Wie dem auch sei, jedenfalls ist die Sedimentationsforschung durch die Entdeckung der wichtigen Rolle der Mikroorganismen für die Schichtung eines der interessantesten Teilgebiete der Seenkunde geworden.

Methodik und Technik.

Das älteste und auch noch jetzt unentbehrliche Instrument zur Erforschung der Tiefenfauna eines Sees ist die Dredge, das Schleppnetz (Abb. 86), das an meist dreiseitigem Eisenrahmen einen durch ein grobes Netz geschützten Beutel aus Seidengaze besitzt. Man kann je nach dem zu verfolgenden Zweck und je nach der Konsistenz des durchzuspülenden Schlammes verschiedene Maschenweiten benutzen; normalerweise genügt Nr. 1 ($19^1/_2$ Fäden auf 1 cm) oder besser Nr. 0 ($15^1/_2$ Fäden auf 1 cm).

Will man Nematoden oder Protozoen sammeln, so wird man natürlich die nicht durchgesiebten Schlammproben durchsehen müssen. Andererseits benutzt man noch größere Maschenweiten als Nr. 0 bei ganz leichtem Rahmen, wenn man etwa *Mysis*, Gammariden usw., die sich ja in den Seen, in denen sie leben, dicht über dem Grunde aufhalten, fangen will. SVEN EKMAN hat für diesen besonderen Zweck eine doppelrahmige Netzdredge und eine Schleppreuse konstruiert; indes kann man auch eine gewöhnliche Dredge mit leichtem Rahmen und weitmaschiger

Gaze benutzen. Will man verhindern, daß die Dredge zu tief in den Schlamm eindringt, so versieht man die Eisenbänder des Rahmens nach Art eines Rechens mit etwa 5 cm langen Zähnen. Beim Dredgen, vor allem in tieferen Seen, ist darauf zu achten, daß das Netz auch wirklich in den Bodenschlamm eingreift. Zu diesem Zweck muß möglichst viel Leine gegeben werden, und das Tempo der Bootsfahrt darf nur gering sein. Bei zu schneller Fahrt hebt der Druck des Wassers das Netz über den Schlamm hinaus und erweckt andererseits im Arm des Arbeitenden das Gefühl, als ob das Netz den Schlamm „gegriffen" habe. Übung muß hier das Gefühl für richtige Handhabung geben. Auf hartem Untergrund mit nur geringerer Ablagerung oder gar auf Sand ist das Dredgen natürlich noch schwieriger als auf gyttjareichem Boden. Daß man die hinter einem großen Stein oder Baumstamm festgehakte Dredge nicht mit Gewalt losreißen kann, sondern durch Zurückrudern frei machen muß, braucht wohl nicht besonders betont zu werden. Das Heraufziehen des Netzes soll in einem Zuge geschehen, soweit bis der Rahmen sich über der Wasseroberfläche befindet. Das Durchspülen des Schlammes erfolgt durch Hin- und Herschwenken bzw. Heben und Senken des Netzes, wobei der Beutel im Wasser, der Rahmen oberhalb des Wassers sich befinden muß. Das Aussieben wird natürlich je nach der Art des Sedimentes sehr verschieden lang dauern; man siebt solange, bis das Wasser in der Umgebung des Netzes nicht mehr durch Schlammpartikelchen getrübt wird. Der Siebrückstand wird mit etwas Wasser in ein weithalsiges Glas übertragen und kann so ins Laboratorium gebracht werden, wo er am besten untersucht wird, solange die darin enthaltenen Tiere noch leben. Natürlich kann man den Rückstand auch konservieren durch Zugabe einer kleinen Portion von Formalin, und man wird dies auch tun, wenn man zahlreiche Fänge macht und ihre Bearbeitung für spätere Zeit verschieben muß. Daß es einfacher und leichter ist, einen Rückstand mit noch lebenden Tieren zu durchsuchen, dürfte einleuchten. Daher wird man, wenn irgendmöglich, dies Verfahren anwenden.

Der Fang von Bodentieren mit der Dredge ist neuerdings etwas in den Hintergrund getreten vor dem Gebrauch des Bodengreifers. Es ist klar, daß das Schleppnetz uns nur qualitativ über die Zusammensetzung der Bodenbewohner orientieren kann. Seit nun die Erforschung der Gewässer sich bemüht — den naheliegenden Anstoß hierzu gab die Fischereibiologie — die Produktion bzw. den Stoffhaushalt der Gewässer zahlenmäßig zu erfassen, genügt die Dredge nicht mehr. Da hat sich in der Seenforschung vor allem der EKMANsche Bodengreifer gut bewährt und ist nunmehr in seiner von den Amerikanern BIRGE und JUDAY modifizierten Form ständiges Requisit der Hydrobiologie geworden (Abb. 96, 97). Verschiedene Autoren (ALM 1924, ALSTERBERG 1922b, FREIDENFELT 1924, WUNDSCH 1924, LUNDBECK 1926) haben sich mit der Frage nach der Zuverlässigkeit des Arbeitens des Bodengreifers beschäftigt; wir brauchen das Für und Wider hier nicht zu wiederholen.

Für uns ist in diesem Zusammenhange wichtig, uns klar zu machen, welche Maßregeln beim Gebrauch des Schöpfers zu beachten sind. Ganz zuverlässig arbeitet er nur auf einem mit Schlammsediment bedeckten

Boden; enthält der Schlamm Holzstücke, Molluskenschalen, Steine usw., dann muß man mit Fehlfängen rechnen, da irgendein Fremdkörper, der sich zwischen die Klappen schiebt, deren gänzliches Schließen verhindert. Auch auf hartem Untergrund (Sand) faßt der Apparat nicht leicht, und außerdem verhindert hier der Sand oft ein exaktes Schließen. Eine weitere Fehlerquelle tritt schließlich noch auf, wenn der Apparat in tiefem, weichen Schlamm bis über die Deckel versinkt, so daß ein Teil des zu fassenden Schlammes oben herausdringt.

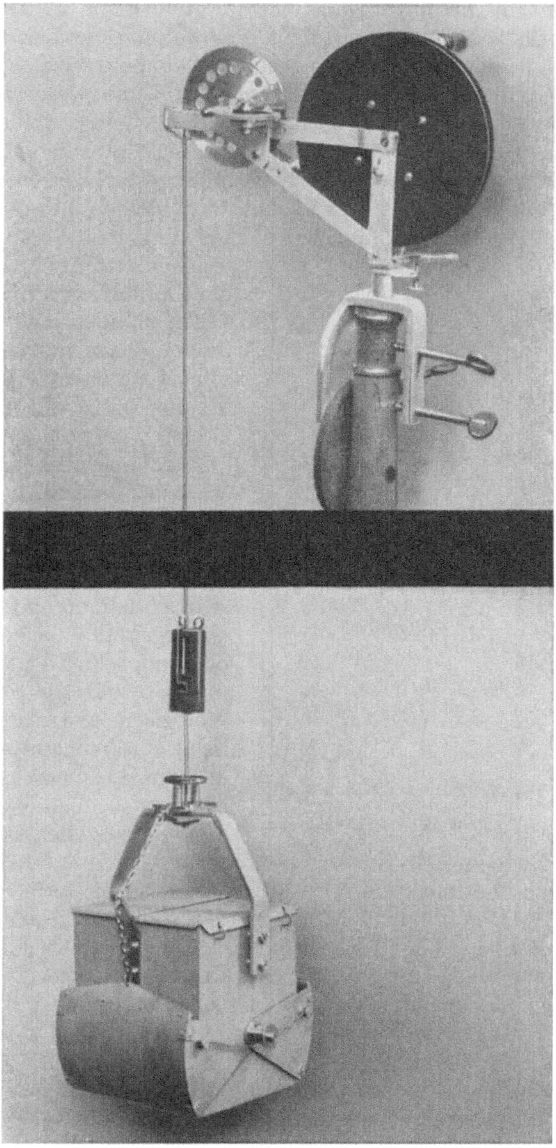

Abb. 96. Bodengreifer nach BIRGE-EKMAN geöffnet; Fallgewicht fallend. Oben Winde mit Zählvorrichtung. Phot. W. SCHWEDER, Feinmechanische Werkstätten, Kiel.

Der Bodengreifer hat also — wie schließlich alle Apparate — seine Verwendungsgrenzen. Für bestimmte Verhältnisse wären eigentlich gewisse Modifikationen erforderlich. Sie sind natürlich nur bis zu einem bestimmten Grade zu verwirklichen, da man ja nicht für jede besondere Lage einen anderen Greifer benutzen kann. So wäre bei dünner Besiedlung eine größere Greiffläche, bei großer Weichheit und Masse des Schlammes ein höherer Kasten wünschenswert. Modifikationen, die sich am normalen Bodengreifer anbringen lassen, sind die folgenden:

stärkere Schließfedern an den Klappen bei grobem Sediment, Beschwerung des Greifers bei fester Ablagerung, Beschwerung oder Verschlußfedern an den Deckelklappen zur Vermeidung des Öffnens während des Heraufholens bei unruhigem Wetter. Aber auch bei Verwendung dieser Modifikationen wird man die Beschränkung der Leistungsfähigkeit des Greifers nicht vollkommen beseitigen können. So z. B. erfaßt auch ein breiter Greifer eine an der betreffenden Stelle nur vereinzelt vorkommende Tierart nicht unbedingt sicher, sondern mehr zufällig; weiter wird bei Vorhandensein von Steinen, größeren Molluskenschalenresten oder Holzstückchen auch unter Verwendung stärkster Federn das Schließen der Klappen immer nur Glückssache bleiben. Und schließlich ist die Vermeidung des Versinkens des Greifers im weichen, tiefen Schlamm letzten Endes Sache des Gefühls und der Übung. Es gibt also Fälle, wo die Dredge die Tätigkeit des Greifers ergänzen muß, da nämlich, wo dieser offenbar nur unvollkommen, d. h. fehlerhaft, arbeitet. Im allgemeinen dagegen ist der Greifer vorzuziehen, da die Ergebnisse der Dredgefänge weit weniger exakt und vor allem für quantitatives Arbeiten nahezu unbrauchbar sind. Wir wissen z. B. nie, wieviel Bodenfläche wir mit der Dredge erfaßt haben; einmal sinkt sie tief ein und füllt sich schnell, an anderer Stelle — bei hartem Untergrund — schöpft sie die besiedelte Schlammschicht sehr weiter Flächen ab. So muß sowohl für rein theoretisch-hydrobiologische als auch für praktisch-fischereiliche Untersuchungen dem Bodengreifer — allerdings ergänzt durch die Dredge — der Vorzug gegeben werden. Vorläufig noch nicht abzustellen ist die Tatsache, daß der Bodengreifer für den praktischen Fischereibeamten das umständlicher zu handhabende und stärker belastende Gerät ist.

Abb. 97. Bodengreifer nach BIRGE-EKMAN geschlossen. Phot. W. SCHWEDER.

Der Inhalt des Greifers muß sofort nach dem Herausheben aus dem Wasser in das bereitgehaltene Netz — am besten ein Netz von der Art der Dredge mit viereckigem Rahmen — entleert werden. Mit Hilfe dieses Netzes erfolgt dann das Aussieben in ähnlicher Weise wie bei der Dredge. Vielfach werden auch Metallsiebe zum Teil mit auswechselbarer Siebfläche benutzt. Das Aussuchen bzw. Auszählen geschieht, wenn möglich, am noch lebenden Material; ist dies nicht möglich, so wird der ganze Rückstand mit Formalin fixiert. In jedem Falle geschieht das Aussuchen der Tiere in einer großen Schale. Die einzelnen Arten sind größtenteils makroskopisch zu erkennen und können sofort getrennt und gesondert registriert werden. Leichter allerdings ist das Aussuchen der lebenden Tiere, da z. B. manche Chironomiden nach Farbe und Bewegungsart gut zu unterscheiden sind, während sie im konserviertem

Zustand nur mittels mikroskopischer Untersuchung auseinander zu halten sind. Ein vorzügliches Instrument für derartige Untersuchungen ist das binokulare Mikroskop.

Zur Untersuchung der kleineren Organismen des Seebodens ist die Benutzung der Dredge und des Bodengreifers nicht immer erforderlich; für die Probeentnahme zur Untersuchung auf Nematoden, Protozoen, Bakterien, Algen genügt meist der schon im Abschnitt I (S. 27) erwähnte Schlammbecher. Zur Entnahme von oberflächlichem Sediment mit seinen Organismen benutzt PERFILIEV (1927) bei Tiefen bis zu einigen Metern einen sogenannten Schlammsauger, dessen einfache Handhabung ein schnelles Arbeiten ermöglicht. Die zur Probeaufnahme bestimmte Flasche ist an einer Vorrichtung befestigt, die am langen Stock bis zur Schlammoberfläche heruntergelassen den Schlamm nach dem Prinzip des Saughebers einfließen läßt (Abb. 98).

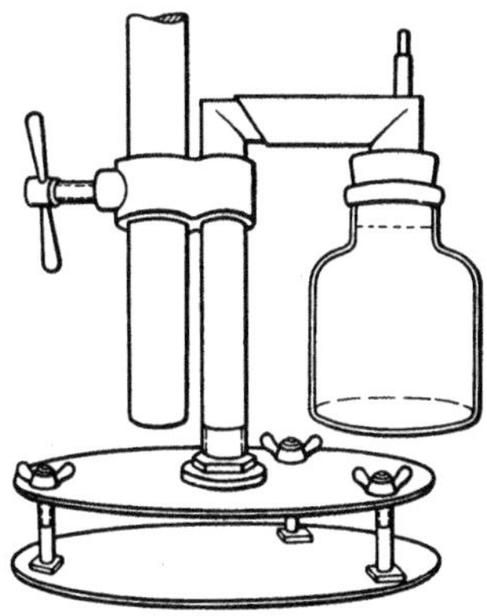

Abb. 98. Schlammsauger nach PERFILIEV.

Zum Schluß ist noch ein Hilfsinstrument der Seenforschung zu erwähnen, das zweckmäßig beim Arbeiten mit schweren Apparaten (Bodengreifer, Wasserschöpfer u.a.) vor allem auf größeren Tiefen Anwendung findet, es ist die Winde, die das Herunterlassen und Heraufziehen des Apparates wesentlich erleichtert. Es gibt Winden verschiedener Größe und Leistungsfähigkeit. Die in unserer Abb. 96 dargestellte kleine transportable Winde faßt etwa 100 m Drahtseil, ist vermittels einer Klemme auf dem Bordrand jedes Bootes zu befestigen und besitzt eine Zählvorrichtung, bestehend aus einer Zahnradscheibe mit Gradeinteilung und dem darauf beweglich angebrachten Zeiger, der die erreichte Tiefe in Metern anzeigt.

Übungen.

Dredgefänge in den verschiedenen Tiefen zur Feststellung der qualitativen Besiedlungsunterschiede der einzelnen Zonen. (Eprofundal, eventuell oberes bis unteres Profundal.)

Fänge mit dem Bodengreifer zur Feststellung der quantitativen Besiedlungsunterschiede in verschiedenen Seen, verschiedenen Buchten und Seeteilen, in verschiedenen Tiefen, zu verschiedenen Zeiten.

Untersuchung der einzelnen Tiefenbewohner: rote und farblose Chironomidenlarven, ihre Atemorgane (Analschläuche, Tubuli) ihre Herztätigkeit, Verdauungssystem, Mundteile der Schlammfresser und der Raubtiere, Würmer, Mollusken, *Corethra*-Larven und ihr Bau, Schwimmblase, Raubmundwerkzeuge, Herz, Darm, Zucht der Chironomidenlarven.

III. Das Gesamtleben im See.

1. Die Biozönosen in ihren Zusammenhängen.

Wir haben die Lebensgemeinschaften des Binnensees getrennt geschildert in ihrem Aufbau und ihren hauptsächlichen Gesetzmäßigkeiten. Diese Trennung in der Behandlung der Biologie des Binnensees ist bis zu einem gewissen Grade natürlich formell methodisch begründet. Sie ist aber auch nach der Natur der Sache berechtigt. Denn die großen Hauptlebensbezirke des Binnensees sind recht klar voneinander zu scheiden nach ihren Charakteren und grenzen sich örtlich mehr oder weniger gut voneinander ab. Andererseits aber stehen sie in mehr oder weniger engen Beziehungen zueinander und zum Gesamtlebensraum. Sie beeinflussen einander, sind voneinander abhängig und stellen sich vollkommen als Glieder eines Ganzen dar. Dies Ganze ist die Lebensgemeinschaft des Sees, deren Glieder durch ihre gemeinsamen Beziehungen zum Lebensraum und dessen Eigenschaften zu einer Einheit zusammengeschlossen sind. Eine Betrachtung der Beziehungen der einzelnen Biozönosen zueinander läßt uns die Berechtigung des Gesagten erkennen.

a) Die Abgrenzung der Lebensbezirke.

Machen wir uns zuerst die örtliche Abgrenzung der drei Hauptlebensbezirke gegeneinander klar. Das Pelagial ist der von Wasser erfüllte freie Raum des Seebeckens. In einzelnen Fällen wird man das Wasser der flacheren Uferpartien nicht mehr zum Pelagial rechnen, da es in seinen Eigenschaften oft erheblich abweicht von den übrigen Partien des Pelagials. Dies prägt sich auch darin aus, daß gewisse Formen des freien Wassers sich nur hier finden und das offene Pelagial meiden, und daß andererseits die meisten eigentlichen Pelagialbewohner diese ufernahen Bezirke nicht aufsuchen. Das Benthal, die Bodenfläche des Sees, ist naturgemäß als Lebensort scharf abgegrenzt gegenüber dem Pelagial. Schwieriger zu ziehen sind die Grenzen zwischen den einzelnen Zonen der Bodenregion. Litoral und Profundal scheiden sich, wie wir an anderer Stelle schon mehrfach erwähnten, nur in gewisser Hinsicht gut: Pflanzenwuchs, Temperatur und Sauerstoffverhältnisse sowie die Ablagerungen sind kennzeichnende Merkmale. Nicht ganz so einfach ist die Sachlage hinsichtlich der tierischen Besiedlung. Sie vermischt sich an den Grenzen. Vor allem die Grenzen der Eprofundalzone werden dadurch sowohl nach oben als nach unten unscharf. Dazu kommen noch die Wanderungen mancher Tiere, die aus einer in die andere Zone zeitweilig hinüber wechseln. Schließlich sind diese Bodenzonen in den einzelnen Seen auch noch recht verschieden ausgeprägt, je nach der Tiefe der Seen: hier fehlt das Eprofundal, und da fehlt gar die ganze eigentliche Tiefenzone, da nämlich, wo geringe Tiefe in der ganzen Ausdehnung des Seebeckens Pflanzenwuchs zuläßt. Der zeitweilige Wechsel einer Tierart von einem Lebensbezirk in einen anderen findet nicht immer zwischen benachbarten und ineinander übergehenden bzw. wesensähnlichen Bezirken statt, sondern auch von Boden zum Pelagial und umgekehrt. Gewisse Formen verbringen einen Teil ihres Lebens in einem anderen Bezirk. Das sind einmal die Dauerstadien mancher Planktonorganismen (Krebse, Rädertiere, Algen), die in diesem Zustand am Boden liegen, und umgekehrt gehören ebenfalls hierher die planktisch lebenden Larven gewisser Bodentiere (Muscheln, Schwämme). Diese Beziehungen haben mit der Abgrenzung der Bezirke nichts zu tun, sie verwischen keine Grenzen. Vergleichen wir die örtliche Abgrenzung der Hauptlebensbezirke des Sees miteinander, so stellen wir Tatsachen fest, die für den Ablauf gewisser Prozesse im See von großer Bedeutung sind. Abb. 33 zeigt uns, daß das Epilimnion hinsichtlich seiner unteren Grenze etwa zusammenfällt mit dem Litoral, das Metalimnion mit dem Eprofundal und das Hypolimnion mit dem Profundal. Die wichtigsten Konsequenzen, die sich hieraus ergeben, werden weiter unten noch beleuchtet werden.

b) Die Unterschiede der Hauptlebensgemeinschaften.

Die drei großen Biozönosen des Sees unterscheiden sich grundsätzlich durch ihre ganze Ausprägung. Wir sahen, daß das Litoral sich auf Grund seiner physikalisch-chemischen Differenzierung gliederte in eine Reihe von Einzelbiozönosen. Diese Einzellebensgemeinschaften oder (nach Friederichs) besser Lebensvereine, sind zum Teil scharf, zum Teil weniger deutlich abgegrenzt. So ergibt sich für das Gesamtlitoral ein vielgestaltiges Bild: großer Artenreichtum, verschiedenartigste Anpassungserscheinungen bzw. mannigfaltige Beziehungen zum Milieu. Diese Differenzierung ist bedingt einerseits durch die morphologisch-systematische Verschiedenheit der einzelnen Organismen, zum anderen aber auch durch die mannigfaltige Ausprägung der Wohnbezirke. Anders liegt die Sache beim Profundal. Wodurch unterscheidet sich dieser Bezirk grundlegend vom Litoral? Rein physikalisch fehlt durchaus die für die Pflanzenzone geschilderte Vielgestaltigkeit der Lebensbedingungen. Wenn wir vom Eprofundal als der Übergangszone absehen, so stellt sich die ganze Region dar als ein recht einförmig gestalteter Lebensraum, der fast überall die gleichen Lebensbedingungen darbietet: Schlammablagerung als Aufenthaltssubstrat und größtenteils als Nahrung, niedere, wenig wechselnde Temperaturen, schwankender, bis zu starker Sauerstoffverminderung heruntergehender Sauerstoffgehalt. Die Folge dieser Einförmigkeit ist die Beschränkung auf nur wenige Arten, die auf diese den Biotop einheitlich scharf charakterisierenden Eigenarten eingestellt sind, kurz, hier herrscht Artenarmut. Die wenigen in der Tiefe lebenden Arten aber bringen es, da ihnen den Raum und die Nahrung niemand streitig macht, zu erheblichen Individuenzahlen. Das Eprofundal stellt, wie wir sahen, einen Übergang zwischen Profundal und Litoral dar. Mit dem Profundal hat es gemeinsam eine ziemlich ausgesprochene Einförmigkeit, die sich indessen nicht erstreckt auf den artenbeschränkenden

Faktor des niederen Sauerstoffgehaltes. Mit dem Litoral hat das Eprofundal gemeinsam eben die bessere Sauerstoffversorgung und in demselben Grade einen gewissen Temperaturwechsel. Profundal und Litoral stellen alles in allem genommen zwei recht extreme Ausprägungen von Biozönosen einer bestimmten Art dar. Zusammen aber unterscheiden sie sich als die Lebensgemeinschaften des Bodens von der des Pelagials, dem Plankton. Bei den Bodenbiozönosen sehen wir die Arten- und Individuenzahlen wechseln in direkter Abhängigkeit von der Eigenart des Milieus. Anders bei der dritten großen Biozönose des Sees, dem Plankton. Hier sehen wir ebenfalls, wie beim Litoral, eine außerordentlich große Artenzahl, und wir sehen andererseits, wie beim Profundal, eine stellenweise riesige Individuenentwicklung. Worin liegt nun der Unterschied zwischen diesem Lebensraum und den Biotopen des Seebodens? Das ist in erster Linie die verschiedene räumliche Ausdehnung. Dem Plankton steht der dreidimensionale Raum zur Verfügung, den Bodentieren nur die Fläche. Der Wert des zur Verfügung stehenden Raumes ist um so größer, als die Planktonorganismen im Gegensatz zu den meisten Bodentieren nur klein sind. Im Zusammenhang mit dem Wohnraum steht ja auch die Nahrungsmenge, die ihn erfüllt. So ist im Pelagial an und für sich also die Bedingung gegeben für eine große Mengenentwicklung, d. h. sofern die Nahrungsmenge genügt. Daß sie im eutrophen See genügt, haben wir weiter oben gesehen, denn das Wasser des eutrophen Sees enthält einen großen Reichtum an gelösten Stoffen. Daß die Mengenentwicklung im Pelagial nicht nur, wie wir es beim Profundal sahen, zugunsten einiger weniger Arten einsetzt, sondern sich auch in der Ausbildung zahlreicher Formen äußert, das geht eben auf die eurytopen, für vielerlei Organismenarten günstigen Lebensbedingungen zurück.

Ganz allgemein scheidet sich die Gesamtbiozönose des Bodens, das Benthos, von der des Pelagials, dem Plankton, in einem grundsätzlichen Charakteristikum: die Bodenbesiedlung zeigt sich horizontal scharf gegliedert in einzelne Biozönosen oder besser Lebensvereine. Diese Gliederung ist zeitlich nur geringen Schwankungen unterworfen. Die einzelnen Gesellschaften erscheinen in ihren Beständen relativ stabilisiert zu sein. Je nach der Differenzierung des Bodens in physikalischer Hinsicht sind diese Lebensvereine bald größer, bald kleiner. Ganz anders liegen die Verhältnisse im Pelagial. Das Aufenthaltssubstrat ist die bewegliche Wassermasse. Horizontal ist diese nur ausnahmsweise differenziert in ihren Eigenschaften, da fast dauernde Vermischung eintritt. Demgemäß ist horizontal auch nur selten eine Gliederung der Gesamtbiozönose des Pelagials festzustellen. Vertikal bildet sich zeitweise eine Gliederung aus, die aber nur in gewissen Grenzen unveränderlich ist, die vielmehr infolge öfterer Umschichtungen einen gleichsam nur labilen Gleichgewichtszustand darstellt. Dergestalt bieten sich also die grundlegenden Unterschiede der großen Lebensgemeinschaften des Sees dar. Weitere Unterschiede ergeben sich im Zusammenhang mit der Behandlung der Beziehungen der Lebensgemeinschaften zueinander, die uns im folgenden beschäftigen sollen.

c) Die Beziehungen der Lebensgemeinschaften zueinander.

Für das Verständnis unserer Gesamtbiozönose, der Lebensgemeinschaft des Sees selbst, sind besonders wichtig die Beziehungen der Einzelbiozönosen zueinander. Wieweit üben sie aufeinander eine Wirkung aus, bzw. inwieweit sind sie voneinander abhängig? Ihre gemeinsame Zugehörigkeit zu einer großen Gemeinschaft, dem See, braucht von vornherein nicht ohne weiteres eine gegenseitige Abhängigkeit zu bedingen, wie wir weiter unten sehen werden. Indessen gibt es Zusammenhänge, die zu einer vollständigen Abhängigkeit einer Biozönose von der anderen führen. Wir greifen als Beispiel eine in dieser Hinsicht besonders gut durchgearbeitete Erscheinung heraus: die Artenarmut der Tiefe eines norddeutschen Sees. Wir haben schon gehört, daß sie auf die Milieueinförmigkeit, vor allem aber auf die extrem ausgeprägte Einseitigkeit der Sauerstoffverhältnisse zurückgeht. Nur wenige Formen sind an einen, wenn auch nur zeitweise bis *O* heruntergehenden Sauerstoffgehalt angepaßt. Daher verbietet sich der Aufenthalt in diesem Milieu für alle anderen Arten. Fragen wir nach den Ursachen dieses zeitweiligen Sauerstoffschwundes, so lautet die Antwort: die intensiven Fäulnisprozesse in den Ablagerungen der Tiefe verbrauchen den Sauerstoff des Tiefenwassers bald mehr, bald weniger stark. Die gesteigerte Ablagerung organischer Stoffe ist also die Ursache des zeitweilig auftretenden Sauerstoffminimums und damit des Fehlens einer artenreichen Fauna. Die nächste Frage muß lauten: woher kommen die organischen Stoffe? In unseren normalen norddeutschen Seen werden sie nahezu restlos im See selbst produziert. Sie stellen nichts anderes dar als die zerfallenen Reste der abgestorbenen Planktonorganismen und der litoralen Pflanzen- und Tierbestände. Hierin liegt schon eine der wichtigsten Beziehungen der drei Hauptbiozönosen, eine direkte Abhängigkeit des Profundals vom Pelagial und dem Litoral. Produziert also das Pelagial eine große Menge Plankton, so lagert sich viel Detritus in der Tiefe ab, und es treten die oben erwähnten Folgen ein. Ist — wie in den meisten Alpenseen — die produzierte Planktonmenge und damit auch die abgelagerte Sedimentmenge nur gering, so reduzieren sich auch die Fäulnisprozesse auf ein Minimum. Es tritt kein Sauerstoffschwund in der Tiefe ein, und der Aufenthalt ist einer größeren Anzahl von Organismenarten möglich. Sehr schön hat Thienemann diese Zusammenhänge dargestellt in seinen „Untersuchungen über die Beziehungen zwischen dem Sauerstoffgehalt des Wassers und der Zusammensetzung der Fauna in norddeutschen Seen" (1918a, 1922 und 1925b). Die Abhängigkeit des Profundals von der Planktonproduktion prägt sich nach Thienemann in den Sauerstoffverhältnissen der Tiefe und der hierdurch bedingten Tiefenbesiedlung aus. Wie wir schon im Abschnitt II B 2b sahen, ist der so in der Tiefe geschaffene Zustand nicht nur durch die Artenarmut charakterisiert, sondern auch durch die Auswahl der Formen. Als Leitform lernten wir im planktonreichen See die Zuckmückenlarve *Chironomus*, im planktonarmen See die Larve von *Lauterbornia* nebst einigen anderen Typen kennen. Die Sauerstoffverhältnisse der Tiefe wirken sich nicht nur hinsichtlich der Bodenbesiedlung aus; ähnliche Zusammenhänge studierte

THIENEMANN bezüglich des Vorkommens der Maränen (S. 149). Die große Maräne (*Coregonus lavaretus f. maraena, C. lavaretus f. holsatus* u. a.) ist ein stenothermes Kaltwassertier und Winterlaicher. Bei uns in Norddeutschland ist sie Eiszeitrelikt. Es war lange Zeit rätselhaft, weshalb die Maränen, bzw. die ihr verwandten Formen sich nur in einzelnen Seen Norddeutschlands fanden, während sie im Norden und Osten Europas, sowie am Nordrand der Alpen regelmäßig auftreten. THIENEMANN stellte fest, daß auch hier der Sauerstoffgehalt der bestimmende Faktor ist. In allen Seen, deren Sommertiefenwasser weniger als 4 ccm pro Liter Sauerstoff enthält, kann die Maräne, die ja an das kalte Tiefenwasser gebunden ist und nur im Winter zum Laichen höher steigt, nicht leben. So erstrecken sich diese Zusammenhänge auch auf die Fischfauna des Sees, indem bestimmte Glieder dieser Freiwasserbewohnerschaft unter Umständen eliminiert werden können.

In den Rahmen dieses Sauerstoffproblems gehört auch die Verbreitung des Krebses *Mysis relicta*. In ganz ähnlicher Weise wie die Maräne kommt auch dieses Eiszeitrelikt im allgemeinen nur in solchen norddeutschen Seen vor, deren Sauerstoffgehalt im Sommertiefenwasser nicht unter 5 ccm im Liter sinkt (THIENEMANN 1925b). Weitere Beispiele für die Beziehungen der Lebensgemeinschaften zueinander wollen wir an dieser Stelle nicht anführen; im nächsten Abschnitt (2) wollen wir ja zeigen, wie diese Beziehungen den See zu einer großen Biozönose, einer Einheit, machen.

Wir ersehen aus den angeführten Beispielen, wie ein einziger Faktor den Aufenthalt einzelner Organismen in einem bestimmten Milieu zuläßt oder verhindert. Dies führt uns zu der Frage, welche Faktoren denn überhaupt die Verbreitung der Organismen im Binnensee und damit ihre Zugehörigkeit zu einer bestimmten Biozönose regulieren.

d) Verbreitungs- und Produktionsfaktoren.

Bei Behandlung der einzelnen Lebensgemeinschaften und Lebensvereine haben wir jeweils im Zusammenhang hingewiesen auf die besonderen Gründe, die maßgebend erschienen für Art und Zusammensetzung der betreffenden Lebensgemeinschaft. An dieser Stelle aber dürfte es angebracht sein, einen Überblick über die in Frage stehenden Besiedlungsfaktoren und ihre Bedeutung für die Seenbiozönosen zu geben. Wir folgen dabei der jüngsten Zusammenstellung THIENEMANNS (1926b, S. 37—38). Wir nennen zunächst zwei Faktoren, deren Wirksamkeit nicht allzu häufig zutage tritt: den historischen und den topographischen Faktor. Der erstere stellt die Möglichkeit dar, ob der betreffende Organismus den in Frage stehenden Biotop auf seinem Verbreitungswege schon erreicht hat oder nicht. Unter dem topographischen Faktor verstehen wir das Vorhandensein oder das Fehlen von topographischen Schranken (Gebirge, Wüsten usw.), die der Verbreitung der betreffenden Organismen unüberwindliche Schranken entgegensetzen. Beide Faktoren, der historische und der topographische, werden z. B. dann augenfällig, wenn etwa ein Organismus in früherer Zeit einen bestimmten Bezirk besiedelt hat und wenn zu einem gewissen

Zeitpunkt Veränderungen der Erdoberfläche eintreten, die der weiteren Verbreitung der Form ein Ziel setzen. Als Beispiel hierfür sei an gewisse Eiszeitrelikte erinnert (Planarien in kalten Quellen Norddeutschlands).

THIENEMANN macht in diesem Zusammenhang aufmerksam auf die Rolle des Zufalles bei der Besiedlung eines Lebensraumes (1926b, S. 39). Zweifellos ist in vielen Fällen, wenn die Möglichkeit der Ansiedlung Formen von etwa gleicher ökologischer Einstellung offen steht, der Zufall ausschlaggebend, welche von den in Frage kommenden Formen der Biotop zuerst erreicht und damit in Anspruch nimmt.

Indessen erscheint uns ein abschließendes Urteil hierüber doch recht gewagt, vor allem in Anbetracht des Fehlens fast jeglicher tatsächlicher Grundlagen. Wir möchten unsererseits sogar warnen vor einer Überschätzung der Rolle des Zufalles. Wir neigen eher zu der Ansicht, daß auch die geringen Verschiedenheiten der ökologischen Einstellung (Valenz), die ja wohl meist bei den verschiedenen Organismenarten vorhanden sind, bei hinreichend langen Zeitperioden genügen, um einer von ihnen das Übergewicht zu sichern, so daß unter Umständen die „zufällig" zuerst angekommene Art der ökologisch besser angepaßten im Laufe der Zeit weichen müßte; dann wäre der Einfluß des Zufalles ausgemerzt, und die „Gesetzmäßigkeit" wäre letzten Endes das Entscheidende gewesen. Aber solche Überlegungen sind natürlich nur rein hypothetischen Charakters.

Von weit größerer Bedeutung aber als die bis jetzt genannten sind die ökologischen Verbreitungsfaktoren. Sie repräsentieren die eigentlichen Lebensbedingungen des Biotops. Sie gliedern sich in zwei Hauptgruppen von Faktoren: die physiographischen und die biozönotischen. Die ersteren stellen die Summe der nicht biologischen Lebensbedingungen, also der physikalisch-chemischen und der geographisch-geologischen Eigenschaften des Sees dar. Die biozönotischen Faktoren beruhen auf den Beziehungen der Organismen zueinander und gruppieren sich im Anschluß an die Lebensfunktionen der Ernährung, Atmung und Fortpflanzung; hierzu kommt noch das Schutzbedürfnis. Die einzelnen der genannten Faktoren sind in ihrer Bedeutung für die Zusammensetzung der Biozönosen sehr verschieden. Während der historische und der topographische Faktor in erster Linie verbreitungsregulierend sind, müssen die ökologischen Lebensbedingungen vor allem auch als produktionsbiologische Faktoren bezeichnet werden, d. h. sie bestimmen die quantitative Entwicklung der Organismen einer Lebensgemeinschaft. Allerdings können auch die beiden erstgenannten Faktoren die Produktion bestimmen. Das dürfte z. B. dann der Fall sein, wenn sie wirksam werden an einem bestimmten Glied der Biozönose, das durch sein Vorhandensein oder Fehlen die Produktion deutlich beeinflußt. Wenn also durch die Wirkung eines der beiden Faktoren ein Zooplankton fressender Fisch in einem See fehlt, so macht sich das um so viel zahlreichere Zooplankton im abgestorbenen Zustand anders im Stoffkreislauf bemerkbar als dort, wo es größtenteils von dem betreffenden Fisch gefressen und so auf schnellstem Wege wieder in seine Aufbaustoffe zerlegt wird. Jedoch ist diese Wirksamkeit der beiden Faktoren auf einzelne Fälle beschränkt. Die ökologischen Faktoren dagegen sind fast immer von großer produktionsbiologischer Bedeutung. In erster Linie sind es die physiographischen Faktoren, die die quantitative Entwicklung der Organismen weitgehend bestimmen. Von den bisher bekannten Gruppierungen dieser Faktoren nennen wir die von NAUMANN (1921b, S. 4) herrührende. Er unterscheidet den Nährsalzhaushalt, den Detritushaushalt, den Gashaushalt, den Temperaturhaushalt und den Lichthaushalt. Für jeden Haushalt stellt NAUMANN ein Spektrum auf, in dem er drei Hauptbezirke unterscheidet. Der Polytypus ist vorhanden bei sehr reichlicher, der Mesotypus bei einigermaßen reichlicher und der Oligotypus bei spärlicher Ausbildung des betreffenden Faktors. Die zahlenmäßige Abgrenzung der drei Bezirke für die verschiedenen Faktoren ist erst zum Teil durchgeführt. So z. B. legt NAUMANN (1921, S. 5) die Polytrophie des Kalkgehaltes fest bei mehr als 100 mg/l, die des Stickstoffgehaltes bei mehr als 40 mg/l, die Mesotrophie für die beiden Stoffe liegt bei 25—100 mg/l bzw. bei 1—? mg/l und die Oligotrophie bei 3—25 mg/l bzw. bei 0 mg/l.

Um die Verbreitung der Organismen und ihre Mengenentwicklung in den Seen zu studieren, müssen wir ihre Stellung zu den verschiedenen Spektra kennen. Wenn wir also für einen bestimmten Organismus wissen, in welchem Teil des Spektrums der einzelnen Faktoren (Temperatur, Sauerstoffgehalt, Humusgehalt usw.) seine Milieuansprüche liegen, so kennen wir seine Ökologie und wissen, welche Faktoren seine Verbreitung regulieren. Entscheidend für das Vorkommen und in gleicher Weise für die Quantität der Produktion eines Organismus ist immer derjenige Faktor, der im Minimum vorhanden ist. So glaubt MINDER (1926, S. 67) festgestellt zu haben, daß im Züricher See der Nitratstickstoff im Minimum liege und daher die Produktion an Pflanzenplankton und ihre quantitativen Schwankungen bestimme. THIENEMANN (1926b, S. 49) bezweifelt die Annahme MINDERS, daß der Nitratstickstoff überhaupt, also auch in den übrigen Seen, der die Produktion bestimmende Faktor sei. Er nimmt an, daß in anderen Seen wieder andere Faktoren ins Minimum kommen und daher maßgebend sein können für die Produktion. Einzelheiten dieses noch im Anfangsstadium der Erforschung befindlichen Teilgebietes der Seenforschung wollen wir hier nicht besprechen. Wir zitieren noch die THIENEMANNsche Fassung dieser Gesetzmäßigkeit vom Minimum (LIEBIGsches Gesetz vom Minimum), auf deren Allgemeingültigkeit K. BRANDT zum ersten Male hingewiesen hat, und die bereits verschiedene Formulierungen erfahren hat: „Diejenigen der notwendigen Umweltfaktoren bestimmen die Entwicklung eines Organismus in einem Biotop (0 bis zur Maximalentfaltung), die dem Entwicklungsstadium des Organismus, das die kleinste ökologische Valenz besitzt, in der am meisten vom Optimum abweichenden Quantität oder Intensität zur Verfügung stehen“ (THIENEMANN 1926a, S. 48).

2. Der See als Gesamtlebensgemeinschaft und als Lebenseinheit.

Wir haben bereits in unserer Einleitung und an anderer Stelle darauf hingewiesen, daß der See als Ganzes eine Lebensgemeinschaft bilde. Als solche ist er ja überhaupt Gegenstand unserer Darlegungen geworden. Machen wir uns klar, wodurch der See zu einer Biozönose, einer Einheit wird. Wie die Einzelorganismen bzw. -arten durch ihre gegenseitigen Beziehungen und diejenigen zum Lebensraum die verschiedenen Teilbiozönosen bilden, so stellt sich die große Lebensgemeinschaft des Sees dar in den Zusammenhängen zwischen den einzelnen Biozönosen und zwischen diesen und dem Gesamtlebensraum. Wir haben derartige Zusammenhänge im Verlauf unserer Ausführungen ja schon mehrfach geschildert. An dieser Stelle wollen wir durch einige Beispiele noch einmal zeigen, wie das Ganze, der See, durch seine Abhängigkeit von den Teilen zur Einheit wird (vgl. auch die Definition der Biozönose bei Resvoy 1924).

Der Charakter des Sees als Lebenseinheit zeigt sich u. a. darin, daß Veränderungen bei einer Biozönose von Einfluß sein können auf den Lebensraum, auf eine andere Biozönose oder schließlich auf die Gesamtbesiedlung des Sees. Das können reguläre Veränderungen, seien es einmalige oder stetig wiederkehrende, es können aber auch plötzlich auftretende Ereignisse sein. Gerade bei den letzteren wird naturgemäß die Wirkung besonders augenfällig.

a) Einwirkungen der Biozönosen auf den See.

Die Beziehungen zwischen den Lebensgemeinschaften sind — wie wir weiter oben schon sahen — recht verschieden in ihrer Bedeutung für die Gesamtbiozönose des Sees. Beziehungen, die sich aus dem Verhalten einzelner Organismengruppen ergeben, wie z. B. die Wanderung einzelner Arten, sind meist von geringem Einfluß auf die Lebensvorgänge im See. Ganz anders stellt sich demgegenüber etwa die Wirksamkeit der Gesamtplanktonproduktion dar; sie bestimmt die Art und Masse der Ablagerungen, den Sauerstoffgehalt der Tiefe und einen gewissen Bestandteil der Besiedlung.

In einigen Fällen wird der Einfluß der Planktonbiozönose besonders deutlich. Eine der markantesten Einwirkungen der Planktonbiozönose auf den ganzen Zustand des Sees — d. h. wenn es sich um einen nicht tiefen See handelt — ist das plötzliche Absterben einer Massenproduktion gewisser Plankter, einer Wasserblüte. Es handelt sich ja dabei meist um Formen, die einen raschen Zerfall erleiden können, sobald die Lebensmöglichkeiten nicht mehr vorhanden sind, d. h. sobald die Nahrung zu schwinden beginnt und die Zusammenballung großer Mengen die Einzelorganismen von Licht und Luft abschließt. Der Zerfall, der dann eintritt, greift unter der Mitwirkung der Fäulnisbakterien sehr schnell um sich, verbraucht den Sauerstoff des Wassers, Reservoire von O_2-reichem Tiefenwasser fehlen einem flachen See, dazu fehlt noch die Zirkulation der Wassermasse — nur bei ruhigem Wetter tritt eine solche Katastrophe ein —, und der Erfolg ist unter Umständen ein großes Fischsterben.

Dabei ist natürlich in erster Linie der Sauerstoffschwund der wirksame Faktor; außerdem aber machen sich auch Giftwirkungen, z. B. von H_2S, Ammoniak oder von aus den Planktonalgen austretenden Farbstoffen, bemerkbar. Meist allerdings tritt bei den der Katastrophe anheimfallenden Fischen Tod durch Ersticken ein. Der Umstand, daß gerade die flachen Gewässer, für die ein solches Massensterben von Planktonpflanzen verhängnisvoll werden kann, die zur Bildung von Wasserblüte erforderlichen Bedingungen meist besonders gut bieten, läßt diese Erscheinung zu einer steten Gefahr für deren Fischbestand werden. Wir haben hierin ein sehr schönes Beispiel für die auf eine Lebensgemeinschaft zurückgehende Beeinflussung des ganzen Sees, hervorgerufen durch ein plötzliches Ereignis, eine Störung des Gleichgewichtes im Bestand der Biozönose des Planktons. Demgegenüber übt die Planktonbiozönose auch Wirkungen auf den See aus, die das Gleichgewicht nicht stören und nicht plötzlich auftreten, sondern regelmäßig sich wiederholen, die aber trotzdem die Umweltbedingungen einschneidend verändern.

Eine der bedeutungsvollsten regulären Einwirkungen der Planktonbiozönose auf ihr Lebensmilieu stellt die sogenannte biogene Entkalkung — d. h. die durch den Kohlensäureverbrauch der assimilierenden Pflanzen hervorgerufene Ausfällung von $CaCO_3$ (Kalziumkarbonat) — des Seewassers dar. Die schon erwähnte Kalkinkrustation größerer Pflanzen wird dabei in einem größeren See keine bedeutende Rolle spielen; die Tätigkeit des Planktons hingegen kann — wie Minder (1923, S. 20—32) für den Zürichsee nachgewiesen hat — außerordentlich wichtig werden. Mit dem Einsetzen der Frühjahrsplanktonvegetation wurde in dem genannten See eine Verminderung des Kalkgehaltes in den oberen Wasserschichten beobachtet; das Oberflächenwasser enthielt nur 116 mg/l, während in 30 m Tiefe 126 mg/l festgestellt wurden. Auch dem Auge war das Ergebnis des Prozesses sichtbar: die Sichttiefe des Wassers war im Laufe eines Monats von 6 m auf 1,6 m gefallen und im Netzplankton fanden sich Kristalle von Kalziumkarbonat von etwa 40 μ Durchmesser. Die Entkalkung des Wassers, und zwar bis in eine Tiefe von 10 m oder etwas mehr, begann im Mai und zeigte sich immer stärker ausgeprägt bis zum Herbst. Das Maximum stellt etwa eine Entkalkung bis zu 75 vH des normalen ursprünglichen Kalkgehaltes dar. Freie Kohlensäure fehlt den entkalkten Wasserschichten. Bei der herbstlichen Durchmischung des Seewassers wird das kalkreiche Tiefenwasser mit dem kalkarmen Oberflächenwasser vermischt; das Kalkdefizit ist aber dadurch meist noch nicht behoben, das geschieht erst allmählich im Laufe des Winters, und erst im Januar ist der Normalstand wieder erreicht. Von besonderem Interesse ist der Umstand, daß die ausgefällten Kalkkriställchen zu Beginn der Entkalkung am größten sind (40 μ) und dann an Größe immer weiter abnehmen bis etwa 2—10 μ. In der Zeit der stärksten Entkalkung des Oberflächenwassers zeigen die tiefsten Schichten eine Erhöhung des Kalkgehaltes auf etwa 112 vH des Normalgehaltes. Minder (S. 26) glaubt die Ursache in der partiellen Auflösung der von oben absinkenden Kalkkristalle zu sehen, die infolge des hohen

CO_2-Gehaltes der Tiefe ermöglicht ist. Die Stärke dieses ganzen Entkalkungsprozesses ist abhängig vom Plankton- und Kalkgehalt des betreffenden Sees. Daraus folgt die Bedeutung auch dieses Problems für die Frage der Charakterisierung und Unterscheidung der verschiedenen Seen. Vor allem aber zeigt das Problem der biogenen Entkalkung, wie eine Biozönose durch ihre normalen regulären Lebensprozesse den Lebensraum verändert und die Gesamtlebensprozesse im See beeinflußt.

b) Der Kreislauf des Stoffes im See.

Die im vorigen Abschnitt geschilderte Erscheinung gehört dem großen Zusammenhang an, der letzten Endes die wichtigste und bedeutungsvollste Beziehung der Biozönosen zueinander darstellt, nämlich dem Fragenkomplex des Stoffkreislaufes im See. Im Kreislauf des Stoffes im Binnensee sehen wir nichts anderes als den Lebensprozeß dieser großen Biozönose, die dadurch zur Einheit wird. Verfolgen wir den Stoff auf seinem Wege im Binnensee, und wir werden sehen, wie dieser Prozeß die großen Lebensgemeinschaften miteinander verbindet und zum Teil in engste Abhängigkeit voneinander bringt. Die in gelöster Form im Wasser vorhandenen mineralischen Stoffe werden „geformt" in organische Materie in den Leibern der Planktonpflanzen oder besser überhaupt der grünen Pflanzen. Hierzu ist das Licht erforderlich, da der Assimilationsprozeß mit Hilfe des Chlorophylls nur im Licht vor sich geht. Eine Reihe anderer Faktoren, die im vorigen Kapitel besprochen wurden, kommen dazu: Temperatur, Sauerstoffgehalt, Alkalinität, Abwesenheit schädlicher Stoffe (Gifte). Sind alle Lebensbedingungen in optimaler Ausprägung gegeben, so findet eine maximale Entwicklung von Pflanzen statt. Fassen wir zunächst die Planktonpflanzen ins Auge; sie dienen den Planktontieren (Krebsen, Rädertieren) als Nahrung, und zwar teilweise lebend, zum größten Teil aber in abgestorbenem Zustand, als Detritus. Soweit sie nicht gefressen werden, sinken sie nach dem Absterben zusammen mit den toten Planktontieren in die Tiefe. Unterwegs, vor allen Dingen in den unteren Wasserschichten, beginnt bereits mit Hilfe der Fäulnisbakterien die Zersetzung dieser organischen Körper. Im übrigen aber geht dieser Prozeß der Mineralisation vor allem am Boden in den Ablagerungsschichten vor sich. Die in der Uferzone produzierten Pflanzen, sowohl die großen wurzelnden als auch die ihnen aufsitzende Mikroflora, werden entweder ganz oder zum Teil in Tierkörper umgewandelt, d. h. gefressen, oder zerfallen; ihre Reste werden zusammen mit den Resten der abgestorbenen Ufertiere durch die Strömung nach der Tiefe transportiert und zum großen Teil schon unterwegs zersetzt; was davon nach der Tiefe gelangt, fügt sich dem planktogenen Detritus zu und wird mit diesem von den Bakterien mineralisiert. Ein Teil der Bodenablagerung der Tiefe allerdings dient der Tiefentierwelt als Nahrung, wird also noch einmal in Tierleiber umgewandelt. Hieraus ergibt sich eine sehr wichtige Folgerung für die Stellung der Biozönosen zueinander: die Gemeinschaft der Tiefenregion erhält ihre Nahrung vom Plankton und von der Uferbesiedlung; sie ist also in dieser Hinsicht vollkommen abhängig von diesen beiden Biozönosen. Man nennt sie daher eine offene, abhängige Lebensgemeinschaft (THIENEMANN 1918b, S. 302), während das Plankton eine geschlossene, selbständige Biozönose darstellt. Das Plankton enthält alle Glieder, die erforderlich sind für die Umwandlung des Stoffes durch seine sämtlichen Verkörperungsformen hindurch. Die grünen Planktonpflanzen verwandeln die anorganischen Verbindungen in organische Stoffe, sie sind die „Produzenten" oder „Schaffer" der Gemeinschaft (LOHMANN 1912, S. 96). Die Tiere des Planktons sind die „Konsumenten" oder „Zehrer" der in den Pflanzenkörpern aufgebauten Stoffe. Die Bakterien schließlich nennt man die „Reduzenten"; sie bauen die komplizierten organischen Verbindungen wieder ab zu einfachen mineralischen Stoffen, sie mineralisieren. Alle diese Vorgänge vollziehen sich innerhalb der Biozönose des Planktons. Dies kann daher mit Recht als eine selbständige geschlossene Lebensgemeinschaft bezeichnet werden. Es ist eine richtige Lebensgemeinschaft im Sinne FRIEDERICHS', denn es kann seinen Bestand selbst regulieren. Ähnlich verhält es sich mit dem Litoral. Auch hier gibt es Produzenten, Konsumenten und Reduzenten, der Stoff kann auch in dieser Region seinen Kreislauf beginnen und schließen; also auch das Litoral ist ein selbständiger Lebensbezirk und seine Biozönose eine geschlossene (nach THIENEMANN), eine echte im Sinne FRIEDERICHS'. Demgegenüber wäre das vom Litoral und vom Plankton abhängige Profundal keine echte Lebensgemeinschaft im Sinne der Definition FRIEDERICHS', sondern nur ein Lebensverein. Wir haben in unserer Abhandlung indes die Bezeichnung Biozönose auch für das Profundal gebraucht, da diese Auffassung in der Literatur bis jetzt eingebürgert war. Die Auseinandersetzung über die endgültige Entscheidung der Frage mag den speziellen Originaluntersuchungen vorbehalten bleiben; wir wollen an dieser Stelle uns im allgemeinen beschränken auf Zusammenstellung der in der wissenschaftlichen Literatur vorliegenden Ergebnisse. Und so wollen wir uns damit begnügen, das Profundal als eine abhängige Biozönose zu bezeichnen, indem wir auf die Auffassung FRIEDERICHS' aufmerksam machen. Die Stellung des Profundals prägt sich in unseren tieferen baltischen Seen in einer Abhängigkeit fast ausschließlich vom Plankton aus, da in einem größeren See die litorigenen Ablagerungen eine kaum nennenswerte Rolle spielen. In kleinen Seen allerdings können sie überwiegen, so daß zum mindesten das Litoral eine ebenso große, wenn nicht größere Rolle für das Profundal spielt als das Plankton. Hierzu kommt vor allem auch in kleinen Seen noch etwas anderes: von außerhalb des Sees eingeschwemmter Detritus kann einen großen Prozentsatz der Bodenablagerungen ausmachen, und so kann diese Komponente sich noch dem Stoffkreislauf einfügen, indem sie als Nahrung für die Litoralfauna, die Planktontiere und die Bodentiere in Frage kommt.

Wir sehen also, gerade die Abhängigkeit der Tiefe von den anderen Bezirken verbindet die großen Biozönosen miteinander, während sonst das Plankton und die litorale Gemeinschaft jede für sich innerhalb des gemeinsamen Biotops zu existieren vermögen. Sie brauchen an und für sich einander nicht. Natürlich bestehen auch zwischen ihnen gewisse ernährungsphysiologische Beziehungen: die litorale Tierwelt wird ebenfalls in mehr oder weniger hohem Maße mit Detritus aus dem absterbenden Plankton versehen, und andererseits genießt auch das Plankton „Nutzen" — wenn wir diesen Ausdruck gebrauchen wollen — vom Litoral und in noch höherem Maße vom Profundal. Die Tätigkeit der Bodentierwelt mit der Wirksamkeit der Bakterien zersetzt ja die abgelagerten Stoffe und führt so einen sehr großen Teil der in organischer Form gebundenen Substanz wieder in Lösung über und macht sie wieder nutzbar für den Aufbau der Pflanzen, d. h. vor allem des Planktons. Wir sehen also, daß im Pelagial ebenso wie im Litoral sich ein geschlossener Kreislauf des Stoffes vollzieht. Der hierbei nicht erfaßte Stoff — und das dürfte der größere Teil sein — wird durch die Einfüh-

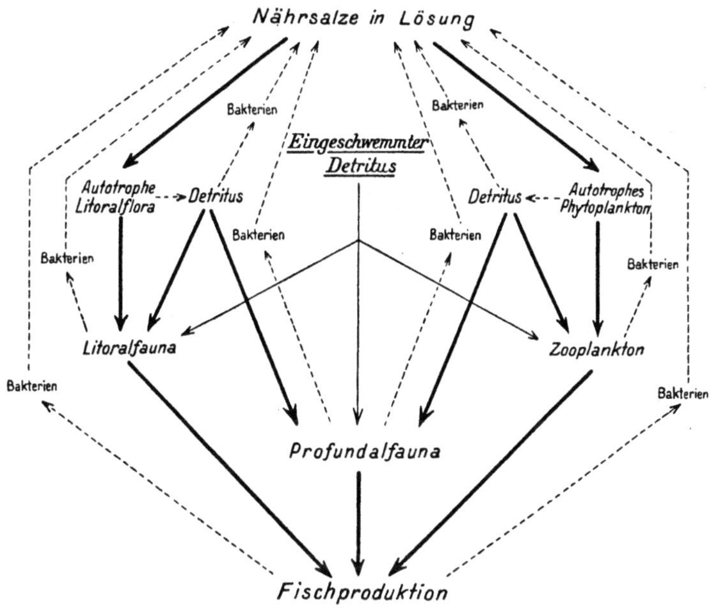

Abb. 99. Schema des Stoffkreislaufes im See (nach THIENEMANN).

rung des Profundals in den großen Kreislauf, der die drei Hauptbiozönosen umschließt, in seinem Entwicklungsprozeß weitergeführt. Und dieser große Kreislauf ist es, der die Biozönosen zu einer Lebenseinheit macht, deren Ernährungsphysiologie sich in diesem Prozeß darstellt (vgl. das Schema Abb. 99).

Man könnte dem Kreislaufschema nun noch die Ernährung der Wassertiere durch gelöste Stoffe, wie sie von PÜTTER vertreten wird, einfügen. Indessen folgen wir THIENEMANN (1926b, S. 58—59), der dies Problem für noch nicht genügend geklärt hält und daher von der Berücksichtigung dieses Ernährungsfaktors im Stoffkreislauf des Sees absieht. Es scheint indessen, wie wir in anderem Zusammenhang ja schon andeuteten, als ob dies Problem noch besondere Bedeutung gewinnen möchte für die Frage der Ernährungsphysiologie der Wassertiere und damit den Nahrungskreislauf im Binnensee.

Wir haben bisher beim Nahrungskreislauf im Binnensee eines Gliedes nicht gedacht, das in unserem Schema am Schlusse steht und somit bis zu einem gewissen Grade als Endprodukt des Vorganges erscheint, nämlich der Fischproduktion des Sees. Es ist die Fischereibiologie als angewandter Zweig der Hydrobiologie, die dem „Kreislauf“ des Stoffes die Fischproduktion gleichsam als Endglied einfügt.

Die Fische, die ja streng genommen nicht in eine bestimmte Lebensgemeinschaft des Sees hineingehören, da ihr Aufenthaltsort und ebenso ihre „Weideplätze“ nach Art und Zeit wechseln, haben wir als Pelagialbewohner unter den Begriff des Nektons zusammengefaßt. Sie stehen im Stoffkreislauf entsprechend der Verschiedenheit ihrer Ernährung natürlich nicht sämtlich an der gleichen Stelle, oder vielmehr, wenn wir ihnen eine bestimmte Stelle zuweisen, so müssen wir ihre Beziehungen zu den verschiedenen Kreislaufstufen kennzeichnen. Da sie Uferpflanzen, Ufertiere, Bodentiere oder Planktonorganismen als Nahrung verbrauchen, stehen die Fische je nachdem an der betreffenden Stelle als „Endprodukt“. Allerdings ist die Bezeichnung „Endprodukt“ nur in gewissem Sinne berechtigt. Von einem Endprodukt beim Stoffkreislauf des Sees können wir nur insofern sprechen, als der in dieser Form — also in Fischleibern — gebundene Stoff als Nutzwert für den Menschen dem See entnommen wird und dem Kreislauf so verlorengeht. Normalerweise wird das ja in unseren Seen für den größeren Teil der Fische zutreffen. Wo es nicht der Fall ist, bleiben diese Stoffmengen dem See erhalten und werden nach dem Absterben der betreffenden Fische auf dem Wege der Fäulnis bzw. Bakterienverarbeitung wieder in mineralische Form übergeführt. Es ist für die Darstellung des Nahrungskreislaufes auch von diesem Gesichtspunkt eigentlich ziemlich unwesentlich, ob man die Fischproduktion als ein Ganzes nimmt, oder ob man — wie SCHÄPERCLAUS 1922, S. 223ff. es tut — die Uferfische, Bodenfische und Freiwasserfische getrennt in das Schema einfügt. Die letztere Methode hat sogar noch den Nachteil, daß der Kreislaufcharakter des Prozesses weniger gut zum Ausdruck kommt und daß nebensächliche Dinge — wie der eingeschwemmte Detritus — wesentlich erscheinen. Wir haben daher die NAUMANN-THIENEMANNsche Darstellung gewählt, die den Verlauf des Prozesses unseres Erachtens treffender wiedergibt und außerdem auch noch das wichtige Glied der Reduzenten (Bakterien) enthält.

3. Der See in Vergangenheit und Zukunft.

a) Die Totengesellschaften (Thanatozönosen).

Wir haben schon an anderer Stelle gesehen, wie gewisse große Biozönosen — z. B. das Litoral — ihre Spuren in benachbarten Lebensräumen hinterlassen in Form von Ablagerungen, die aus den Resten ihrer abgestorbenen Bewohner bestehen. Eine benachbarte Region kann durch diese Ablagerungen einschneidend beeinflußt werden. Wir haben auch schon darauf hingewiesen, eine wie verschiedene Deutung diese Ansammlungen von toten Organismen hinsichtlich ihrer Entstehung finden können bzw. wie leicht hierbei irrtümliche Rückschlüsse möglich sind. Es leuchtet daher ein, daß das Studium dieser Ansammlungen nicht nur interessant, sondern auch notwendig ist. WASMUND (1926) hat für diese Ansammlungen abgestorbener Organismen bzw. ihrer Überreste die Bezeichnung Totengesellschaften oder Thanatozönosen geprägt und untersucht deren Entstehung und ihre Beziehungen zu den Biozönosen. Aus den Lebensgemeinschaften des Sees und den physikalisch-chemischen Faktoren, die auf ihre abgestorbenen Glieder einwirken, die Entstehungsgeschichte der Totengesellschaften zu verstehen, bezeichnet der genannte Autor als das Ziel der Erforschung der Thanatozönosen. Wir haben an verschiedenen Stellen bereits die Entstehung der großen Thanatozönosen des Binnensees und ihre Abhängigkeit von den Biozönosen bzw. ihre Einwirkungen auf diese behandelt. Wir haben gesehen, wie die Ablagerungen der Tiefenregion — zweifellos eine Totengesellschaft — entstehen und wie sie die Lebensprozesse im See beeinflussen. Wir haben die eigenartigen Muschelablagerungen des Eprofundals kennen gelernt, die ja die eigentlichen Thanatozönosen im Sinne WASMUNDS darstellen. Wir brauchen uns hier nicht zu wiederholen; die großen Zusammenhänge haben wir ja schon eingehend besprochen; wir brauchen auch nicht alle Verschiedenheiten, die je nach den örtlichen Verhältnissen bei Bildung der Seenthanatozönosen (Faulschlammablagerungen, Muschelbänke) auftreten, hier zu behandeln. Wir wollen hier lediglich unter den genannten allgemeinen Gesichtspunkten noch einmal auf diese Spezialfälle hinweisen.

Zu erwähnen sind noch diejenigen Thanatozönosen, die in nicht engem Zusammenhang stehen mit den Gesamtlebensprozessen des Sees, die Totengesellschaften des Strandes. Das sind in erster Linie die sogenannten Spülsäume, die aus angespülten Pflanzenteilen (Armleuchtergewächsen, Laichkräutern u. a.), Molluskenschalen, auch Landschneckengehäusen, Köcherfliegengehäusen usw. bestehen. Am Strand kommen auch die sogenannten Seebälle vor, kugelförmige Gebilde, die aus verfilzten Pflanzenteilen, Tierhaaren, Federn u. a. gebildet sind; auch sie sind als Thanatozönosen zu betrachten; desgleichen gehören hierher die in anderem Zusammenhang schon genannten Schnegglisande alpiner Seen. Daß Überschwemmungsvorgänge Thanatozönosen bilden können, erscheint ebenfalls einleuchtend. Diese, wie auch die schon genannten Totengesellschaften des Strandes üben keinen oder nur geringen Einfluß auf die Biozönosen aus. Anders ist es da, wo Biotop und Thanatotop zusammenfallen, d. h. wo die Organismen da bestattet wurden, wo sie leben; das geschieht in Seen und Seebuchten ohne nennenswerte Wasserbewegung. Es sind die schon mehrfach genannten Gewässer oder Gewässerteile von teichartigem Charakter. Wir sahen die starke Beeinflussung der Biozönosen durch die Thanatozönosen in Seen, deren Strömungen die Totengesellschaften zum großen Teil verfrachten und weiter transportieren. Um wieviel stärker erscheint der Einfluß dieser Ablagerungen von Organismenresten in geschützten Seen. Die stets wachsende Anhäufung von organischen Ablagerungen verändert schließlich den ganzen Lebensort, indem sie den See oder die betreffende Bucht der Verlandung entgegenführt. Hierbei brauchen die angesammelten Überreste organischer Körper durchaus nicht sämtlich von im See selbst lebenden Organismen zu stammen. Sie können vielmehr großenteils auch von den Pflanzen der Umgebung des Sees herrühren. Ein sehr schönes Beispiel hierfür bieten die in Norddeutschland gar nicht seltenen kleinen Waldseen. In diesen Seen bildet das Laub der den See umgebenden Bäume (in Holstein meistens Buchen) die Hauptmasse der in enormen Schichten sich im See ablagernden organischen Stoffe. Diese und andere Beziehungen zwischen den Totengesellschaften und den Lebensgemeinschaften haben wir in anderem Zusammenhang bereits erwähnt bzw. müssen wir im nächsten Abschnitt noch einmal kurz behandeln.

Eine andere Bedeutung des Studiums der Thanatozönosen betont Wasmund (1926, S. 112), wenn er die Erkenntnis ihrer Entstehung als eine sehr wichtige Vorbedingung für die Erreichung eines anderen Zieles bezeichnet; dieses fernere Ziel bietet sich dar in der Erforschung der Geschichte der Biozönosen (Paläobiozönologie).

b) Geschichte der Seen.

Erst in allerletzter Zeit beschäftigt man sich eingehender mit der systematischen Erforschung der Entwicklungsgeschichte der Seen. Man hat vor allem erst in jüngster Zeit die Methodik für solche Untersuchungen ausgearbeitet. Man benutzt vornehmlich die Arbeitsweise, die in der Torfgeologie seit längerem gebräuchlich ist, und es ist vor allem die sogenannte Pollenanalyse, die auch für das Studium der Geschichte der Seen ihren Wert erzeigt hat. Sie besteht — wie schon oben S. 30 erwähnt — darin, daß man aus den in verschiedenen Schichten der Seenablagerungen festgestellten Pflanzenpollen Schlüsse zieht auf die Zeitperiode, aus der die betreffenden Ablagerungen stammen. Kennt man z. B. den zu einer gewissen erdgeschichtlichen Periode in einer Gegend vorherrschenden Baumbestand und findet die betreffenden Pollen in einer bestimmten Schicht der Seenablagerung, so kennt man auch meist die klimatischen Bedingungen, unter denen der See damals stand. Wir können so auch Altersbestimmungen für die Seen bzw. für die einzelnen Schichten ihrer Ablagerungen machen. Die Befunde der einzelnen Schichten — d. h. Zahl und Art der festgestellten Pollen — werden miteinander verbunden, graphisch dargestellt in sogenannten Diagrammen, die uns demnach ein Bild geben von der Entstehung dieser Ablagerungsschichten. So gewinnen wir auf der Grundlage gewisser Kenntnisse der erdgeschichtlichen Vorgänge der betreffenden Landschaft Aufschlüsse über die Geschichte ihrer Seen. Natürlich kommen auch andere Mikrofossilien für diese Untersuchungen in Frage, wenn auch die Pflanzenpollen die Hauptrolle spielen. Außer ihnen kommen vor Kieselalgenpanzer, Reste großer Pflanzen, Moosreste, Nadeln von Süßwasserschwämmen, weiter anorganische Reste, wie Kalk, Eisen u. dgl. Daß bei der Analyse einer Ablagerung die relative Menge, in der die einzelnen Mikrofossilien auftreten, von Wichtigkeit ist, versteht sich wohl von selbst. Wir wollen den ganzen Fragenkomplex hier nicht weiter ausspinnen, da er ja seiner ganzen Ausdehnung nach über den Rahmen unseres Themas hinausgeht. Wir wollten hier lediglich zeigen, welche Rolle die Reste der abgestorbenen Organismen für die Erforschung der Geschichte der Seen spielen. Zur Orientierung über diese Fragen sei vor allem hingewiesen auf die Abhandlungen von LUNDQVIST (1927) und GAMS (1924).

Während die Methode der Pollenanalyse Einblick gewährt in die Vorgeschichte der Seen hinsichtlich der großen geologischen Zeiträume, erschließt die Schichtungsforschung, wie sie namentlich PERFILIEV (1927 b) neuerdings ausgearbeitet hat, vor allem die jüngere, letzte Geschichte der Seen und läßt nicht nur größere (90 Jahre), sondern auch kleinere (10—12 Jahre) und kleinste (1 Jahr) Perioden dieser Geschichte erkennen und ausdeuten. Das ist außerordentlich wichtig, da sich viele Seen in einem Stadium schneller Entwicklung befinden, wie ja überhaupt die Veränderungen, die ein See im Laufe seiner Entwicklung erfährt, sich in — geologisch gemessen — sehr kurzen Zeiträumen abspielen können. Hat die Pollenanalyse die enge Verbundenheit der Geschichte der Seen mit den allgemeinen klimatischen Bedingungen der verschiedenen Zeitperioden festgestellt, so wird zweifellos die Sedimentschichtungs-Forschung uns noch zahlreiche speziellere Zusammenhänge aufweisen, wie ja z. B. die schon a. a. O. erwähnte „Sonnenflecken-Hypothese“ zeigt.

c) Die Entwicklung der Seen (Reifung, Altern).

An verschiedenen Stellen haben wir schon darauf hingewiesen, daß letzten Endes die Organismen durch ihre Tätigkeit bzw. durch ihre Anwesenheit die allmähliche Umwandlung der Seen, d. h. ihre Entwicklung, bewirken. Die ersten Stadien eines Sees — vom Jugendalter ausgehend, das noch keine Beeinflussung des ursprünglichen Beckens durch Ablagerungen zeigt — werden vorzugsweise gebildet durch die Tätigkeit gröberer Anschwemmungen meist anorganischer Natur. Die Weiterbildung aber vom Reifealter zum Greisenalter (FOREL 1901, S. 43—44) geschieht hauptsächlich durch die Wirksamkeit der Organismenproduktion, die in stets steigendem Maße Detritus im See ablagert und so allmählich alle Unebenheiten ausfüllt und die gröberen Ablagerungen mit einer Schlammschicht überdeckt. So wird der See immer flacher, die mit wurzelnden Pflanzen bestandene Uferbank wird breiter und schließlich ist der See zum Weiher geworden. Größere Pflanzen können ihn dann in seiner ganzen Ausdehnung besiedeln und beschleunigen ihrerseits durch die Produktion von organischen Stoffen den ganzen Prozeß, d. h. die Verlandung. Allmählich verschwindet die untergetauchte Flora; es bleiben nur noch die oberseeischen Pflanzen, die Sumpfpflanzen, zurück. Der Weiher ist zum Sumpf geworden, dargestellt durch einen dichten Bestand von Schilfrohr, das von Wiesenmoor umgeben ist. Hochmoore entstehen als Schlußglieder der Verlandung von Humusseen, d. h. von Seen, die an Humussäuren reiches, an Kalk und anderen Nährstoffen armes Wasser enthalten. Das so entstandene Hochmoor oder Torfmoor kann dann zur Heide werden, während das Wiesenmoor letzten Endes zur Wiese wird. Das ist normalerweise das Schicksal jedes Sees. FOREL (S. 44) macht aber besonders darauf aufmerksam, daß darum doch nicht jeder Weiher und jeder Sumpf das Endstadium eines Sees darstellen müsse. Beide können auch durch andere Ursachen hervorgerufen werden.

Aus dem, was über den Prozeß des Alterns der Seen gesagt wurde, geht einwandfrei hervor, daß der tiefe und der flache Seetypus eigentlich nur zwei verschiedene Stadien in der Entwicklung des Sees darstellen, d. h. daß schließlich aus dem tiefen oligotrophen See ein flacher eutropher See wird, der dann in immer stärkerem Maße der Verlandung entgegengeht. Im allgemeinen erstreckt sich diese natürliche Entwicklung über viel zu große Zeiträume, als daß wir sie beim einzelnen See verfolgen könnten. In besonderen Fällen jedoch — d. h. da, wo der Einfluß menschlicher Kultur auf einen See wirksam wird — kann die Entwicklung so beschleunigt werden, daß ihre Phasen unserer Beobachtung zugänglich werden. Für den Zürichsee haben FEHLMANN und MINDER (1920) gezeigt, daß er im Verlauf einiger Jahrzehnte sich aus einem oligotrophen in einen eutrophen See verwandelt hat infolge der Aufnahme der organischen Abwässer aus den anliegenden Städten. Den gleichen Vorgang hat man für skandinavische, norddeutsche und andere Seen beobachtet.

GAMS (1924) macht darauf aufmerksam, daß die Seenentwicklung ausnahmsweise auch andere Wege gehen kann. Wenn z. B. zufolge einer Klimaänderung — wie die Erdgeschichte sie ja mehrfach aufweist — eine bemerkenswerte Hebung der Seespiegel stattgefunden hat, so können Seen, die vorher im eutrophen Stadium waren, dadurch zu oligotrophen Seen geworden sein. Durch die Vergrößerung ihrer Gesamtwassertiefe hätten diese Seen die Vorbedingungen wieder erlangt, die für das Vorhandensein der Oligotrophie zu gelten haben.

Wenn wir uns in unserem Buch auch nur mit den Süßwasserseen beschäftigen, so müssen wir an dieser Stelle doch wohl dem Weiher — als einem Stadium in der Entwicklung des Sees — eine kurze Charakteristik widmen. Wir haben schon wiederholt auf gewisse Unterschiede zwischen See und Teich hingewiesen bei Behandlung der Seenbesiedlung und haben davon gesprochen, daß der See stellenweise Teichcharakter annehmen kann. „Teich" wird in diesem Zusammenhang in der gleichen Bedeutung gebraucht wie das Wort „Weiher"; THIENEMANN (1925a, S. 212) empfiehlt allerdings, die Bezeichnung Teich für die ablaßbaren, also künstlich veränderten Gewässer dieses Typus vorzubehalten. Wir können aber hier wohl beide Ausdrücke gebrauchen, da es sich in dem von THIENEMANN bezeichneten Falle doch wohl meist um ausgesprochene Fischteiche handelt, die ja als solche damit deutlich genug bezeichnet sind. Das Hauptcharakteristikum des Teiches oder Weihers ist, daß er in seiner ganzen Ausdehnung die Verhältnisse aufweist, wie sie das Litoral des Sees bietet: geringe Tiefe und daher Lichtdurchlässigkeit bis zum Grunde; daraus ergibt sich die Möglichkeit der Pflanzenbesiedlung für die ganze Teichfläche. Weiter folgt daraus: starke Erwärmung im Sommer, starke Abkühlung im Winter, erhebliche Temperaturschwankungen auch im Verlauf eines Tages, meist hoher Sauerstoffgehalt, fast stets nur geringe Wellenbewegung; aus dem letzteren Umstand folgt das Überwiegen von ausgesprochen lenitischen Organismen, d. h. Organismen des ruhigen Wassers; starke Planktonproduktion und ebenfalls starkes Wachstum von großen Pflanzen haben eine erhebliche Ablagerung organischer Stoffe im Gefolge. Das Plankton der Teiche ist durch besondere Arten gekennzeichnet. Unter den Planktonkrebsen überwiegen, verglichen mit dem Seenplankton, die Wasserflöhe. Die Tiefenformen der tierischen Besiedlung fehlen naturgemäß (Coregonen, Forellen und gewisse Planktonkrebse). Es erscheint einleuchtend, daß angesichts dieser Verhältnisse Eingriffe von außen ein solches Gewässer viel stärker verändern als einen großen tiefen See. Hieraus sind die Produktionssteigerungen zu verstehen, die man durch Düngung der Fischteiche hervorruft und die uns vom rein biologischen Standpunkt insofern interessieren, als sie den engen Zusammenhang zwischen der Besiedlung eines Gewässers und dem Nährstoffgehalt seines Wassers zeigen.

IV. Die Seetypen.

Die Gedankengänge des vorigen Kapitels haben uns gezeigt, wie die engen Beziehungen der einzelnen Lebensgemeinschaften zueinander und zum Lebensraum, dem See, diesen letzteren als eine Lebenseinheit erscheinen lassen, als die wir ihn ja auch unserer ganzen Darstellung zugrunde gelegt haben. Wie diese Einheit sich charakterisiert, haben wir gesehen. Wir haben ihre allgemeinen Kennzeichen in geologisch-geographischer und physikalisch-chemischer Hinsicht kennen gelernt, wir haben erkannt, daß eine ganz bestimmte Zusammensetzung der Organismenbesiedlung und deren Gliederung in gleicher Weise kennzeichnend ist für diesen Lebensraum und seine Biozönose, wir haben gesehen, wie der Ablauf der Lebensprozesse im einzelnen sowohl wie im großen dieser Lebenseinheit höherer Ordnung — wie THIENEMANN (1925a, S. 188) sich ausdrückt — einen ganz bestimmten Stempel aufprägt; indes sind alle diese Kennzeichen und Eigenschaften dieses Organismus höherer Ordnung nicht in einer einzigen ganz bestimmten Ausprägung gegeben, sondern sie variieren. Wir haben an den verschiedensten Stellen schon darauf hingewiesen, daß dieses oder jenes Charakteristikum des Binnensees sich einmal so, ein andermal wieder anders darstellt. Wir haben schon erwähnt, daß grundlegende Unterschiede vorhanden sind, z. B. zwischen der Mehrzahl der Seen der norddeutschen Tiefebene und den meisten Alpenseen. Es leuchtet ohne weiteres ein, vor allem wenn wir bei der Vorstellung bleiben, den See als eine Lebenseinheit höherer Ordnung zu betrachten, daß in gleicher Weise wie die Organismen der Tier- und Pflanzenwelt, die sich in voneinander verschiedene Einzelwesen, Arten, Gattungen usw. trennen lassen, sich auch die Seen voneinander unterscheiden lassen müssen. Wir dürfen also erwarten, daß sie nicht nur im einzelnen voneinander verschieden sind, sondern daß sie sich auch in größere und kleinere Gruppen zusammenfassen lassen, die ihrerseits größere oder kleinere Unterschiede zeigen. Und so ist es in der Tat. Die Seenforschung unterscheidet verschiedene Typen von Binnenseen. Einen großen Raum nimmt in ihrem Forschungsbereich das Problem der Seetypen ein. Es ist ein Problem, das über den Rahmen rein biologischer Forschung eigentlich hinausgeht. Trotzdem wäre unsere Darstellung unvollständig, wenn wir es unterließen, das Seetypenproblem zu besprechen. Wir stellen daher im folgenden kurz zusammen, wie sich die einzelnen Seetypen charakterisieren.

1. Das natürliche System der Seen.

Man kann natürlich verschiedene Gesichtspunkte für die Unterscheidung der Seetypen zugrunde legen. In der Tat sind die Ausgangspunkte für die erste Behandlung der Frage auch recht verschieden gewesen. NAUMANN (1921, S. 24) ging aus von der Besiedlung der Seen mit Phytoplankton und gründete hierauf seine beiden Haupttypen, den nährstoffreichen (eutrophen) See und den nährstoffarmen (oligotrophen) See. THIENEMANN (1914, S. 295; 1918a, 1920a) war auf Grund des Zusammenhanges zwischen der Tiefenbesiedlung der Seen und der Sauerstoffverhältnisse des Tiefenwassers ebenfalls zu zwei Haupttypen gelangt, die sich schließlich als nahezu identisch mit den NAUMANNschen herausstellten. Naturgemäß ist im Idealfall zu fordern, daß die auf Grund verschiedener Einteilungsprinzipien gefundenen Typen sich decken. In der Praxis allerdings liegt die Sache anders, da ja die Natur kein Schema darstellt. Trotzdem müssen wir bei der Aufstellung von Seetypen möglichst alle Faktoren bzw. Eigen-

Abb. 100. Die holsteinische Seenplatte bei Plön, vom Flugzeug aus gesehen.

schaften der Seen zu berücksichtigen versuchen, um die Typen erschöpfend charakterisieren zu können. In dieser Richtung bewegt sich die moderne Seetypenforschung, wenn sie versucht, ein möglichst einheitliches System von Seetypen zu schaffen. Die aufzustellenden Typen sind zu charakterisieren sowohl nach geologisch-geographischen und physikalisch-chemischen als auch nach biologischen Gesichtspunkten. Die einzelnen Charakteristika sind — wie ja die vorhergehenden Abschnitte unserer Darlegung erkennen lassen — voneinander abhängig. Wir geben nun im folgenden die Kennzeichen der Hauptseetypen.

Der eutrophe Seetypus — früher als baltischer Typus bezeichnet, da in der baltischen Tiefebene vorherrschend (Abb. 100) — ist reich an Nährstoffen, d. h. gelösten Substanzen. Die Folge davon ist ein entsprechender Reichtum an pflanzlichem Plankton, das seinerseits wieder eine starke Ablagerung von organischem Detritus verursacht. Auch das tierische Plankton entwickelt sich reichlich, da ja Nahrung in genügender Menge vorhanden ist. Der Nährstoffreichtum geht auf die Art der geologischen Schichten zurück, die das dem See ober- oder unterirdisch zufließende Wasser passiert. Das ist die für den See grundlegende Bedeutung des geologischen Faktors. Seine Wirkung wird verstärkt durch geographische Momente: der eutrophe See ist relativ flach und hat eine breite Uferbank. Diese letztere bringt relativ große Mengen von Pflanzen hervor, deren Reste nach dem Absinken den organischen Schlamm der Tiefe vermehren. Der Erfolg der reichlichen Schlammansammlung ist eine starke Fäulnis, die sehr viel Sauerstoff verbraucht und das Hypolimnion — d. h. die unterhalb der Sprungschicht liegende Wasserschicht, die in diesen flachen Seen ein nicht sehr großes Volumen hat im Verhältnis zum Gesamtvolumen des Sees — zur Zeit der Stagnation sehr sauerstoffarm macht. Demzufolge können hier nur Tiere von in dieser Hinsicht sehr großer Widerstandsfähigkeit leben, das sind vor allem die *Chironomus*-Larven und die mit ihnen vergesellschafteten Formen. Der Stoffkreislauf in diesen Seen ist dadurch gekennzeichnet, daß die von außen reichlich zugeführten Nährstoffe in so erheblichem Maße in organische Substanz umgewandelt werden, daß sie nicht vollkommen wieder zersetzt und abgebaut werden können, sondern von der Tiefe des Sees her diesen langsam aber unaufhaltsam anfüllen bzw. immer flacher machen. Auf diese Weise geht der Reifungsprozeß des Sees immer weiter voran, und dieser wird seiner Verlandung entgegengeführt. Je weiter fortgeschritten dieser Reifungsprozeß ist, um so intensiver geht er vor sich. Der See wird schließlich zum Weiher, dann zum Sumpf und zu festem Land.

Der oligotrophe Seetypus — früher als subalpiner Typus bezeichnet, da im Alpengebiet vorherrschend — ist arm an Nährstoffen. Plankton wird daher nur wenig produziert und demgemäß auch nur wenig planktogener Detritus abgelagert. Auch vom Ufer her wird der Tiefe nur wenig organisches Sediment zugeführt, da der oligotrophe See eine nur schmale Uferbank besitzt, die dementsprechend wenig Pflanzen produziert (Abb. 101). Die in geringer Mächtigkeit vorhandenen Schlammablagerungen der Tiefe vermögen durch ihre Fäulnis das Hypolimnion nicht sauerstoffarm zu machen, da dieses im Gegensatz zu dem des eutrophen Sees eine sehr viel größere Wassermasse umfaßt als dort, da der oligotrophe See tiefer ist als der eutrophe. Dieser Umstand macht sich schon vor der endgültigen Ablagerung des planktogenen Detritus bemerkbar, indem dieser bereits während des Absinkens durch das ausgedehnte Hypolimnion zum Teil zersetzt wird. So enthält das Sediment schließlich nicht mehr sehr viele organische Nährstoffe. Die Besiedlung des Tiefenschlammes besteht daher aus Tieren, die weniger anspruchsvoll sind in Bezug auf die Nahrungsverhältnisse, die aber empfindlich sind gegen Sauerstoffmangel des Wassers. Es ist dies eine Tiergesellschaft, deren hauptsächlichste Vertreter die Larven der *Tanytarsus*-Gruppe darstellen bzw. gewisse Angehörige der *Chironomus*-Gruppe (*Stictochironomus*). Der Stoffkreislauf im oligotrophen See kennzeichnet sich also folgendermaßen: die geologische Lage des Sees bedingt es, daß ihm wenig Nährstoffe zugeführt werden; die in organische Substanz umgewandelten Stoffe werden durch die sie fast restlos erfassende Fäulnis größtenteils wieder zersetzt und in ihre ursprünglichen mineralischen Bestandteile überführt. Es bleibt so nur ein minimaler Rest definitiv abgelagert. Der ganze Stoffumsatz ist hier wirklich nahezu ein Kreislauf, ein reversibler Prozeß. Indessen können wir nur „nahezu reversibel" sagen, ein — wenn auch noch so geringer — Rest bleibt abgelagert. Der Gesamtgehalt des Sees an Nährstoffen muß im Laufe der Zeit mehr oder weniger schnell ansteigen, d. h. auch dieser Seentypus entwickelt sich im Sinne eines Reifeprozesses. Da diese Reifung im Grunde nichts anderes ist, als eine Vermehrung des Nährstoffgehaltes, so ist offensichtlich, daß der oligotrophe See, sobald seine Reifung weit genug fortgeschritten ist zum eu-

Abb. 101. Das Weinfelder Maar in der Eifel mit seinem schmalen Ufergürtel und seiner nahrungsarmen Umgebung. Phot. Prof. A. THIENEMANN.

trophen See werden muß. Noch eine andere Tatsache läßt sich hieraus ersehen: der oligotrophe und der eutrophe See sind nicht zwei starre, einander scharf gegenüberstehende schematische Typen, sondern sie stellen gewissermaßen zwei Bezirke einer einzigen Reihe von Seen dar, mit anderen Worten, die beiden Typen müssen durch Übergänge miteinander verbunden sein. Und das ist tatsächlich der Fall. Neuere Untersuchungen bestätigen dies immer von neuem. Wir konnten zeigen (LENZ 1925a, 1927, S. 149—163), daß solche Übergangsseen auch durch eine ganz typische Tiefenfauna charakterisiert sind; je nach dem Eutrophiegrad herrscht die eine oder die andere der Übergangsformen vor. So haben wir unterschieden vom eigentlichen *Tanytarsus*-See den *Stictochironomus*-See und den *Sergentia*-See, von denen der letztere dem eutrophen *Chironomus*-See näher zu stehen scheint, während der erstere einen oligotrophen See darstellt. In Übereinstimmung hiermit hat THIENEMANN (1928, S. 71—80) für Seen, die zweifellos den *Sergentia*-Seen nahe stehen, auch Sauerstoffverhältnisse festgestellt, die ein Übergangsstadium darstellen zwischen dem Sauerstoffstandard des oligotrophen und dem des eutrophen Sees. Es sei aber betont, daß THIENEMANN hinsichtlich der Sauerstoffverhältnisse trotzdem eine ziemlich scharfe Grenze zwischen der Oligotrophie und der Eutrophie gefunden hat. Die Übergangstypen sind oft gegliederte Seen, deren verschiedene Teile eine ganz verschiedene Eingliederung nach der Eutrophie erfahren müssen. Der weitere Ausbau der Seetypenlehre, vor allem hinsichtlich der Übergangstypen, muß der Zukunft überlassen bleiben. Das gleiche gilt auch für die weitere Durcharbeitung der Unterschiede im Gesamtstoffwechsel des oligotrophen und eutrophen Sees, besonders was ihre chemischen Grundlagen, d. h. die Kenntnis der qualitativen und quantitativen Zusammensetzung des Gehaltes des Seewassers an Nährsalzen, anbetrifft. Gerade dieser letztere Faktor ist ja, wie aus unseren Ausführungen hervorgeht, von grundlegender Bedeutung für die Seetypenfrage. Es sind in erster Linie die Stickstoff (N)- und Phosphor (P)-haltigen Stoffe, die durch die Menge ihres Vorkommens bestimmend sind für den Charakter des Sees. NAUMANN hat ja zur Bezeichnung der Menge der vorhandenen Grundstoffe den Begriff des Spektrums eingeführt. An diesem Spektrum unterscheidet er die drei Hauptbezirke des Poly-, des Meso- und des Oligotypus, die wir ja weiter oben S. 174 definierten und für die wir auch gewisse Zahlenwerte angaben. Nach NAUMANN ist der eutrophe See grundlegend gekennzeichnet durch die Mesotrophie des N- und P-Spektrums, der oligotrophe durch die Oligotrophie des N- und P-Spektrums. Der Kalkgehalt kann dabei schwanken, d. h. größer oder geringer sein. Charakteristisch dagegen ist sein Fehlen für den dritten Hauptseetypus, den dystrophen See. Dieser See kennzeichnet sich im positiven Sinne durch den reicheren Gehalt an Humusstoffen, die meist in kolloidaler Form ausgeflockt und von außerhalb in den See eingeschwemmt sind. Die Reaktion des Wassers (Wasserstoffionenkonzentration) ist in diesen Seen $p_H < 7$, während für den eutrophen und oligotrophen See die Reaktion des Wassers um den Neutralpunkt herum liegt, bzw. $p_H > 7$ ist. Da dieser Seetypus arm an Pflanzennährstoffen ist, ordnete ihn NAUMANN früher dem oligotrophen Typus unter. Neuerdings behandelt er ihn als selbständigen Seetypus. THIENEMANN dagegen stellt ihn in seinen grundlegenden Arbeiten als Braunwassersee dem oligotrophen und eutrophen See, die er als Klarwasserseen zusammenfaßt, gegenüber. Die Armut an Nährstoffen begründet für den dystrophen Seetypus eine entsprechende Armut an pflanzlichem Plankton. Das tierische Plankton kann trotzdem zahlreich vorhanden sein, da es sich von den ausgeflockten Humuskolloiden des Wassers zu nähren vermag. Damit ist aber auch die „nützliche" — wenn es gestattet ist diesen Ausdruck zu gebrauchen — Wirkung der Humuskolloide im See erschöpft. Sie können — wie schon erwähnt — nicht zum Aufbau von Pflanzenplankton dienen. Auch als Sediment am Grunde des Sees vermögen sie nicht mehr dem Stoffkreislauf zugute zu kommen; sie haben keinen Nährwert für eine etwaige Bodentierwelt.

Der Zersetzung durch Fäulnisbakterien bieten sie Widerstand, d. h. die Bakterien finden sich nur spärlich im humushaltigen Sediment. So werden auch die geringen organischen Reste des Planktons und der Uferbesiedlung — deren Zusammensetzung in erster Linie bestimmt wird durch die Kalkarmut des Wassers und die qualitativ charakterisiert ist durch das Vorkommen von *Lobelia, Isoëtes, Litorella, Amblystegium* u. a. — nur sehr mangelhaft oder gar nicht zersetzt. Statt dessen werden sie in Humusstoffe eingelagert, humifiziert; dazu werden sie oft noch durch Eisenausscheidungen imprägniert. Den so entstehenden Humusschlamm nennt man Dy. Demgegenüber heißt der echte Faulschlamm der beiden anderen Seetypen Gyttja. Im dystrophen See ist mangels ausreichender Nahrung die Bodenbesiedlung sehr spärlich. Die Larve der Büschelmücke *Corethra* ist typisch für diesen See und mit ihr wenige andere Formen. Neuerdings nennt THIENEMANN (1926c, S. 769) als Charakterform für kalkarme Seen noch die Wasserflohart *Holopedium gibberum.* Eine Umschichtung des Bodensediments findet gar nicht oder kaum statt. Trotz des Fehlens der eigentlichen Fäulnis beobachtet man doch in der Tiefe dieser Seen Sauerstoffarmut, die sich natürlich in den Stagnationsperioden besonders scharf — bis zu völligem Sauerstoffschwund — ausprägt. Der Stoffkreislauf ist durch die Anhäufung der humifizierten Stoffe am Grunde als Endergebnis gekennzeichnet. Der dystrophe See erhält also einerseits seinen Charakter von außen her durch die angeschwemmten Humusstoffe, andererseits häuft er sowohl die von außen kommenden als auch die im See produzierten Stoffe fast restlos am Grunde an, so daß der Prozeß, der sich hier abspielt, als ein irreversibler bezeichnet werden kann. Im Sinne der NAUMANNschen Spektra ist dieser Seetypus bestimmt durch *N*-, *P*- und *Ca*-Oligotrophie und die Humuspolytrophie.

Wir haben schon erwähnt, daß für den Gehalt des Seewassers an Stoffen letzten Endes die Umgebung maßgebend ist. Hierauf begründet NAUMANN seine Gedanken über die regionale Limnologie. Sie stellt dar ein System der Seen auf der Basis ihrer geologisch-geographischen Lage. Ihr Ziel ist die Kartierung großer Gebiete nach diesen Gesichtspunkten. Für Schweden ist eine derartige Seenübersicht bereits durchgeführt. Es ist hier nicht der Ort, im einzelnen den Wert dieser Gedankengänge und die Möglichkeiten zu ihrer Durchführung zu behandeln. Das ist ein rein limnologisches Problem. Im Rahmen unserer Darlegungen dürfte es genügen, wenn wir auf die Bedeutung der regionalen Limnologie für die Erforschung der Binnenseen als Lebensort hinweisen.

Überblicken wir rückschauend die Prinzipien, die wir als grundlegend für die Scheidung der Seen in verschiedene Typen angeführt haben, so erkennen wir ohne weiteres ihre verschiedene Bedeutung für das Problem. Die Faktoren, die einen See kennzeichnen, sind in verschiedenem Grade grundlegend für seinen Charakter. Gewisse Faktoren erscheinen als primäre, d. h. ursprünglich gegebene. Zu diesen gehört vor allem die Geologie und Geographie des Sees. Wir haben gesehen, diese ist die letzte Ursache für den sich zur Zeit darbietenden Zustand des Sees. Nährstoffgehalt, Organismenproduktion und alles, was weiterhin hiervon abhängig ist, sind nur Folgeerscheinungen. Allerdings wird der See am besten charakterisiert, wenn alle Kennzeichen zusammengenommen werden, und es ist natürlich das Ziel jeder Seenforschung, diesen nach allen Gesichtspunkten zu beschreiben; indes sind die einzelnen Charaktere von recht verschiedener Bedeutung für die Erkenntnis des Charakters des Sees. Dies ist der andere Gesichtspunkt, unter dem wir die Eigenschaften des Sees betrachten: ihre Verwendbarkeit als Indikatoren für den Charakter des Seetypus. Und in dieser Hinsicht kann unter Umständen ein „sekundärer" Faktor, der als Folgeerscheinung auf anderen beruht, einen größeren Wert besitzen als ein primärer, ursprünglicher Faktor. Eine Tatsache, die durch mehrere Faktoren begründet ist, enthält natürlich auch die Kennzeichen für ihre Ursachen und Grundbedingungen. So z. B. charakterisiert uns die Tiefenbesiedlung eines Sees dessen Sauerstoffverhältnisse und Nährstoffgehalt. Die Tiefenbesiedlung ist somit ein guter Indikator für den Charakter des Sees und behält so immer ihren Wert für die Praxis der Seenuntersuchung, auch wenn sie nicht mehr grundlegend ist für die Aufstellung von Typen. Es erscheint naturgemäß besser, die grundlegenden Faktoren zu erfassen, so daß aus ihnen die Folgeerscheinungen und somit auch der Charakter des Sees zu erkennen ist. Dieser Idealforderung scheint neuerdings Thienemann (1928, S. 416—17) nahe gekommen zu sein, wenn er die Morphometrie des Sees als Kennzeichen für seinen Charakter benutzt. Die Thienemannschen Gedankengänge sind die folgenden: die oberen Wasserschichten — etwa bis zu 10 m Tiefe — sind die organische Substanz produzierenden, da ja hier die erforderliche Mitwirkung des Lichtes vorhanden ist. Man nennt diese Schicht die trophogene. Die darunter liegende Wassermasse von 10 m Tiefe bis zum Grunde heißt demgegenüber die tropholytische oder nahrungsauflösende Schicht, da in ihrem Bereich die in der Oberschicht gebildeten Organismen zersetzt und in ihre Grundstoffe zerlegt werden. Daraus ergibt sich ein erhöhter Sauerstoffverbrauch in der letztgenannten Schicht.

Wir werden daher im allgemeinen in der trophogenen Schicht pro Volumeinheit — also etwa in 1 Liter — Wasser mehr Sauerstoff finden als in der gleichen Wassermenge in der tropholytischen Schicht. Diese Differenz wird sich um so stärker ausprägen, je mehr organische Substanz produziert wird, d. h. je nährstoffreicher der See und je größer die produzierende Schicht im Verhältnis zur auflösenden ist. Thienemann stellte fest, daß im eutrophen See im Hochsommer die Gesamtsauerstoffmenge der oberen Schicht (0—10 m) größer ist als die Gesamtsauerstoffmenge der darunter liegenden Schicht (10 m bis zum Grunde). Im oligotrophen See ist es umgekehrt. Es ergibt sich daraus folgende Formel: das Verhältnis der Sauerstoffmenge der trophogenen Schicht zur Sauerstoffmenge der tropholytischen Schicht ist im eutrophen See größer als 1, im oligotrophen See kleiner als 1. Weiter stellt dieser Autor fest, in daß gleicher Weise das Verhältnis Gesamtvolumen der tropholytischen Schicht zum Gesamtvolumen der trophogenen Schicht im eutrophen See größer als 1, im oligotrophen See kleiner als 1 ist, mit anderen Worten: im eutrophen See ist das Volumen der trophogenen Schicht größer als das der tropholytischen, und im oligotrophen See ist das Gegenteil der Fall. Wir haben also in der Morphometrie des Seebeckens ein wichtiges Hilfsmittel für die Beurteilung des Seecharakters. Noch eine andere Beziehung ergibt sich aus diesen Zusammenhängen. Die mittlere Tiefe eines Seebeckens ist bekanntlich der Bruch aus $\frac{\text{Volumen}}{\text{Oberfläche}}$. Ist nun die mittlere Tiefe eines Sees kleiner als 18 m, so haben wir einen eutrophen See, ist sie größer als 18 m, so handelt es sich um einen oligotrophen See. Diese Beziehung dürfte einleuchten, wenn wir daran denken, daß die Größe der Oberfläche, durch die ja das zum Aufbauen der organischen Substanz erforderliche Licht eindringen muß, maßgebend ist für die Menge der produzierten Substanz, daß aber andererseits von der Größe des Volumens, die ja mit der Tiefe steigt, die Verdünnung der vorhandenen Substanz abhängig ist. Diese letztere Beziehung gibt uns also in der mittleren Tiefe des Sees einen Maßstab für seinen Nährstoffreichtum. In der oben genannten Verhältniszahl für den Sauerstoffstandard des Hochsommers liegt noch mehr als das Kennzeichen für einen Zustand: das Verhältnis der Sauerstoffmenge in der Ober- und der Unterschicht zueinander ist bis zu einem gewissen Grade das Sinnbild für den Stoffkreislauf im See. Der Nahrungskreislauf ist ja in der Gesamtheit seiner Beziehungen das Hauptcharakteristikum für den Seetypus. Wenn wir diesen Kreislaufprozeß, gewissermaßen also die Ernährungsphysiologie des Sees, in einer kurzen Formel erfassen können, dann haben wir in der Kennzeichnung der Seetypen einen wesentlichen Fortschritt erzielt. Und dieser Forderung scheint die THIENEMANNsche Verhältniszahl nahe zu kommen. Der Sauerstoffstandard zu einer Zeit, wo das Leben im See sich am intensivsten abspielt, kann als Indikator des ganzen Stoffumsatzes gelten, d. h. wenn wir nur die Hauptzüge des Prozesses ins Auge fassen und die vielen Begleiterscheinungen unberücksichtigt lassen. Das Verhältnis der Sauerstoffmenge der trophogenen Schicht zur Sauerstoffmenge der tropholytischen Schicht gilt uns also gewissermaßen als Formel für den Stoffumsatz. Darin liegt der große Wert dieser Verhältniszahlen: sie lassen unmittelbare Zusammenhänge zwischen grundlegenden Faktoren und Endzuständen erkennen. Die Morphometrie, der Bau des Seebeckens, ist das Ursprüngliche, das Begründende; die Sauerstoffverhältnisse stellen die Wirkung, das Endergebnis dar. Beides ist auf eine sehr kurze und klare Formel gebracht. Deshalb dürften die dargelegten Zusammenhänge von großer theoretischer und praktischer Bedeutung für die fernere Seenforschung sein. Es scheint dabei auf den ersten Blick, als ob die Beziehungen zwischen Geologie und Seencharakter und damit die NAUMANNsche regionale Limnologie an Wert für das Seetypenproblem verloren hätten bzw. in den Hintergrund gedrängt seien. Indes wäre das ein Trugschluß. Die Bedeutung des Untergrundes für den Seencharakter bleibt die gleiche. Die Form, die das Becken im gegenwärtigen Zeitpunkt hat, hängt ja schließlich in der Hauptsache vom geologischen Untergrund ab. Sie ist das Kennzeichen für den augenblicklichen Zustand des Sees. Im harten Urgestein geht die Reifung des Sees langsamer vorwärts als etwa im Aufschüttungsgebiet baltischer

Moränen. Es besteht natürlich an und für sich die Möglichkeit, daß auf einem gewissen geologischen Untergrund sich andere Seetypen finden, als man erwarten müßte. Im allgemeinen wird man vom Untergrund auf das Reifungsstadium bzw. den Seencharakter schließen können. Rein theoretisch müßten sich alle gleichaltrigen Seen des gleichen Untergrundes im selben Reifungsstadium befinden. In Wirklichkeit ist das aber oft nicht der Fall, wie wir an holsteinischen und mecklenburgischen Seen beobachten können. Für solche Verschiedenheiten sind dann lokale Verhältnisse (etwa der Einfluß menschlicher Siedlungen) maßgebend, die im einzelnen zu studieren sind. Im großen und ganzen aber gilt die Geologie nach wie vor als Grundlage für die Beurteilung des Seencharakters. Der Bau des Seebeckens ist eines der ersten in

Abb. 102. Kleiner holsteinischer Waldsee (Kolksee). Phot. A. LÜDTKE.

der Reihe der Folgeerscheinungen sichtbar werdenden Charakteristika, und er ist seinerseits grundlegend für eine Reihe sich darauf aufbauender Tatsachen und Lebensvorgänge und damit für die Ausgestaltung des Seencharakters.

Auf Grund des Gesagten wird uns die geographische Verteilung der Seetypen verständlich. Im holsteinischen Moränengebiet herrscht der eutrophe Typus vor (siehe Abb. 100) von der Art des Großen Plöner Sees (Maximaltiefe 63 m, mittlere Tiefe 16 m). Stark eutroph sind allerdings nur eine gewisse Anzahl der Seen dieses Gebietes. Zwischen den größeren Seen liegt in diesem Gebiet eine Anzahl kleinerer Seen, die gänzlich geschützt und von (Buchen-)Wald umgeben sind (Abb. 102). Sie zeigen, wie wir ja schon erwähnten, infolge der reichlichen allochthonen Ablagerungen (Laubblätter) eine gewisse Annäherung an Humusgewässer. Echte Humusseen, wie sie das skandinavische Urgebirge aufweist, fehlen in Norddeutschland. Je weiter wir nach dem Osten, in das Gebiet des nährstoffärmeren, sandigen Bodens (Kiefern- und Birkenwald) kommen (östliches Mecklenburg, Mark usw.), um so häufiger werden die schon mehr oder ganz oligotrophen Seen von der Art etwa des polnischen Wigrysees (Abb. 103) (60 m Maximaltiefe und etwa 25 m mittlere Tiefe). Der Wigrysee gehört zu den gegliederten Seen, deren einzelne Teile einen ver-

Abb. 103. Der Wigrysee in Polen. Phot. Dr. A. LITYNSKI.

schiedenen Eutrophiestand aufweisen. Im Alpengebiet herrscht der oligotrophe Typus vor (Bodensee mit 252 m Maximaltiefe und 90 m mittlerer Tiefe, Genfer See mit 310 m Maximaltiefe und 154 m mittlerer Tiefe).

2. Fischereiliche Seetypen.

Es ist verständlich, daß die Fischereibiologie, die ja letzten Endes rein praktisch-wirtschaftliche Ziele verfolgt, eine Gruppierung der Seen nach eigenen Gesichtspunkten versucht. Und es ist auch einleuchtend, daß die hier verwandten Gesichtspunkte in erster Linie fischereiwirtschaftlicher Art sind. Allerdings hat SELIGO (1922) in seinem System für die Grundeinstellung geographisch-morphologische Prinzipien verwendet, wenn er von Flachseen und Tiefseen spricht. Die weitere Einteilung aber berücksichtigt die Fischarten, die für den betreffenden See in erster Linie in Betracht kommen. Die Flachseen werden eingeteilt in Schleiseen und Bleiseen. Die ersteren sind pflanzenreich und enthalten vor allem Schlei, Karausche, Rotauge und Hecht, sowie oft auch Aal. Die Bleiseen sind tiefer — bis zu 20 m — und besitzen weniger Makrophyten (große Pflanzen). Hier hat die eigentliche Tiefenzone größere Ausdehnung und die Bodenfische dominieren demgemäß gegenüber den Uferfischen; Blei, Barsch, Plötze und Hecht kommen vornehmlich vor; auch Karpfen und Aal sowie Zander können hier gedeihen.

Die Tiefseen sind charakterisiert durch die Coregonen (Renken, Felchen), die nur geringe Temperaturschwankungen vertragen; hierzu kommen meist noch Forellen und Saiblinge. Die Tiefseen können also auch als Coregonenseen bezeichnet werden. Eine noch speziellere Einteilung der Seen nach ihrem Fischbestand unterscheidet Bachforellenseen, Seeforellenseen, Saiblingseen, Coregonenseen, Bleiseen; Schlei und Hechtseen, Krebsseen, Zanderseen, Karauschenseen u. a. Spezialtypen.

Natürlich kann man solch' ein fischereiwirtschaftliches Seetypensystem in Beziehung setzen zu jedem auf anderer Basis gewonnenen, also auch zu dem von uns weiter oben gekennzeichneten. So können wir sagen, daß die SELIGOschen Typen der Flachseen und Tiefseen in etwa den NAUMANN-THIENEMANNschen Typen des eutrophen und oligotrophen Sees entsprechen. Auch der Grad der Produktionsfähigkeit der Seen, also die Frage, wieviel Fische ein See liefern kann, ist von der Fischereiwirtschaft als Einteilungsprinzip verwandt worden, wenn sie von sehr guten, guten, mittelmäßigen und geringen Seen spricht; sie stellt damit eine Stufenfolge auf, die derjenigen nach dem Nährstoffgehalt etwa entspricht. Eine Handhabe zur Beurteilung des Verhältnisses von Produktionsfähigkeit und Fischreichtum versucht auf Grund der Bodentier-Menge der ALMsche Fb-Koeffizient zu geben. Indessen kann er zu irreführenden Annahmen veranlassen, denn er berücksichtigt ja nicht im geringsten die tatsächliche Ausnutzung der vorhandenen Fischnahrung durch die Fische. So z. B. bietet der im Sommer in der Tiefe sauerstoffarme eutrophe See den Fischen gar keine Möglichkeit, die dort vorhandene reiche Bodennahrung auszunutzen. Überhaupt gilt ja der Fb-Koeffizient nur für die sich von Bodentieren nährenden Fische, und bei der Aufstellung fischereiwirtschaftlicher Seetypen — darauf weist SCHÄPERCLAUS (1927, S. 225) besonders hin — müssen doch die Lebensmöglichkeiten der verschiedenen Fischarten berücksichtigt werden, also vor allem die Hauptgruppen Uferfische, Bodenfische und Freiwasserfische. WILLER z. B. (1925, S. 155) bringt für Ostpreußen die Seetypen in Beziehung zum Vorkommen der planktonfressenden Fische Uklei, Zander, Stint und kleine Maräne. SCHÄPERCLAUS stellt daher (1927, S. 227—228) unter Berücksichtigung möglichst der grundlegenden Begriffe des NAUMANN-THIENEMANNschen Systems getrennte Systeme auf für die Freiwasserfische, die Bodenfische und die Uferfische. Für die Einordnung des einzelnen Sees sind — so fordert es der Autor — von Fall zu Fall die drei Tabellen zu berücksichtigen, um ihn fischereiwirtschaftlich exakt charakterisieren zu können.

3. Geographische Seetypen und ihre Besiedlung.

Die Seetypen, die wir obenstehend gekennzeichnet haben, sind gewonnen auf der Grundlage ökologischer Erwägungen — auch die praktischen Gesichtspunkte der Fischereibiologie sind solche —, d. h. sie sind aufgebaut auf der Charakteristik der Seen nach ihrer Besiedlung und ihren gesamten Lebensprozessen im Zusammenhang mit ihren physikalisch-chemischen Eigenschaften. Wir sahen, daß diese Einteilung der Seen bis zu gewissem Grade auf der Geologie ihrer Umgebung beruht. Sie berücksichtigt jedenfalls den derzeitigen Zustand der Seen. Wenn wir die geologische Geschichte der Seen, mit anderen Worten ihre Entstehung, als Grundlage nehmen, dann können wir eine Seeneinteilung ganz anderer Art vornehmen; es gibt mehrere Einteilungssysteme, die auf dieser Basis gewonnen sind. Eines dieser Systeme unterscheidet Aufschüttungs- und Eintiefungsbecken. Die ersteren können Damm- oder Wallbecken sein, je nachdem ob sie einer Damm- oder Wallbildung ihr Dasein verdanken. Die Eintiefungsbecken können durch Erosionen oder sonstige Ausräumung entstanden sein oder auf einen plötzlichen unterirdischen Vorgang (Einsturz, Explosion, tektonische Faltung) zurückgehen (Vulkanseen). Wir sehen, daß ebensoviele Seenarten auf diese Weise unterschieden werden können, wie Entstehungsarten festzustellen sind. Wir wollen hier nicht die verschiedenen sonst noch aufgestellten geologisch-geographischen Seentypen (Endseen) besprechen; sie gehören in das rein hydrographische Gebiet.

Nun aber können wir auch an eine Kennzeichnung und Unterscheidung der Seen vom Standpunkt der Tier- und Pflanzengeographie herantreten. Und da sehen wir, daß die tier- und pflanzengeographischen Momente, die sich beim Studium der Seen ergeben, im allgemeinen doch recht beschränkt sind. Die Süßwasserorganismen sind in weit höherem Maße Kosmopoliten, als es die Organismen des festen Landes sind; mit anderen Worten die tierische und pflanzliche Besiedlung der Seen der einzelnen großen Gebiete, in die wir unsere Erde geographisch einteilen, ist nicht so verschieden, wie wir es vielleicht erwarten. Natürlich ist die Besiedlung der Seen in den verschiedenen Zonen der Erde nicht gleich, aber die Unterschiede sind geringer als bei den Landorganismen.

Die Seen der Arktis, des kalten nördlichen Gebietes, z. B. sind von Tieren und Pflanzen besiedelt, die wir auch in den Seen unserer — d. h. der nördlichen gemäßigten — Breiten finden; indes ist in den arktischen Seen doch eine gewisse Auswahl getroffen. So z. B. treten die Kieselalgen im Norden stärker auf, die Spaltalgen fehlen ganz, die tierischen Plankter (Krebse, Rädertiere) sind auf wenige Arten beschränkt, die allerdings in großen Mengen auftreten können. Daß Arten hier vorkommen, die bei uns als Winterformen gelten, erscheint einleuchtend. Die Entwicklung ist bei Rädertieren und Wasserflöhen weniger intensiv, d. h. die Zahl der Entwicklungszyklen im Jahr ist geringer als in unseren Seen. Auch von den größeren Pflanzen unserer Seen fehlt eine Anzahl in den arktischen Seen. Gewisse Tiere und Pflanzen — sowohl eurytherme als auch kaltstenotherme Formen — kommen in jenen Seen wiederum in größeren Mengen vor als bei uns. Alles in allem aber ist die Zahl der Arten eine ziemlich geringe in den kalten Seen des Nordens.

In den tropischen Seen finden wir ebenfalls eine Auslese von auch bei uns lebenden Arten; hier aber sind es naturgemäß die sogenannten Sommerformen, die als ständige und dominierende Seenbewohner auftreten. Ganz allgemein sind die Unterschiede zwischen der Besiedlung der tropischen Seen und derjenigen unserer Seen größer als zwischen diesen letzteren und den arktischen Seen. Denken wir nur an den jahreszeitlichen Wechsel der Lebensbedingungen, den in den Tropen der Wechsel von Regenzeit und Trockenheit mit sich bringt. Manche Gewässer macht dieser Umstand überhaupt zu periodischen; es gibt also in den Tropen auch Seen, die nur zeitweise existieren. Daraus muß sich ein ganz besonderer Lebenszyklus für solche Seen ergeben. Weiterhin sind die tropischen Seen durch ganz eigene Formengruppen charakterisiert, die bei uns gar nicht vorkommen; es sei nur erinnert an die Schildkröten und Krokodile, an die unter den Fischen besonders hervortretenden Welse; auch die Krebse sind zum Teil durch besondere Typen vertreten.

Die gemäßigte und die kalte Zone der südlichen Halbkugel sind in hydrobiologischer Hinsicht noch nicht sehr gut erforscht, doch kennt man auch für sie schon gewisse Eigenarten der Seenbesiedlung.

Die Erklärung für die Unterschiede der Seenbesiedlung der einzelnen Zonen liegt im allgemeinen in der Verschiedenheit der Lebensverhältnisse, die sich aus der geographischen Lage ergibt; nur in einigen Fällen ist die geologische Geschichte verbreitungsregulierend gewesen. Allerdings möchte man sagen, daß gerade diese Fälle von besonderem Interesse sind. Einige dieser Sonderfälle der Tier- und Pflanzengeographie der Seen haben wir bereits an anderer Stelle (S. 149) kennen gelernt. Wir haben gesehen, daß gewisse Tiere als Überbleibsel der Eiszeit (Eiszeitrelikte) in manchen Binnenseen zurückgeblieben sind und noch heute dort leben, wo ihnen Lebensbedingungen geboten werden, die den früher (zur Eiszeit) gewohnten gleichkommen. Der Spaltfußkrebs *Mysis relicta*, der beim Übertritt ins Süßwasser aus der *Mysis oculata* der kalten nördlichen Meere entstanden war, fand — durch die Gletscher der Eiszeit nach Süden in die Stauseen gedrängt — eine Zufluchtsstätte in gewissen Binnenseen, da ihm die Rückkehr in das salzige Milieu (Ostsee) verwehrt war. Er fand die ihm zusagenden Verhältnisse in den unteren dauernd kalten Tiefenregionen der Seen, sofern diese genügend Sauerstoff enthalten und nicht infolge zu hoher Eutrophie allzuviel sauerstoffzehrenden Faulschlamm in der Tiefe bergen.

Ganz ähnlich verhält es sich — wie wir ja schon ausführten — mit den Maränen; auch sie sind in gewissen Seen Eiszeitrelikte.

Ein anderes Beispiel für die Wirksamkeit der geographisch-geologischen Erdgeschichte: da die Verbindung zwischen Nord- und Südamerika lange Zeit hindurch unterbrochen war, gibt es in Südamerika keine karpfenartigen Fische; es bestand eben eine Schranke für ihre Ausbreitung.

Besonders interessant vom Standpunkt der Tier- und Pflanzengeographie sind die beiden tiefsten Seen der Erde, der Baikalsee und der Tanganjikasee. Beide weisen viele an marine Formen erinnernde Tierarten auf; außerdem haben sie zahlreiche eigene und merkwürdige Formen unter ihren Bewohnern. Die hierin sich bietenden Probleme sind zwar größtenteils noch nicht gelöst; wir können aber wohl annehmen, daß das hohe Alter dieser Seen eine Rolle dabei spielt. Auch in anderen aus dem Tertiär stammenden Seen — u. a. im Ochridasee auf dem Balkan — hat man merkwürdige Tierarten festgestellt, die zum Teil Anklänge an gewisse Baikalformen zeigen. Alles das sind Einzeltatsachen, die zwar in verschiedener Hinsicht sehr bemerkenswert sind, die aber für die allgemeinen Probleme der Seenbiologie nur geringe Bedeutung haben. Die Grundlage für deren Verständnis bietet eben in allererster Linie die Ökologie. Und die ökologischen Lebensbedingungen zeigen eben — wie noch jüngst Huber-Pestalozzi (1927) betont hat — in den Seen der verschiedenen geographischen Zonen weit weniger Unterschiede als auf dem festen Lande. Das Wasser als Lebenselement nähert die im allgemeinen doch stark differierenden Zonen einander an und demgemäß ist auch die Besiedlung der Seen der einzelnen Zonen bei weitem nicht so verschieden, wie es die pflanzliche und tierische Bewohnerschaft des festen Landes ist.

4. Seen von abweichendem Charakter.

Wenn wir oben schon sahen, daß für die Gruppierung der Seen der Nährstoffgehalt und die damit im Zusammenhang stehenden Eigenschaften nicht genügen, daß vielmehr als weiteres Haupteinteilungsprinzip der Humusgehalt hinzukommt, dann können wir uns denken, daß damit die Differenzierung der Seen nicht erschöpft ist. Außer den Abstufungen im Nährstoffgehalt und im Humusgehalt, die an und für sich schon eine weitergehende Gliederung der Seen mit sich bringen, können natürlich auch andere Einzelfaktoren einem See besonderen Charakter verleihen, d. h. seine Besiedlung entscheidend beeinflussen. Allerdings ist die Zahl der Seen, die eine derart ausgeprägte Eigenart besitzen, nicht sehr groß; bei den kleineren Gewässerarten (z. B. Quellen) finden wir diese extremen und einseitig ausgeprägten Typen häufiger. Die wenigen Fälle, die für den See zutreffen können, seien kurz aufgeführt. Es kommen in erster Linie ganz bestimmte Ausprägungen des Chemismus des Sees in Frage. Durch Abwasserzuflüsse anorganischer Natur (Säuren usw.) — wohl hauptsächlich von Fabriken herrührend — kann der Chemismus eines Sees soweit beeinflußt werden, daß ein großer, wenn nicht der größte Teil der Organismen dadurch aus dem See verbannt bzw. vernichtet wird. Es bleibt eine — je nach dem Grad der Verunreinigung — mehr oder weniger kleine Anzahl von widerstandsfähigen Organismen übrig, die dann ein Bild der Einseitigkeit des Milieus darstellen. Es sind vor allem Würmer, gewisse Egelarten, die Wasserassel, die Rattenschwanzlarve, die Schlammfliegenlarve, bestimmte Käfer und andere Tiere, an Pflanzen hauptsächlich blaugrüne Algen, die derartigen Milieueinflüssen gewachsen sind. Indessen kann eine solche Situation in größeren Seen nur in lokalen Partien sich ausbilden; der See als Ganzes wird dadurch wohl kaum verändert. Kleine Seen dagegen kann ein derartiger von außen kommender Einfluß in katastrophaler Weise umgestalten. Das gleiche gilt für den Fall, daß es sich nicht um anorganische, sondern um organische Abwässer handelt. Hier wird eine mehr oder weniger starke Fäulnis in dem Gewässer, das die Faulstoffe aufnehmen muß, erzeugt. Diese Fäulnis bzw. der durch sie verursachte Sauerstoffmangel — vielleicht auch gewisse Giftwirkungen? — wirkt hier als besiedlungsbeschränkender Faktor und reduziert die Zahl der dies Gewässer bewohnenden Tier- und Pflanzenarten auf ein Minimum. In einem kleinen See kann so ein ähnlicher Zustand sich herausbilden, wie wir ihn beim Profundal jedes tieferen Sees kennen gelernt haben. Daß die wenigen

Arten, die für dies Milieu widerstandsfähig genug sind, sich dann bei vorhandenem Nahrungsüberfluß in riesigen Individuenmengen entwickeln können, haben wir auch bereits bei Besprechung der Besiedlung des Profundals erfahren. Auch in diesem Falle sind die am meisten ins Auge fallenden Bewohner solcher verschmutzten Gewässer die Larven der Zuckmückengattung *Chironomus*, hier meist von der *Thummi*-Gruppe, daneben die *Tubifex*-Würmer. Es sind das Formen, die auch im reinen Wasser vorkommen; da sie aber im verschmutzten Milieu wenige Konkurrenten und um so größere Nahrungsmengen vorfinden, bringen sie es hier zu solcher Massenentwicklung. Man nennt sie saprophile Arten im Gegensatz zu den saproxenen, die nur gelegentlich und den saprobionten Formen, die ausschließlich im Faulwasser vorkommen. Die letzteren, die nur im stark faulenden Wasser und Schlamm ihre Lebensbedingungen finden, bestehen in erster Linie aus den verschiedenen Fäulnispilzen *Beggiatoa, Sphaerotilus, Leptomitus* u. a. Die genannte Dreiteilung der Fäulnisorganismen erleichtert die Erkenntnis des Grades der organischen Verschmutzung. KOLKWITZ und MARSSON haben die „sapropelische Lebewelt“ je nach dem Grad der Verschmutzung, den ihre verschiedenen Vertreter kennzeichnen, in im ganzen vier Gruppen eingeteilt, polysaprobe, α- und β-mesosaprobe sowie oligosaprobe Organismen (die letzteren stellen die Reinwasserorganismen dar) und demgemäß entsprechende Zonen der Verschmutzung.

Wir sehen, auch hier bietet die Besiedlung eine sehr gute Handhabe zur Erkenntnis des Zustandes des Gewässers. Es gibt innerhalb der Hydrobiologie den besonderen Forschungszweig — seinem Wesen nach in erster Linie von praktisch angewandter Natur — der „biologischen Wasseranalyse“, der sich mit dem Studium dieser Gewässer beschäftigt. Zwar handelt es sich dabei vornehmlich um fließende Gewässer. Diese Frage durfte aber doch an dieser Stelle nicht unbeachtet gelassen werden, da die geschilderten Verhältnisse natürlich auch für den See zutreffen können.

Eine andere Besonderheit im Chemismus der Gewässer findet sich demgegenüber sehr häufig bei Seen; es ist der besonders hohe Gehalt an Kochsalz, wie wir ihn u. a. bei vielen Küstenseen feststellen (eigentliche Flußmündungen und Binnenlandsalzgewässer von der Art der Salinengräben und Salzsümpfe sollen uns ja hier nicht beschäftigen) und vor allem bei den stark salzhaltigen Seen der Salzsteppengebiete. Brackwasser entsteht durch die Vermischung von Meer- und Süßwasser und weist einen bald höheren, bald niederen Salzgehalt auf. Wenn wir uns klar machen, wie diese Vermischung geschieht und in wie vielfach variierendem Grade der Salzgehalt dabei vorkommt, dann leuchtet ein, um welch komplizierte Lebensbedingungen es sich hier handelt. Einmal sind es ehemalige Meeresbuchten, die vom Meere durch natürliche Vorgänge oder menschliches Eingreifen abgeschnürt und dann als Küstenseen durch Zufluß von Süßwasser einer allmählichen Aussüßung anheimfallen. In anderen Fällen — und das sind die häufigsten — bilden sich im Mündungsgebiet von Flüssen seeartige Erweiterungen, die natürlich auf der Grenze zwischen dem zufließenden Süßwasser und dem —

infolge Wirkung der Gezeiten — eindringenden Meerwasser bald mehr, bald weniger brackig sind (die Limane der südrussischen Flüsse, des Donaudeltas, die Zuidersee, Strandseen der Ostseeküste). Eines der wesentlichsten Charakteristika dieser Brackwässer ist die mangelnde Konstanz des Salzgehaltes; es handelt sich dabei in erster Linie um Kochsalz, da etwa 78 vH des Gesamtsalzgehaltes des Meerwassers aus Kochsalz bestehen. Häufige Schwankungen des Salzgehaltes ermöglichen nur solchen Organismen das Leben in diesem Milieu, die an eben diese Schwankungen angepaßt, also euryhalin sind. So ist zu verstehen, daß die Zahl der Arten in diesen Gewässern meist nur klein ist, was aber nicht hindert, daß oft die Individuenzahlen dafür ins riesenhafte wachsen. Im allgemeinen können wir sagen, daß die Besiedlung dieser Brackwässer eine Mischfauna darstellt, die sich aus Meeres- und Süßwasserformen zusammensetzt. Sowohl von den ersteren wie auch von den letzteren können aber nur die anpassungsfähigeren (euryhalinen) Formen im eigentlichen Brackwassergebiet regelmäßig und zahlreich auftreten. Wie schon angedeutet, ist das Brackwassergebiet einer Flußmündung in der Regel kein einheitlicher Lebensbezirk. Entsprechend der Verschiedenheit im Salzgehalt unterscheidet man drei Gebiete, die nach REDEKE (1922, S. 330) sich deutlich voneinander trennen lassen. Scharf stehen einander gegenüber das oligohaline und das polyhaline Gebiet. Das erstere — gekennzeichnet durch einen *Cl*-Gehalt, der weniger als 1 g pro Liter beträgt — beherbergt vornehmlich noch Süßwasserarten, während das letztere — mit mehr als 10 g *Cl* pro Liter — naturgemäß hauptsächlich von Meerestieren besiedelt ist. Zwischen beiden — *Cl*-Gehalt 1—10 g pro Liter — liegt das eigentliche Brackwassergebiet, die mesohaline Zone. Hier fehlen die meisten Süßwasser- und Meeresformen. Es treten dafür eine Anzahl von Arten auf, die als Leitformen des Brackwassers bezeichnet werden können. Es seien nur einige davon genannt: die Krebse *Limnocythere incisa*, *Eurytemora affinis*, *Gammarus locusta*, *Corophium lacustre*, *Idothea viridis*, die Hydrozoe *Cordylophora lacustris* (Abb. 104), das Rädertier *Anuraea eichwaldi*, die Schnecke *Hydrobia baltica*. Von Interesse ist, daß gewisse Gattungen in den oben bezeichneten drei Gebieten durch verschiedene Arten vertreten sind, die einander ersetzen. Im allgemeinen verschieben sich die verschiedenen Gebiete gegeneinander infolge der Veränderungen des Salzgehaltes, vor allem da, wo es sich nicht um geschlossene Seen handelt. Da die Brackwassergebiete der Flußmündungen in den meisten Fällen keine geschlossenen Seen darbieten, brauchen wir sie hier nicht näher zu behandeln. Ein Gewässer müssen wir aber noch erwähnen, daß zwar als Meer bezeichnet wird, in gewisser Hinsicht aber nichts anderes als ein großer Brackwassersee ist, es ist die Ostsee. Sie zeigt bekanntlich in ihrem Salzgehalt recht große örtliche Verschiedenheiten; vom Westen, wo sie durch den Kattegat mit der Nordsee in Verbindung steht, bis zur Ostküste, zum Bottnischen Meerbusen, nimmt der Salzgehalt von 30 vT ab bis zu 2 vT. Demgemäß finden wir im westlichen Teil der Ostsee noch viele Meeresbewohner, im Osten dementsprechend mehr Süßwasserorganismen.

Im allgemeinen können die Meerestiere leichter ins Süßwasser vordringen als die Süßwassertiere ins Meer. Wir finden daher in Strandseen, die vom Meer durch Damm und Schleuse abgetrennt sind und durch zufließende Süßwasserbäche bereits im hohen Grade ausgesüßt sind (4 vT *Cl*-Gehalt), noch eine ganze Anzahl von Meerestieren, wie z. B. *Idothea, Mysis* u. a.

Etwas anderes als die eben genannten Brackwasserseen stellen die eigentlichen Salzseen des Binnenlandes dar. Seen, die keinen Abfluß besitzen, gelangen — da das Wasser ja einer steten Verdunstung unterliegt — zu immer stärkerer Konzentration der im Wasser gelösten Stoffe. Da wo diese Stoffe, herangeführt durch die aus salzreichen Erdschichten herkommenden Zuflüsse, größtenteils aus Salz bestehen, bilden sich so die in den verschiedensten Regionen der Erde vorhandenen Salzseen. Wir finden sie besonders zahlreich in Asien, Nordafrika, in der aralokaspischen Steppengegend, in Australien sowie in Nord- und Südamerika. In Europa sind sie weniger häufig vertreten (Halbinsel Krim, Ungarn, Italien, Deutschland und Spanien). Die größten und tiefsten der bekannten Salzseen sind das Tote Meer, das Kaspische Meer und der Issykkul. Wir brauchen nicht zu betonen, daß gerade die großen Salzseen zum Teil erhebliche örtliche Unterschiede im Salzgehalt und demnach auch in der Besiedlung zeigen. Auch das Vorhandensein von vertikalen Schichtungen des Salzgehaltes dürfte erklärlich erscheinen. In einem besonderen Fall tritt diese Schichtung besonders scharf und deutlich auf: der Hemmelsdorfer See bei Lübeck, ein Ostseestrandsee, der gelegentlich der großen Springflut vom Jahre 1870 Meerwasser aufgenommen hat, zeigt noch heute in der Tiefe einen Salzgehalt von etwa 15,4 vT. Dieses hochsalzhaltige Tiefenwasser ist in recht scharfer Abgrenzung überlagert von dem im Laufe der Jahrzehnte in den See

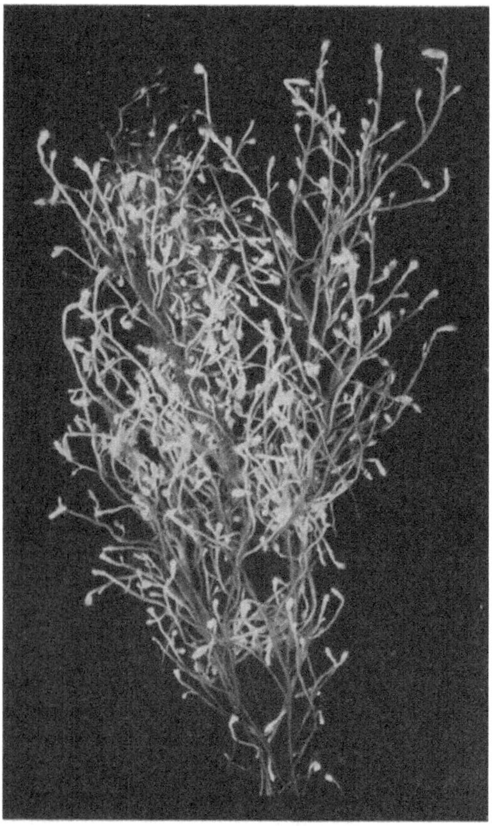

Abb. 104. Kolonie des Hydroidpolypen *Cordylophora lacustris*. Phot. Dr. W. EFFENBERGER.

gelangten Süßwasser. Diese scharfe Schichtung macht sich in besonderer Weise bemerkbar, indem durch das Fehlen jeder Durchmischung die Fäulnisprozesse in der Tiefe so intensiv und in ihrer Wirkung so ungeschwächt verlaufen, daß eine Besiedlung des Tiefenschlammes unmöglich erscheint. Ein überaus starker Schwefelwasserstoffgeruch kennzeichnet jede Probe dieses salzhaltigen Tiefenwassers (vgl. GRIESEL 1921, S. 9ff).

Die flachen Salzseen der verschiedenen Salzsteppengebiete (z. B. Kaliforniens, Südrußlands) sind meist so hochprozentig salzhaltig — sie enthalten eine fast gesättigte Salzlösung —, daß ihre Besiedlung mit lebenden Organismen auf ein Minimum von Arten reduziert ist. Im Eltonsee wurden von BEHNING (1926, S. 48) und MEDWEDEWA (1927, S. 202) nur die beiden Geißeltierchen *Dunaliella salina* und *Asteromonas gracilis* festgestellt, die dafür auch in solchen Mengen vorkommen, daß die Sole des Sees davon eine karmoisinrote Färbung erhält.

Wir müssen zum Schluß noch einer Art von Seen Erwähnung tun, die ihrer Entstehung nach aus dem Rahmen herausfallen, es sind die künstlich geschaffenen Seen, die unter dem Namen „Talsperren" bekannt sind. THIENEMANN (1911, S. 538) definiert die Talsperre folgendermaßen: „Eine Talsperre ist ein künstlicher See, der aus einem Bachlauf durch Aufstauung hinter einer das Tal durchquerenden Mauer entsteht und deren Ausfluß nur kurze Zeit im Jahre einen oberflächlichen Überlauf über die Maueroberkante darstellt, den weitaus größten Teil des Jahres aber willkürlich zu öffnenden oder zu schließenden, an der tiefsten Stelle der Mauer befindlichen Rohren entströmt." Diese Definition läßt den wesentlichen Unterschied — abgesehen von der Entstehung — zwischen der Talsperre und einem normalen See erkennen: die besonderen Abflußverhältnisse der Talsperre sind der tiefere und eigentliche Grund für die abweichenden Kennzeichen, die sie in physikalisch-chemischer wie auch in biologischer Hinsicht aufweist. Das wichtigste Merkmal der Besonderheit der Talsperre ist das Fehlen einer Uferbank bzw. der Litoralzone. Eine solche kann sich nicht herausbilden, da infolge der starken Schwankungen des Wasserstandes die Wirkung der Brandungswellen in immer anderem Niveau liegt. Es fehlt also der Pflanzengürtel der Uferzone — von kleineren Beständen abgesehen — und mit ihm die reiche Besiedlung, die im natürlichen See diese Zone auszeichnet. Nur eine ganz schmale Randzone ist zeitweise von einzelnen Tieren (Insektenlarven) besiedelt. Im übrigen aber haben die Uferpartien der Talsperre dieselbe Bodenbesiedlung wie die Tiefenregion. Diese Besiedlung ist an Artenzahl und Menge sehr verschieden, je nach den örtlichen Verhältnissen. Am reichsten ist sie da, wo sich Schlammablagerungen gebildet haben. Jedenfalls sind vorherrschend die Mückenlarven der Familie der Chironomiden, und zwar sind die *Tanytarsus*-Formen besonders charakteristisch für die Talsperren-Bodenbesiedlung. Die Talsperren stehen also in ökologischer Hinsicht dem oligotrophen See näher als dem eutrophen. Der Eutrophierungsprozeß schreitet auch bei den Talsperren bald mehr, bald weniger schnell vorwärts. Beschleunigt wird er vor allem durch die Wirkung der Wasserstandsschwankungen, indem diese zeitweilig größere Uferpartien trocken legen, die dann von Pflanzen besiedelt werden. Nach ihrem Absterben bereichern diese Pflanzen dann die organischen Ablagerungen der Talsperre, führen ihr also Nährstoffe zu. Äußerlich bemerkbar machen sich die Wasserstandsschwankungen durch Streifenbildung auf dem Uferabfall; diese Streifen gehen teils auf (bei ruhigem Wasserspiegel) abgelagerte Schlammteilchen usw., teils auf Wirkung der Wellenbewegung zurück.

Der am Grunde der Talsperre liegende Abfluß schafft für diese Gewässerart auch besondere thermische Verhältnisse: im Frühjahr tritt zwar eine Sprungschicht auf, sie wird aber infolge der Wirkung des Tiefenablasses allmählich beseitigt, so daß schließlich die Tiefenschichten im Sommer eine höhere Temperatur erreichen. Ebenso wird im Winter die Tiefentemperatur unter 4° C erniedrigt. Entsprechend dieser eigenartigen Strömung und Umschichtung ergeben sich auch besondere Verhältnisse im Chemismus der Talsperren.

Alles in allem bilden die Talsperren eine bemerkenswerte „Abart" von Seen; an ihnen lassen sich besonders gut die Besiedlungsbedingungen eines Sees studieren. Man hat die Möglichkeit, die Besiedlung der Talsperre von Anfang an zu beobachten, die Elemente, die sie bilden, nach ihrer Herkunft zu kontrollieren und die allmähliche Zunahme der Besiedlung nach Zahl der Arten und Mengenentwicklung festzustellen. Die Talsperren sind ein gutes Beispiel für die Tatsache, daß zwar das Leben in einem normalen und natürlichen Gewässer mannigfaltiger und reichhaltiger, daß aber ein einseitig charakterisiertes Gewässer für die Erkenntnis von Zusammenhängen oft instruktiver ist.

Schlußwort.

Im Vorwort haben wir darauf hingewiesen, daß unser Thema einem Gebiet angehört, das sich erst in jüngster Zeit zu einem eigenen Forschungszweig entwickelt hat. Wenn auch, wie wir bemerkten, diese Entwicklung zur Zeit einen gewissen Abschluß erreicht hat, so bietet doch die eigenartige und zum Teil sogar umstrittene Stellung unseres Wissensgebietes noch Schwierigkeiten besonderer Art, in unserem Falle hinsichtlich der Form der Darstellung des Stoffes. Man pflegt die Süßwasserforschung im Hinblick auf die verschiedenen anderen Forschungszweige, mit denen sie Berührungspunkte hat, als Grenzgebiet zu bezeichnen; andererseits aber stellt sie ja jene Gebiete in synthetischer Arbeitsweise in den Dienst des Aufbaues des eigenen Forschungsgebäudes, benutzt sie also gewissermaßen als Hilfswissenschaften. Die Entwicklung des letzten Jahrzehntes hat die Süßwasserforschung über die rein biologische Problemstellung hinausgeführt: nicht mehr der Organismus oder auch die Organismengemeinschaft ist ihr Forschungsgegenstand, sondern das Gewässer als Ganzes, als Einheit. Sie untersucht das Gewässer nach geologischen, geographischen, physikalischen, chemischen und biologischen (zoologisch-botanischen) Gesichtspunkten. In bewußter Durchführung dieses Gedankens bezeichnet man das ganze Forschungsgebiet nicht mehr als „Hydrobiologie" — die ja schließlich trotz ihrer Eigenstellung ein Teil der Biologie bleibt —, sondern als „Limnologie", wobei bemerkt werden darf, daß der Ausdruck nicht ganz exakt ist, da er im Sinne des Wortes „*pars pro toto*" verwandt wird. Da wir nun in unserem Buch keine Limnologie, sondern eine Biologie der Süßwasserseen geben sollten, so wird man verstehen, daß es einige Schwierigkeiten bot, die rechte Form der Darstellung zu finden. Wir glauben sie gefunden zu haben, indem wir in dem Rahmen, den die eigentliche limnologische Forschung uns liefert, die Probleme vom biologischen Gesichtspunkt aus entwickelt haben. Und das erscheint als durchaus möglich, denn wohl jedes limnologische Problem ist ein biologisches, wenn wir den Organismus oder die Lebensgemeinschaft in den Mittelpunkt der Fragestellung setzen. Wir haben dabei — wie wir ja auch eingangs betonten — das biozönotische Prinzip in den Vordergrund treten lassen, da es ja den Kernpunkt der hydrobiologischen Wissenschaft überhaupt darstellt. Sollten wir im Einzelfall vielleicht das eine oder andere Mal von dieser rein biologischen Problemstellung etwas abgewichen sein zugunsten einer mehr limnologischen, so hoffen wir, dadurch das Gesamtbild nicht gestört, sondern vielmehr das Verständnis für das ganze Gebiet vertieft zu haben.

Literatur.

Wenn es auch wünschenswert wäre, einem „einführenden" Buch ein möglichst vollständiges Verzeichnis der das Gebiet betreffenden Literatur beizugeben, so ist hierin doch wohl im Interesse des „Einzuführenden" eine gewisse Beschränkung geboten. Diese Beschränkung rechtfertigt sich um so eher, als an verschiedenen Stellen bereits ausgedehnte Literaturverzeichnisse veröffentlicht sind, auf die wir verweisen können. Wir haben in unserer nachfolgenden Liste alle Veröffentlichungen, die mit einem durch besonderen Umfang bemerkenswerten Literaturverzeichnis versehen sind, durch das Zeichen „(Lit.)" kenntlich gemacht.

In unserem Verzeichnis nennen wir — außer den im Text zitierten Spezialabhandlungen — alle wichtigeren zusammenfassenden Werke; dabei erwähnen wir auch die schon vor längerer Zeit erschienenen und darum als in gewisser Hinsicht veraltet anzusehenden Veröffentlichungen, da sie durchweg noch recht viele wichtige und interessante Einzeltatsachen enthalten und daher — wenigstens für den Anfänger — kaum zu entbehren sind. Es ist dabei nur zu beachten, daß sie ihrer ganzen Anlage und Problemstellung nach meist dem heutigen Standpunkt nicht mehr entsprechen. Unter diesem Vorbehalt haben sie aber noch immer ihren großen Wert als einführende Werke. Das gilt vor allem für „Das Leben des Süßwassers" von Hentschel und „Das Leben der Binnengewässer" von Lampert. Das letztere, kürzlich neu herausgegeben, enthält ein ziemlich umfangreiches Literaturverzeichnis. Empfehlenswert trotz ihres geringen Umfanges sind auch die beiden kleinen Bücher von Ulmer „Aus Seen und Bächen" und „Unsere Wasserinsekten". Auch das kleine Werkchen „Tiere und Pflanzen des Seenplanktons" von Seligo hat für den Anfänger noch seinen Wert. An neuerer zusammenfassender Literatur sind vor allem zu nennen die Hentschelschen „Grundzüge der Hydrobiologie" und die Thienemannschen „Binnengewässer Mitteleuropas", von denen das letztere ein sehr gutes Bild der modernen Limnologie zeichnet und ein fast erschöpfendes Literaturverzeichnis bringt. Für den Laien sehr zu empfehlen ist das kleine Büchlein von Thienemann „Limnologie". Für die Planktonkunde bleibt Steuers „Planktonkunde", obwohl in vielen Einzelheiten überholt, infolge seines enormen Reichtums an Wissensstoff immer noch ein Standardwerk. Das gleiche gilt für Wesenberg-Lunds „Insektlivet i Ferske Vande" hinsichtlich des Studiums der Wasserinsekten. Doch wir wollen weiter keine Spezialarbeiten hervorheben, obwohl noch einige andere einer besonderen Beachtung wert wären. Als grundlegend für fischereibiologische Studien haben zu gelten die „Einführung in die Fischkunde unserer Binnengewässer" von Walter und das Demoll-Maiersche „Handbuch der Binnenfischerei Mitteleuropas". Als bedeutungsvoll für die nichtbiologische Seenforschung sind noch zu nennen das „Handbuch der Seenkunde" von Forel und die „Grundzüge einer vergleichenden Seenkunde" von Halbfass. Außerdem möchte ich hierfür noch nennen die „Physiogeographie" von Ule und „Die physikalischen Eigenschaften der Seen" von O. v. Aufsess. Für die Methodik und Technik hydrobiologischer Studien sind wichtig Steiners „Untersuchungsverfahren und Hilfsmittel zur Erforschung der Lebewelt der Gewässer" und der Band Süßwasserbiologie des „Abderhaldenschen Handbuches der biologischen Arbeitsmethoden"; Einzelbeiträge dieses Bandes werden nicht zitiert.

Spezielle Bestimmungsbücher für einzelne Organismengruppen nennen wir nicht in unserem Literaturverzeichnis. Zwei Bestimmungssammelwerke indes müssen als ganz allgemein unentbehrlich für die biologische Untersuchung der Seen und hydrobiologische Forschungen überhaupt bezeichnet werden: die Brauersche Süßwasserfauna und die Paschersche Süßwasserflora.

Schriftenverzeichnis.

ABDERHALDEN: Handbuch der biologischen Arbeitsmethoden. Abt. IX, Methoden zur Erforschung der Leistungen des tierischen Organismus, Teil 2, 1. und 2. Hälfte. Methoden der Süßwasserbiologie. Berlin und Wien. (Lit.)

ALM, G: Mörrumsåns. Lax och Laxöring. Medd. Kgl. Lantbruksstyr. 1919. Nr. 216, 1—141. — Ders.: Die quantitative Untersuchung der Bodenfauna und -flora in ihrer Bedeutung für die theoretische und angewandte Limnologie. Verhandl. Internat. Ver. Limnologie *2* (Innsbruck 1923), 1—12. 1924.

ALSTERBERG, G.: Die respiratorischen Mechanismen der Tubificiden. Lunds Univ. Arsskr. N. F. Avd. 2. *18*, Nr. 1, 1—175. 1922a. — Ders.: Om provtagning med Ekmans bottenhämtare (mit deutsch. Zusammenfassung). Skrift. Södr. Sver. Fiskeriför. 1922b, S. 69—77. — Ders.: Die Nahrungszirkulation einiger Binnenseetypen. Arch. f. Hydrobiol. *15*, 291—338. 1925.

APSTEIN, C.: Das Süßwasserplankton. Kiel und Leipzig 1896.

v. AUFSESS, O.: Die physikalischen Eigenschaften der Seen. Die wissenschaft. Samml. naturwiss. u. mathem. Monographien. H. 4, 1—120. 1905.

BEHNING, A. L.: Über die Mikrofauna der Gewässer der Umgebung des Elton- und Baskuntchaksees. Russ. Hydrobiol. Zeitschr. *5*, 3—4, 45—48. (Dtsch. Zusf.) 1926.

BOCK, FR.: Weiterer Beitrag zur Frage der Ernährung von Amphibienlarven durch im Wasser gelöste Nährstoffe. Zool. Anz. *64*, H. 11/12, 261—276. 1925.

BREHM, V.: Die Fauna der Lunzer Seen verglichen mit der der anderen Alpenseen. Internat. Rev. d. ges. Hydrobiol. u. Hydrogr. *6*, 528—537. 1914.

BREHM, V. und ZEDERBAUER, E.: Beiträge zur Planktonuntersuchung alpiner Seen IV. Verhandl. d. zool.-botan. Ges. Wien *56*. 1906.

BROCHER, FR.: Recherches sur la respiration des insectes aquatiques adultes. Les Haemonia. Ann. Biol. lac. *5*, 1—22. 1911.

COLLET, L. W.: Les lacs. Leur mode de formation. Leurs eaux. Leur destin. Eléments d'hydro-géologie. Paris 1925, S. 1—320. (Lit.)

DECKSBACH, N. K.: Der Boden der Seen in Kossino als Milieu und seine Bewohner. Arb. Biol. Stat. Kossino. Lief. *3*, 1—48. (Dtsch. Zusf.) 1925.

DEMOLL-MAIER: Handbuch der Binnenfischerei Mitteleuropas. Stuttgart.

EKMAN, S.: Die Bodenfauna des Vättern, qualitativ und quantitativ untersucht. Internat. Rev. d. ges. Hydrobiol. u. Hydrogr. *7*, 146—204. 1915. — Ders.: Allgemeine Bemerkungen über die Tiefenfauna der Binnenseen. Ebenda *8*, 113—124. 1917.

FEHLMANN, W. u. MINDER, L.: Beitrag zum Problem der Sedimentbildung und Besiedlung im Zürichsee. Festschr. f. ZSCHOKKE. Nr. 11. 1920.

FOREL, F. A.: Matériaux pour servir à l'étude de la faune profonde du lac Léman. Bull. de la soc. vand. sciences nat. 1874—1876. — Ders.: Le Léman. Monographie limnogique *1*, 1—543. *2*, 1—651. Lausanne 1892, 1895. — Ders.: Handbuch der Seekunde. Allgemeine Limnologie. Bibl. Geogr. Handb. Stuttgart 1901. S. 1—249.

FOX, M.: Methods of studying the respiratory exchange in small aquatic organisms, with particular reference of the use of flagellats as an indicator for oxygen consumption. Journ. of Gen. Physiol. *3*. 1921.

FREIDENFELT, T.: Neue Versuche zur Methodik der quantitativen Untersuchung der Bodenfauna der Binnenseen. Arch. f. Hydrobiol. *14*, 572—575. 1924.

FRIEDERICHS, K.: Grundsätzliches über die Lebenseinheiten höherer Ordnung und den ökologischen Einheitsfaktor. Naturwissenschaften *15*, 153—157 u. 182—186. 1927.

GAMS, H.: Übersicht der organogenen Sedimente nach biologischen Gesichtspunkten. Naturw. Wochenschr. *20*. Nr. 40, 569—576. 1921. — Ders.: Zur Entwicklungsgeschichte der Seetypen des Alpengebietes. Verhandl. Internat. Ver. Limnologie *2* (Innsbruck 1923), 125—128. 1924.

GRIESEL, R.: Physikalische und chemische Eigenschaften des Hemmelsdorfer Sees bei Lübeck (Inaug. Diss. Rostock 1920). Mitt. Geogr. Ges. u. Nat. Mus. Lübeck 1921. 2. Reihe, H. 28.

HALBFASS, W.: Grundzüge einer vergleichenden Seenkunde. Berlin 1923. S. 1 bis 354. (Lit.)

HARNISCH, O.: Einige Gesichtspunkte zum Verständnis der Fauna der Humusgewässer. Verhandl. Internat. Ver. Limnologie *2* (Innsbruck 1923), 332—340. 1924a. — Ders.: Studien zur Ökologie der Moorfauna. Biol. Zentralbl. *44*, 110—127. 1924b.

HENTSCHEL, E.: Das Leben des Süßwassers. München 1909. S. 1—336. — Ders.: Biologische Untersuchungen über den tierischen und pflanzlichen Bewuchs im Hamburger Hafen. Mitt. Zool. Mus. Hamburg *33*, 1—171. 1916. — Ders.: Grundzüge der Hydrobiologie. Jena 1923. S. 1—221. (Lit.)

HUBER-PESTALOZZI, G.: Das Plankton natürlicher und künstlicher Seebecken Südamerikas. Vortrag. Ref. bei LENZ, Arch. f. Hydrobiol. *18*, 638—639. 1927b.

ISCHREYT, G.: Untersuchungen an *Bosmina longirostris* MÜLLER. Arch. f. Hydrobiol. *17*, 521—544. 1926.

JÄRNEFELT, H.: Untersuchungen über die Fische und ihre Nahrung im Tuusulasee. Act. Soc. Fauna et Flora Fenn. *52*, 1, 1—160. 1921.

JUNGE, FR.: Der Dorfteich als Lebensgemeinschaft nebst einer Abhandl. über Ziel und Verfahren des naturgeschichtlichen Unterrichts. Naturgeschichte in der Volksschule *1*, I—XII u. 1—250. Kiel 1885.

KARSTEN, G.: Die Formveränderung von *Sceletonema cost.* Wiss. Meeresuntersuch. N. F. *3*, 5—14. Kiel 1898.

KLEBAHN, H.: Über Wasserblüten bildende Algen und über das Vorkommen von Gasvakuolen bei den Phycochromaceen. Forschungsber. Biol. Stat. Plön *4*, 189—206. 1896. — Ders.: Bericht über einige Versuche betreffend die Gasvakuolen von *Gloiotrichia echinulata*. Ebenda *5*, 166—179. 1897.

KOLKWITZ, R.: Plankton-Membranfilter. Ber. d. Dtsch. Bot. Ges. *42*, 5, 205 bis 209. 1924.

KOLKWITZ, R. u. MARSSON, M.: Ökologie der pflanzlichen Saprobien. Ber. Dtsch. Bot. Ges. 26a, 505—519. 1908. — Dies.: Ökologie der tierischen Saprobien. Internat. Rev. d. ges. Hydrobiol. u. Hydrogr. *2*, 126—152. 1909.

KOPPE, F.: Die Schlammflora der ostholsteinischen Seen und des Bodensees. Arch. f. Hydrobiol. *14*, 619—672. 1923.

KŘÍŽENECKÝ, J. u. PODHRADSKY, J.: Studien über die Funktion der im Wasser gelösten Nährsubstanzen im Stoffwechsel der Wassertiere. I.—IV. Mitt. Pflügers Arch. f. d. ges. Physiol. *203—204*. 1924.

KŘÍŽENECHÝ, J.: Untersuchungen über die Assimilationsfähigkeit der Wassertiere für im Wasser gelöste Nährstoffe. Biologia Generalis. *1*, 79—149. 1925.

LAMPERT, R.: Das Leben der Binnengewässer. 3. Aufl. Leipzig 1925. S. 1—892. (Lit.)

LAUTERBORN, R.: Über die zyklische Fortpflanzung limnetischer Rotatorien. Biol. Zentralbl. *18*, 173—183. 1898. — Ders.: Der Formenkreis von *Anuraea cochlearis* I und II. Verhandl. nat. med. Ver. Heidelberg N. F. *6* und *7*. 1901, 1902—1904.

LENZ, FR.: Schlammschichtung in Binnenseen. Naturwissenschaften *9*, 18, 325 bis 330. 1921. — Ders.: Die Vertikalverteilung der Chironomiden im eutrophen See. Verhandl. Internat. Ver. Limnologie *1* (Kiel 1922), 144—167. 1923. — Ders.: Quellkreide im Großen Plöner See. Ebenda *2* (Innsbruck 1923), 361—376. 1924. — Ders.: Chironomiden und Seetypenlehre. Naturwissenschaften *13*, 1, 5—10. 1925a. — Ders.: *Didiamesa miriforceps* KIEFF. Eine neue Chironomide aus der Tiefe von Binnenseen. Zeitschr. f. wiss. Insektenbiol. *3*, 10, 85—94. 1925b. — Ders.: Salzwasser-*Chironomus*. Weiterer Beitrag zur Frage der Blutkiemenverkürzung. Mitt. Geogr. Ges. u. Nat. Mus. Lübeck 2. Reihe, H. 31, 153—169. 1926a. — Ders.: Chironomiden aus dem Balatonsee. Arch. Bal. *1*. 1926b. — Ders.: Chironomiden aus norwegischen Hochgebirgseen. Zugleich ein Beitrag zur Seetypenfrage. Nyt Mag. f. Naturw. *66*, 111—192. 1927a. — Ders.: Bericht über die 4. Mitgliederversammlung der Internat. Ver. f. theor. u. angew. Limnologie. Arch. f. Hydrobiol. *18*, 621—650. 1927b. — Ders.: Zur Terminologie der limnischen Zonation. Ebenda *19*, 748—757. 1928.

LOHMANN, N.: Die Probleme der modernen Planktonforschung. Verhandl. Dtsch. Zool. Ges. Halle 1912. S. 16—109.

LOZERON, H.: La répartition verticale du plancton dans le Lac de Zurich. Vierteljahrsschr. nat. Ges. Zürich *47*. 1902.

LUNDBECK, J.: Die Bodentierwelt norddeutscher Seen. Arch. f. Hydrobiol. Suppl.-Bd. *7*, 1—473. 1926.

LUNDQVIST, G.: Bodenablagerungen und Entwicklungstypen der Seen. Die Binnengewässer *2*, 1—124. Stuttgart 1927. (Lit.)

LUNTZ, A.: Untersuchungen über den Generationswechsel der Rotatorien. Biol. Zentralbl. *46*, 4, 233—256 und 5, 257—278. 1926.

MEDWEDEWA, N. B.: Die Mikrofauna der Salzseen Elton u. Baskuntschak. Mikrokosmos *20*, 10, 201—203. 1927.

MICHAELIS, L.: Die Wasserstoffionenkonzentration, ihre Bedeutung für die Biologie und die Methoden ihrer Messung. 2. Aufl. I. Die theoretischen Grundlagen. Monographien aus dem Gesamtgebiet der Physiologie der Pflanzen und der Tiere *1*, 1—262. 1922.

MINDER, L.: Über biogene Entkalkung im Zürichsee. Verhandl. Internat. Ver. Limnologie *1* (Kiel 1922), 20—32. 1923. — Ders.: Studien über den Sauerstoffgehalt des Zürichsees. Arch. f. Hydrobiol. Suppl.-Bd. *3*, 107—155. 1924. — Ders.: Biologisch-chemische Untersuchungen im Zürichsee. Zeitschr. f. Hydrologie *3*, 1—70. 1926.

NAUMANN, E.: Beiträge zur Kenntnis des Teichnannoplanktons. II. Über das Neuston des Süßwassers. Biol. Zentralbl. *37*, 2, 98—106. 1917. — Ders.: Über die natürliche Nahrung des tierischen Limnoplanktons. Ein Beitrag zur Kenntnis des Stoffhaushalts im Süßwasser. Lunds Univ. Arsskr. N. F. Avd. 2, *14*, Nr. 31, 1—48. 1918. — Ders.: Die Bodenablagerungen des Süßwassers. Arch. f. Hydrobiol. *13*, 97—169. 1921a. — Ders.: Einige Grundlinien der regionalen Limnologie. Lunds Univ. Arsskr. N. F. Avd. *2*, *17*, Nr. 8, 1—21. 1921b. — Ders.: Spezielle Untersuchungen über die Ernährungsbiologie des tierischen Limnoplanktons. I. Über die Technik des Nahrungserwerbs bei den Cladoceren und ihre Bedeutung für die Biologie der Gewässertypen. Ebenda N. F. Avd. 2, *17*, Nr. 4, 1—26. 1921c. II. Über den Nahrungserwerb und die natürliche Nahrung der Copepoden und der Rotiferen des Limnoplanktons. Ebenda N. F. Avd. 2, *19*, Nr. 6, 1—17. 1923. — Ders.: Notizen zur Ernährungsbiologie der limnischen Fauna. Arch. f. Zool. *16*, 12, 1—14. 1924. — Ders.: Die Gallertbildungen des pflanzlichen Limnoplanktons. Lunds Univ. Arsskr. N. F. Avd. 2, *21*, Nr. 5, 1—26. 1925. — Ders.: Die eulimnische Zonation. Einige terminologische Bemerkungen. Arch. f. Hydrobiol. *19*, 744—747. 1928.

NIPKOW, FR.: Vorläufige Mitteilungen über Untersuchungen des Schlammabsatzes im Zürichsee. Zeitschr. f. Hydrol. *1*, 100—122. 1920.

OSTWALD, W.: Zur Theorie des Planktons. Biol. Zentralbl. *22*, 596—605, 609 bis 638. 1902.

PAUSE, J.: Beiträge zur Biologie und Physiologie der Larve von *Chironomus gregarius*. Zool. Jahrb., Abt. f. Zool. u. Physiol. *36*, 1—114. 1918.

PERFILIEV, B. W.: A contribution to the question on biological types of basins (russ. u. engl.). Russ. Hydrobiol. Zeitschr. *2*, 5/7, 125—128. 1923. — Ders.: Die Rolle der Mikroben in der Erzbildung. Verhandl. Internat. Ver. Limnologie *3*, 330—359. 1927a. — Ders.: Zur Methodik der Erforschung von Schlammablagerungen. Ber. Akad. Borodin Biol. Süßwasser-Stat. *5*, 135 bis 166 (russ. mit deutsch. Zusammenfassung). 1927b. — Ders.: Die Mikrobiologie der Süßwasserablagerungen. Ref. IV. Limnologenkongreß Rom 1927. Ref. bei LENZ 1927b.

PERFILIEV, B. W. und SELENKOWA, M. W.: Zur Methodik der colorimetrischen Bestimmung der H-Ionenkonzentration aus geringen Volumen. Ber. Akad. Borodin Biol. Süßwasser-Stat. *5*, 177—183 (russ. mit deutsch. Zusammenfassung). 1927.

PFLÜGER, E.: Beiträge zur Lehre von der Respiration. I. Über die physiologische Verbrennung in den lebendigen Organismen. Pflügers Arch. f. d. ges. Physiol. *10*. 1875.

PÜTTER, A.: Die Ernährung der Wassertiere und der Stoffhaushalt der Gewässer. Jena 1909. S. 1—168. — Ders.: Die Ernährung der Copepoden. Arch. f. Hydrobiol. *15,* 70—117. 1925.

RAMMNER, W.: Zur Lokalvariation von *Scapholeberis mucronata* und deren Abhängigkeit von der Gewässergröße. Zool. Anz. *72,* 5/8, 218—224. 1927.

REDEKE, H. C.: Zur Biologie der niederländischen Brackwassertypen. Bijdr. to de Dierkunde, *22,* 329—335. 1922.

REINSCH, FR. K.: Die Entomostrakenfauna in ihrer Beziehung zur Makroflora der Teiche. Arch. f. Hydrobiol. *15,* 253—279. 1924.

RUTTNER, F.: Die Verteilung des Planktons in Süßwasserseen. Fortschr. nat. Forschung *10,* 7, 273—336. 1914. — Ders.: Eine biologische Methode zur Untersuchung des Lichtklimas im Wasser. Naturwissenschaften *12,* 50. 1924.

RESVOY, P. D.: Zur Definition des Biocönosebegriffs. Russ. Hydrobiol. Zeitschr. *3.* 8/10. 1924.

RYLOV, W. M.: Einige Beobachtungen über den Einfluß der Schwefelwasserstoffgärung in den Schlammsedimenten kleiner Gewässer auf die Produktion und die vertikale Verteilung des Zooplanktons. Verhandl. Internat. Ver. Limnologie *2* (Innsbruck 1923), 289—303. 1924. — Ders.: Über das Neuston in einem Teiche der Umgebung von Alt-Peterhof (Gouv. Petersburg). Arch. f. Hydrobiol. *15,* 497—508. 1925. — Ders.: Zur Methodik der Neustonuntersuchungen. Ebenda *16,* 490—493. 1926a. — Ders.: Über einige Fälle der Neustonfärbung des Süßwassers. Ebenda *16,* 484—489. 1926b.

SCHÄPERCLAUS, W.: Die Seetypenlehre als Grundlage der praktischen Fischerei. Mitt. Fisch.-Ver. Prov. Brandenburg usw. N. F. *19,* 10, 220—228. 1927.

SCHMIDT, W.: Der Massenaustausch in freier Luft und verwandte Erscheinungen. Probl. d. kosm. Physik *7,* 1—118. 1925.

SCHRÖTER, C. und VOGLER, P.: Variationsstatistische Untersuchungen an *Fragilaria crotonensis.* Vierteljahrsschr. d. naturforsch. Ges. in Zürich *46.* 1901.

SCHUBERT, A.: Beitrag zur Analyse der Alters- und Temporalvariation einiger Lokalrassen von *Daphnia cucullata* G. O. SARS. Internat. Rev. d. ges. Hydrobiol. u. Hydrogr. *18,* 1/2, 1—74. 1927.

SELIGO, A.: Tiere und Pflanzen des Seenplanktons. Mikrolog. Bibl. *3,* 1—64. Stuttgart 1908. — Ders.: Über fischereiwirtschaftliche Seetypen. Fischerei-Zeitung *25,* 43, 487—491. 1922.

SERNANDER, R.: De nordeuropeiska hafvens växtregioner. (Die Pflanzenregionen der nordeuropäischen Meere.) Svenska Bot. Tidsskr. *11.* 1917.

STEINER, G.: Untersuchungsverfahren und Hilfsmittel zur Erforschung der Lebewelt der Gewässer. Handb. d. mikr. Techn. *7* u. *8,* 1—146. Stuttgart 1919.

STEINMANN, P. u. BRESSLAU, E.: Die Strudelwürmer (*Turbellaria*). Monograph. einh. Tiere *5,* 1—380. Leipzig 1913.

STEUER, A.: Planktonkunde. Naturw. u. Techn. in Lehre u. Forschung. Leipzig u. Berlin 1910. S. 1—723. (Lit.)

STORCH, O.: Morphologie und Physiologie des Fangapparates der Daphniden. Nebst vergleichenden Betrachtungen über den Fangapparat der Cladoceren und Euphyllopoden. Ergebn. u. Fortschr. d. Zool. *6,* 125—234. 1924.

STORCH, O. u. PFISTERER, O.: Der Fangapparat von *Diaptomus.* Zeitschr. f. vergl. Physiol. *3,* 3, 330—376. 1925.

THIENEMANN, A.: Die Putzapparate der Trichopterenpuppen. Zool. Anz. *27,* 724—728. 1904. — Ders.: Hydrobiologische und fischereiliche Untersuchungen an den westfälischen Talsperren. Landwirtschaftl. Jahrb. *41,* 535—716. 1911. — Ders.: Die Silberfelchen des Laacher Sees. Zool. Jahrb., Abt. f. Syst. *32,* 173—220. 1912a. — Ders.: Der Bergbach des Sauerlandes. Faun.-biol. Untersuchungen. Internat. Rev. d. ges. Hydrobiol. u. Hydrogr. *4,* 1—125. 1912b. — Ders.: Physikalische und chemische Untersuchungen in den Maaren der Eifel. I. Verhandl. nat. Ver. pr. Rhld. u. Westf. *70,* 249—302. 1913. II. Ebenda *71,* 273—389. (1914). 1915. — Ders.: Untersuchungen über die Beziehungen zwischen dem Sauerstoffgehalt des Wassers und der Zusammensetzung der Fauna in den norddeutschen Seen. 1. Mitt. Arch. f. Hydrobiol. *12,* 1—65. 1918a. — Ders.: Lebensgemeinschaft und Lebensraum. Naturw.

Wochenschr. N. F. *17*, Nr. 20 u. 21, 281—290, 297—303. 1918b. — Ders.: Über die vertikale Schichtung des Planktons im Ulmener Maar und die Planktonproduktion der anderen Eifelmaare. Verhandl. nat. Ver. pr. Rhld. u. Westf. *74* (1917), 103—134. 1919. — Ders.: Biologische Seetypen und die Gründung einer hydrobiologischen Anstalt am Bodensee. Arch. f. Hydrobiol. *13*, 347—370. 1920a. — Ders.: MEYERsche Schöpfflasche und Bestimmung des im Wasser gelösten Sauerstoffes. Allg. Fisch.-Ztg. *45*, 78—81. 1920b. — Ders.: Über einige schwedische Coregonen mit Bemerkungen über die Systematik der Gattung *Coregonus* und die Wege und Ziele der künftigen Coregonenforschung Arch. f. Naturgesch. 87. Jahrg., Abt. A, H. 2, S. 170—195. 1921. — Ders.: Die beiden *Chironomus*-Arten der Tiefenfauna der norddeutschen Seen. Ein hydrobiol. Problem. Arch. f. Hydrobiol. *13*, 609—646. 1922. — Ders.: Die Binnengewässer Mitteleuropas. Die Binnengewässer 1. Stuttgart 1925 (a). S. 1—255. (Lit.) — Ders.: *Mysis relicta*. Zeitschr. f. Morphol. u. Ökol. d. Tiere *3*, 389—440. 1925b. — Ders.: *Pontoporeia affinis* und *Pallasea quadrispinosa* in den norddeutschen Seen. Naturwissenschaften *14*, 1233—1237. 1926a. — Ders.: Der Nahrungskreislauf im Wasser. Verhandl. Dtsch. Zool. Ges. Kiel 1926 (b). S. 29—79. — Ders.: *Holopedium gibberum* in Holstein. Zeitschr. f. Morphol. u. Ökol. d. Tiere *5*, 4, 755—776. 1926c. — Ders.: Limnologie. Eine Einführung in die biologischen Probleme der Süßwasserforschung. Jedermanns Bücherei. Breslau 1926(d). S. 1—108. — Ders.: Der Sauerstoff im eutrophen und oligotrophen See. Ein Beitrag zur Seetypenlehre. Die Binnengewässer *4*, 1—175. 1928.

TSCHULOK, S.: Das System der Biologie in Forschung und Lehre. Jena 1910.

ULE, W.: Die Bestimmung der Wasserfarbe in den Seen. Petermanns Mitt. *38*. 1892. S. 70. — Ders.: Beitrag zur Instrumentenkunde auf dem Gebiete der Seenforschung. Ebenda *40*. 1894. S. 213. — Ders.: Der Würmsee in Oberbayern. 1901. S. 154ff. — Ders-: Physiogeographie des Süßwassers. Grundwasser, Quellen, Flüsse, Seen. Enzyklop. d. Erdkunde. Leipzig u. Wien 1925. S. 1—154.

ULMER, G.: Aus Seen und Bächen. Die niedere Tierwelt unserer Gewässer. Naturw. Bibl. f. Jugend u. Volk. 1914. — Ders.: Unsere Wasserinsekten. Ebenda 1911.

UTERMÖHL, H.: Limnologische Phytoplanktonstudien. Die Besiedlung ostholsteinischer Seen mit Schwebepflanzen. Arch. f. Hydrobiol. Suppl.-Bd. *5*, 1—527. 1925. (Lit.) — Ders.: Untersuchungen über den Gesamtplanktongehalt des Kanarenstromes. Ebenda *18*, 464—525. 1927.

VIETS, K.: Die Hydracarinen der norddeutschen, besonders der holsteinischen Seen. Ebenda Suppl.-Bd. *4*, 71—179. 1924.

VOIGT, W.: Die Einwanderung der Planariaden in unsere Gebirgsbäche. Verhandl. Naturhist. Ver. Rheinld., Westf. *53*, 103—148. 1896.

WAGLER, E.: Über die Systematik, die geographische Verbreitung und die Abhängigkeit der *Daphnia cucullata* SARS von physikalischen und chemischen Einflüssen des Milieus. Internat. Rev. d. ges. Hydrobiol. u. Hydrogr. *11*. 1923. (Lit.) — Ders.: Über die „Schwebefortsätze" der Daphnien. Zool. Anz. *74*, 11/12, 284—302. 1927.

WALTER, E.: Einführung in die Fischkunde unserer Binnengewässer. Leipzig 1913. S. 1—364.

WASMUND, E.: Biozönose und Thanatozönose. Biosoziologische Studien über Lebensgemeinschaften und Totengesellschaften. Arch. f. Hydrobiol. *17*, 1—116. 1926.

WEISMANN, A.: Über Bau und Lebenserscheinungen von *Leptodora hyalina* LILLJ. Zeitschr. f. wiss. Zool. *24*. 1874.

WESENBERG-LUND, C.: Von dem Abhängigkeitsverhältnis zwischen dem Bau der Planktonorganismen und dem spez. Gewicht des Süßwassers. Biol. Zentralbl. *20*, 606—619, 644—656. 1900. — Ders.: Die litoralen Tiergesellschaften unserer größeren Seen. Internat. Rev. d. ges. Hydrobiol. u. Hydrogr. *1*, 574 bis 609. 1908. — Ders.: Grundzüge der Biologie und Geographie des Süßwasserplanktons, nebst Bemerkungen über Hauptprobleme zukünftiger limnologischer Forschungen. Ebenda Biol. Suppl. *1*, 1—44. 1910. — Ders.: Insektlivet i ferske vande. Kjøbenhavn 1915. S. 1—524. — Ders.: Furesøstudier. D.

Kgl. Dansk. Vid. Selsk. Skr. Nat. og Math. Afd. 8 Raekke, *3*, 1, 1—208. 1917. — Ders.: Contributions to the biology of the *Rotifera* I. The males of the *Rotifera*. Ebenda Nat. math. Afd., 8 R. *4*, 3, 1—345. 1923.

WILLER, A.: Der Aufwuchs der Unterwasserpflanzen. Verhandl. Internat. Ver. Limnologie *1* (Kiel 1922), 37—57. 1923. — Ders.: Die Seetypenfrage und die praktische Fischerei. Fischerei-Zeitung *28*, 8, 149—155. 1925.

WOLTERECK, K.: Über natürliche und künstliche Varietätenbildung bei Daphniden. Verhandl. d. dtsch. zool. Ges. 1908, S. 234—240. — Ders.: Weitere experimentelle Untersuchungen über Artveränderung, speziell über das Wesen quantitativer Artunterschiede bei Daphniden. Ebenda 1909, S. 110—173. — Ders.: Über Funktion, Herkunft und Entstehungsursachen der sogenannten „Schwebe-Fortsätze" pelagischer Cladoceren. Zoologica, H. 67, S. 475 bis 549. 1913. — Ders.: Über die Spezifität des Lebensraumes, der Nahrung und der Körperformen bei pelagischen Cladoceren und über „ökologische Gestalt-Systeme". Biol. Zentralbl. *48*, 9, 521—551. 1928.

WUNDSCH, H. H.: Die quantitative Untersuchung der Bodenfauna und -flora in ihrer Bedeutung für die theoretische und angewandte Limnologie. Verhandl. Internat. Ver. Limnologie *2* (1923), 13—52. 1924.

ZACHARIAS, O.: Beobachtungen am Plankton des Gr. Plöner Sees. Forschungsber. Biol. Stat. Plön *2*, 91—137. 1894.

ZSCHOKKE, FR.: Die Tiefseefauna der Seen Mitteleuropas. Leipzig 1911. S. 1 bis 246. (Lit.)

Namen- und Sachverzeichnis.

Aal 133, 195.
ABDERHALDEN 29, 32, 109, 207.
Abioseston 41.
Ablagerungskomponenten 9.
Absorptionsvermögen 35.
Abwasser 155, 199.
Acentropus niveus 128.
Acilius 121.
— *sulcatus* 120.
Aeschna 119.
— *viridis* 120.
Aeschniden 119.
Agraylea CURT. 118.
Agrion pulchellum 119.
Agrioniden 119.
Agriotypus 104.
Agyroneta 129.
Agyrosomus 86.
Aktuelle Reaktion 22, 70.
Albuminoidammoniak 21.
Alisma plantago L. 96.
Alkalinität 177.
Alluvion 7.
ALM 108, 164, 196, 207.
Alpensee 24, 67, 74, 84.
ALSTERBERG 160, 161, 164, 207.
Alt Peterhof 80.
Amblystegium 96, 191.
Ammoniak 20, 70.
Amöben 58.
Amphibien 131, 133.
Amphipeplea glutinosa O. F. MÜLL. 132.
Anabaena 44, 65, 71, 72, 75.
— *scheremetivi* ELENK. 72.
Anabolia laevis ZETT. 118.
Analschläuche 146.
Anas boschas L. 134.
— *crecca* L. 134.
— *querquedula* L. 134.
Ancylus fluviatilis GEOFFROY 105.
Anodonta 130, 131.
Anpassungsbreite 150.
Antipode 26.
Anuraea 46, 57.
— *aculeata* 61, 74.
— *cochlearis* 49, 208.
— *eichwaldi* 201.
Apparat 27, 33, 34, 136.
Apparatur 29, 36.
Aphanizomenon 75.
APSTEIN 76, 207.
Ardea cineria L. 134.
Arretierung 30.
Arrhenurus nobilis 143.
Artemia salina 52.
Asellus 137.
— *cavaticus* 151.
Asplanchna priodonta 74.
Assimilationsprozeß 26.
Assimilationstätigkeit 35.
Asterionella 45, 50.
— *gracillima* 49, 71.
Asteromonas gracilis 203.
Atmosphäre 12, 19, 26.
AUERBACH 28, 207.
AUFSESS, VON 206, 207.
Aufwuchs 115.
Aufwuchsalgen 8.
Ausnutzungskoeffizient 57.
Autochorologie 39.
Autökologie 38, 111.
Auxosporen 71.

Bachtricladen 99.
Bakterien 11, 12, 57, 160, 161.
Barsch 133, 195.
Baskuntschaksee 207, 209.
Bathophilus 157.
— -Gruppe 145, 147, 154, 156.
— -Larve 158.
— -Typus 153.
Becherlot 27, 28.
Beggiatoa 200.
Beggiatoen 160.
BEHNING 52, 203, 207.
Benthal 38, 89ff., 168.
Benthos 170.
Bewuchs 115.
Bezzia 97.
Bikarbonate 26.
Binse 93.
Biogene Entkalkung 176, 177.
Biologie 1, 3, 4, 17, 19, 22, 26, 30, 34, 38, 65, 128, 133, 138, 168, 205.
Biologische Varietäten 62.
Bioseston 41.
Biotop 37, 38, 39, 42, 97, 106, 107, 108, 111, 170, 172, 173, 174.
Biozönologie 64.
Biozönose 2, 37, 38, 39, 40, 81, 89, 90, 107, 108, 133, 169, 141, 148, 160, 168, 171, 172, 175, 178, 179, 181.
Biozönotik 1, 2.
BIRGE 164, 165, 166.
Bithynia 140, 143.
Bitterling 133.
Blasenschnecke 152.
Bläßhuhn 134.
Blattfüßer 55.
Blaualgen 44.
Blaufelchen 84, 88.
Blei 195.
Blutkiemen 146.
BOCK 58, 207.
Bodengreifer 113, 164, 165, 166.
Bodenregion 89ff.
Bodensee 195, 208.
Borstenwürmer 117.
Bosmina 48, 61.
— *coregoni* 42, 48.
— *coregoni longispina* 42.
— *longirostris* 47, 52, 208.
Bosminen 46.
Botanik 1, 37, 83.
Brachionus Mülleri 52.
— *pallas* 74.
Brachsen 84.
Brackwasser 200.
BRANDT 174.
Brandung 97, 98.
Brandungsufer 93, 97, 107.
Braunwassersee 190.
BREHM 50, 94, 207.
BRESSLAU 99, 110, 210.
BROCHER 123, 207.
BRÖNSTEDT 32.
Bryozoen 98, 116.
Büschelmücke 44, 148, 159.
Bythotrephes 46, 47, 56.

Caenis 143.
Carex 96.
Carrassius vulgaris NILS. 133.
Cataclysta lemnata 128.
Ceratium 45, 66, 67, 72, 79.
— *hirundinella* 49.
Ceratophyllum 129.
— *demersum* 96.
Cercopagis 47.
Ceriodaphnia 49.
Characeen 8, 94, 95, 96, 129.
Charakteristik 11, 17, 22.
Chararasen 136.
Chemismus 19, 22, 31, 34, 65, 68, 70, 204.
Chironomariae 142, 146.
Chironomiden 105, 143, 159, 203.
Chironomidenlarven 123, 137, 142, 148, 152, 153, 154, 161, 167, 188.
Chironominen 105, 112, 123.
Chironomus 145, 146, 147, 171, 200.
— *bathophilus* 145, 157.
— *connectens* 142.
— *plumosus* 147.
— -Gruppe 105.
— -See 189.
— -Type 150, 157.
Chitinreste 11.
Chlamydomonaden 81.
Chlamydomonas globulosa 82.
Chlor 20, 33.
Chlorid 21.
Chlorkalium 20.
Chlornatrium 20.
Chlorophyceen 44, 73.
Chlorophyceenalgen 81.
Chlorophyll 177.
Chorologie 1, 2, 64.
Chromadora leuckarti 150.
Chromatische Adaptation 66.
Chromulina rosanovi 80.
Chromulinen 81.
Chronologie 1.
Chroococcaceen 43.
Chydorus 46.
— *sphaericus* 46.
Chrysococcus porifex 66.
Circus acruginosus L. 134.
Cladoceren 46, 48, 49, 51, 55, 56, 60, 62.
Cladophora 97.
Clathrocystis aeruginosa 71.
Clepsine 99, 105, 111.
Cobitis taenia L. 107, 133.
COLLET 34, 207.
Colymbus cristatus L. 134.
— *nigricans* SCOP. 134.
Conochilus 57.
Copepoden 50, 56, 57, 62, 136, 153, 159.
Cordylophora lacustris 201, 202.
Coregonen 86, 149, 185, 195.
Coregonus 86, 87, 88, 211.
— *albula* 84, 86.
— *fera sancti Benedicti* 87.
— *generosus* 87.
— *holsatus* 87.
— *lavaretus* 149.
— *lavaretus f. holsatus* 172.
— *lavaretus f. maraena* 172.
— *Wartmanni* 84.
Corethra 44, 159.
Corethra-Larve 148, 153, 167.
— *plumicornis* 149, 150.
Corixa 126.
Corophium lacustre 201.
Cottus gobio L. 133.
— *poecilopus* 133.
Cricotopus 105, 123.
Crunoecia-Gehäuse 103.
Crustaceenplankton 75.
Cryptochironomus-Formen 142.
— -Gruppe 112.
Culicoidinen 97.
Cyanophyceen 65, 69, 73.
Cyclopiden 74.
Cyclops 56, 67.
— *bicuspidatus* 52.
— *strenuus* 62.
— *viridis* 52.
Cyclotella 10.
— *comta* 43.
Cyprinus carpio L. 133.
Cyrnus-Larve 118.

Dactylococcopsis raphidioides 73.
Daphnia 52.
— *cucullata* 47, 51, 210, 211.
— *hyalina* 67.
— *hypsicephela* 47.
— *longispina* 51.
— *pulex* 61, 75.
Daphnide 55, 61.
Darmkiemen 119.
DECKSBACH 90, 207.
Definition 1, 4, 17.
Degeneration 61.
Delta 7.
DEMOLL-MAIER 206, 207.
Dendrocölen 99.
Dendrocoelum 99.
— *lacteum* VERST. 99, 100.
— *punctatum* PALLAS 99, 100.
Detritus 58, 81, 111, 141, 154, 179, 180, 183, 187.
Diaphanosoma 46, 47.
Diaptomus 55, 56, 67, 68, 210.
— *graciloides* 67, 69.
— *salinus* 52.
— *vulgaris* 62.
Diatoma 71.
Diatomeen 11, 68, 97.
Dictyosphaerium Ehrenbergianum 73.
Didiamesa miriforceps 150, 152, 208.
DIEDERICHS 3, 10, 11, 43, 44, 45, 71, 72, 95, 97.
Differenzierung 20, 39.
Dinobryon 72, 79.
Dipteren 145.
Donacia 122, 135.
Donacien 121.
Dredge 135, 163, 164, 166.
Dredgerückstand 139.
Dreiecksmuschel 106, 132.
Dreissensia 91, 140, 143, 158.
— *polymorpha* PALLAS 105, 132.
— -Schalen 141.
— -Muschel 138.
Dunaliella salina 203.
Durchsichtigkeit 17, 34.
Dy 10, 144, 191.
Dystropher Seetypus 190.
Dytiscus marginalis 121.

Ecdyurus volitans ETN. 101.
Edelmaräne 87.
EDER-HECHT 35.
EFFENBERGER 8, 9, 91, 100, 106, 107, 112, 116, 117, 118, 120, 121, 122, 123, 125, 127, 129, 131, 139, 145, 149, 155, 157, 202.

Egel 99, 100, 101, 117.
Eifel 189.
Eintagsfliegen 102, 106, 111, 143.
Eisen 20.
Eisenablagerung 8.
Eisenbakterien 69, 80.
EKMAN 32, 91, 92, 149, 150, 151, 163, 164, 165, 166, 207.
Elitoral 91.
Elodea 95.
Eltonsee 207, 209.
Elytren 123.
Emberiza schoenichus L. 134.
Endochironomus 123.
Enten 134.
Entkalkung 176.
Ephemeriden 101.
Epilimnion 16, 21, 24, 25, 40.
Epistylis 137.
— *nympharum* ENGELM. 116.
Eprofundal 91, 92, 93, 138 ff.
— -form 153.
— -zone 141.
Equisetum 96.
Erbsenmuschel 131, 143.
Ernährung 42, 53.
Erneuerungskoeffizient 57.
Erosionsküste 6.
Esox lucius L. 133.
Eudorina 45.
Euglena 79.
— *acus* var. *minor* HAUSG. 82.
— *sanguinea* 81, 82.
Eulitoral 92.
Euprofundal 92, 143 ff.
Eurytomora affinis 201.
Eurytomora lacustris 52.
Eutropher Seetypus 187.
Eutrophie 190, 198.
Evadne 46, 47.
Exponent 23.

Fadenwürmer 117.
Faktor 12, 14, 21, 22, 35.
Fanggespinste 118.
Fangmaske 120.
Farbe des Wassers 18, 34.
Farbenskala 34.
Fauna 12.
Fb-Koeffizient 196.
FEHLMANN 184, 207.
Felchen 195.
Filtrator 55.
Fischadler 134.
Fische 83 ff., 133.
Fischegel 99.
Fischereil. Seetypen 195.
Fischproduktion 180.
Flachseen 195.
Flagellaten 53, 78.
Flohkrebs 111, 117.
Floscularia 117.
Flußalluvionen 7.
Flußmuschel 131.
Flußseeschwalbe 134.
Fontinalis 95.
FOREL 4, 6, 7, 13, 16, 34, 67, 92, 183, 207.
Forelle 195.
Formalin 30.
Formwiderstand 43.
Formproblem 41.
Fortpflanzung 59.
Fox 147, 207.
Fragillaria 50, 72.
— *crotonensis* 71, 210.
Fraßzone 158.
FREIDENFELT 164, 207.
Friedfische 84.
FRIEDINGER 32.
FRIEDERICHS 37, 169, 178, 207.
Froschlöffel 96.
Fulica atra L. 134.

Gallerte 43.
Gallertschirm 45.
Gallerucella nymphaeae L. 123.
Gammariden 163.
Gammarus locusta 201.
— *pulex* 106.
GAMS 7, 183, 184, 207.
Gase 23.
Gasvakuolen 44, 79.
Geißeltierchen 58, 80.
Gelbrand 120.
Genetik 1.
Genfer See 195.
Geographie 27, 191.
Geograph. Seetypen 196.
Geologie 12, 27, 191, 196.
Geotaxis 81.
Gerris 83.
Gesamtbiozönose 38.
Glenodinium 53.
Geschichte der Seen 182.
Gletschermoränen 7.
Glochidien 131.
Gloiotrichia 72.
— *echinulata* 10, 44, 65, 208.
Glossosiphonia B. 99.
Glyptotendipes 124, 154.
Goëra 102, 111.
— -Gehäuse 104.
— *pilosa* 102.
Gomphosphaeria 75.
Gomphus 113, 120.
— -Larve 114.
— *vulgatissimus* L. 112.
Gonium pectorale O. F. M. 82.
Graukeilphotometer 35.
GRIESEL 203, 207.
Große Maräne 87.
Großer Plöner See 11, 71, 97, 154, 194.
Gymnodinium 53.
— *mirabile* 66.
Gyttja 11, 28, 139, 190, 191.

Haemonia 122, 137, 207.
Haemopis sanguisuga L. 99, 100.
Hahnenfuß 96.
HALBFASS 206, 208.
Halde 6.
Hämoglobin 123, 124, 142.
Handnetz 108, 113, 135.
HARNISCH 70, 208.
Harpacticiden 98.
Haubensteißfuß 134.
Hecht 84, 86, 133, 195.
Heidensee 73.
Heliozoen 73.
Helmbildung 51.
Helobdella BLANCH. 99.
Hemiclepsis VEIJD. 99.
Hemiptere 106.
Hemmelsdorfer See 20, 202, 208.
HENSEN 41.
HENTSCHEL 137, 206, 208.
Heptagenia sulfuria MÜLL. 101.
Herpobdella BLAIN. 99, 100.
HERTWIG 60.
Heterocope 56, 67.
Hirudinea 99.
Hirudineen 137.
Hochgebirgsformen 61.
Hochmoor 183.
Hochproduktion 80.
Höhlenassel 151.
Höhlenkrebs 151.
Holopedium 46.
— *gibberum* 44, 191, 211.

Holstein 3.
Homothermie 16.
Horizontalverteilung 64, 65.
Hornblatt 96.
HUBER 15.
HUBER-PESTALOZZI 199, 208.
Huitfeldtia rectipes 149.
Humusgewässer 152, 208.
Humuskolloide 190.
Humuspolytrophie 191.
Humussee 19.
Humusstoffe 10, 18, 144.
Hüpferlinge 52.
Hyalodaphnia 47, 67.
— *cristata* 49.
Hydracarinen 107, 129.
Hydrellia 124.
Hydrobia baltica 201.
Hydrobiologie 1, 2, 27, 38, 91, 200, 205.
Hydrographie 4, 12.
Hydromyza livens 124.
Hydropsyche 118.
Hydroptila DALM. 118.
Hydroptiliden 118.
Hydrous piceus 121.
Hydroxydionen 23.
Hydrozoe 201.
Hypolimnion 16, 21, 24, 25, 26, 40, 68, 69, 144, 155, 169, 188.

Idiobiologie 64.
Idothea 202.
— *viridis* 201.
Igelkolben 96.
Imago 109.
Indikator 18, 19, 192.
Inkrustation 8, 104.
Insekten 12.
Instrument 26, 31.
Interferometer 34, 36.
Intensität 16.
Ironus ignavus 150.
ISCHREYT 52, 208.
Isochronen 163.
Isoëtes 96, 191.

JÄRNEFELT 155, 208.
Jod 33.
Jodkalium 33.
JUDAY 164.
JUNGE III, 208.

Käfer 83, 104, 122.
Kahmhaut 80.
Kali 20.
Kalium 33.
Kalk 20.
Kalkgehalt 21.
Kalkschlamm 10.
Kaltstenothermie 149, 155.
Kaltwassertiere 148, 149.
Kalziumkarbonat 176.
Kammschnecke 143.
Kapillare 30.
Karausche 84, 133.
Karbonate 20, 23, 26.
Karpfen 84, 133, 195.
KARSTEN 59, 208.
Kaltstenothermie 155.
Kernplasmarelation 60.
Kieferegel 101.
Kiemenfilter 86, 87, 88.
Kiemenschnecken 132.
Kieselalgen 43, 45, 49, 50, 68, 71, 73, 79, 97.
Kieselsäure 20.
Kippthermometer 30, 31.
Klarwassersee 190.
KLEBAHN 44, 208.
Kleine Maräne 84, 86, 196.
Kleiner Ukleisee 73.
Kliff 6.
Klima 13.
Knäkente 134.
Kochsalz 153, 200.
Köcherfliegen 102, 112, 117, 118, 119.
Kohlensäure 26, 70.
Kolbenwasserkäfer 120, 121.
Kolksee 194.
KOLKWITZ 78, 79, 80, 82, 152, 200, 208.
Kommunikation 4.
Kompendium 2.
Kompression 28, 29.
Konsistenz 11, 12.
Konstruktion 27.
Konsumenten 178.
Konvektionsströmung 16, 18.
Konzentration 19, 20.
Koppe (Cottus) 133.
KOPPE 160, 208.
Kormoran 134.
Kosmopoliten 197.
Krebsschere 83, 124.
Krickente 134.
KŘIŽENECKÝ 88, 208.
KRÜMMEL 32.
Kugelmuschel 131.
Kurventafel 15, 16.
Laachersee-Felchen 87.
Laboratorium 33.
Lachmöwe 134.
Lagune 4.
Laichkräuter 93, 121.
LAMPERT 206, 208.
LANGHANS 76.
Larus ridibundus 134.
Latenzeier 60.
LAUTERBORN 50, 49, 208.
Lauterbornia 171.
— *coracina* 145, 150.
— -Larve 152.
Lebensprozeß 2, 7.
LEMMERMANN 71, 72.
Lemna 83.
Lenitische Lebensbezirke 114.
— Organismen 184.
LENZ 8, 12, 27, 31, 32, 76, 92, 135, 142, 147, 150, 156, 162, 163, 189, 208.
Lenzia 105, 123.
Leptoceriden 118.
Leptocerus 102.
— *fulvus* RB. 103.
Leptodora 46, 47, 56, 76.
— *hyalina* 67.
Leptomitus 200.
Lestes 120.
— *viridis* 119.
Leuciscus rutilus L. 133.
Libellen 119.
Libelluliden 119.
Lichtdurchlässigkeit 40.
Lichtintensität 18.
Limnion 39.
Ligula simplicissima 134.
Limane 201.
Limnaea 132, 150.
— *auricularia* L. 105, 132.
— *ovata* DRAP. 105, 132.
— *palustris* O. F. MÜLL. 132.
— *stagnalis* L. 132.
Limnaeen 140.
Limnesia 129.
Limnius troglodytes GYLL. 104.
Limnobates 83.
Limnocalanus macrurus 68.
Limnocythere incisa 201.
Limnologie 22, 29, 191, 193, 205.
Limnophiliden 117.
Limnophilus flavicornis F. 118.

Limnophilus rhombicus L. 118.
Literatur 38, 206.
Litoral 9, 10, 38, 84, 89, 90, 91, 92, 93, 99, 107, 121, 132, 139, 140, 141, 142, 143, 148, 149, 150, 154, 168, 169, 171, 178, 179, 180, 206.
Litoralfauna 178.
Litoralregion 7, 141.
Litoralzone 10, 138, 203.
Litorella 96, 191.
LITYNSKI 195.
Lobelia 96, 191.
Logarithmus 23.
LOHMANN 42, 55, 178, 209.
Lokalisation 40, 42, 43, 84.
Lokalisationsvermögen 40, 42.
Lokalvariation 49, 52.
Lotische Organismen 98.
LOZERON 49, 209.
LÖWE-ZEISS 34.
Lucioperca sandra CUV. VAL. 133.
LÜDTKE 114, 194.
LUNDBECK 91, 154, 161, 164, 209.
LUNDQUIST 7, 28, 30, 139, 183, 209.
Lungenschnecken 132.
LUNTZ 63, 209.
Lunzer Untersee 20, 67.
Luvseite 13.
Lynceiden 98.
Lyngbya 72.
— *compressa* 66.

Macrocorixa Geoffroyi 127.
Madüsee 9.
Magnesia 20.
Makrophyten 93, 95, 138, 195.
Mallomonas caudata 66.
Manganablagerungen 8.
Manganchlorid 33.
Manganchlorür 33.
Manganhydroxyd 33.
Manganichlorid 33.
Manganochlorid 33.
Mantelschnecke 132.
Mark 195.
MARSSON 80, 152, 200, 208.
Massenproduktion 12.
Materie 9, 11.
Maximum 18.
Mecklenburg 195.
MEDWEDEWA 52, 203, 209.
Melosira 10, 71, 72.
Membranfilter 78.
Menyanthes-Art 96.
Mesosaprobien 152.
Mesotrophie 190.
Mesotypus 22.
Metalimnion 24, 25, 40, 169.
Metallventil 28.
Methan 26.
Methode 2, 33, 35.
Methodik 17, 18, 26, 27, 30, 34, 35, 75, 82, 108, 113, 135, 163.
MEYERsche Schöpfflasche 31, 32.
MICHAELIS 22, 209.
Microcystis 44, 45, 65, 75.
Micronecta 126.
— *minutissima* 106.
Microtendipes 142, 153, 157, 158.
Mideopsis orbicularis 143.
Mikroben 9.
Mikrofauna 41, 207, 209.
Mikroflora 41, 94, 177.
Mikrofossilien 29, 30, 182.
Mikroorganismen 8, 12, 163.
Mikroschichtung 25, 162.
Mikrozonen 162.
Milben 110.
Milieu 2, 12, 37, 38, 39 u. a.
Milieufaktor 34, 37, 63.
Milieuverhältnisse 1 u. a.
MINDER 69, 174, 176, 184, 207, 209.
Mineralisation 11, 177.
Minimum 21, 25.
Molanna angustata CURT. 112.
— -Köcher 113.
— -Larve 143.
Molaniden 118.
Mollusken 105, 130, 139, 140, 161, 167.
Molluskenschalen 8, 90, 139.
Montigglersee 15.
Monodiamesa 153.
— *bathyphila* 150, 152.
Monohystera 143.
Moränengebiet 194.
Moränenwälle 5.
Morphologie 1.
Morphometrie 192, 193.
Möwen 134.
Mucro 49, 52.
Muschelkrebse 117.
Mutation 87.
Myriophyllum 129.
Mysis 76, 156, 163, 202.
— *oculata* 198.
— *relicta* 149, 155, 172, 198, 211.

Nährstoffe 69.
Nannoplankton 41.
Natriumthiosulfatlösung 33.
Natron 20.
Natronlauge 33.
Naucoris 127.
NAUMANN 2, 7, 22, 27, 28, 43, 55, 36, 37, 79, 81, 82, 91, 92, 174, 180, 187, 190, 191, 193, 196, 209.
Nauplien 56.
Nauplius-Larve 79.
Nekton 83, 84, 180.
Nematoden 98, 112, 150, 163, 167.
Nemura-Arten 101.
Nepa cinerea 106, 127.
Nephelis 99, 100, 101.
Neritina fluviatilis 105.
Netzplankton 41.
Neureclipsis 118.
Neuston 79, 80, 81, 82.
Niphargus puteanus 151.
NIPKOW 12, 162, 209.
Nitrate 21.
Nitrite 21.
Nostoc 154.
— *coeruleus* LYNGB. 155.
Notonecta 125, 126.
Notholca longispina 46.
Nuphar 96.
— *luteum* 96.
Nymphaea 96.
— *alba* 96.
Nymphen 126.
Nymphula nymphaeata 128.

Ökologie 1, 2, 23, 41, 148, 199.
Ökolog. Verbreitungsfaktoren 173.
Oligochäten 112, 150.
Oligotropher Seetypus 188.

Oligotrophie 174, 184, 190.
Oligotypus 22.
Onychopoden 46.
Oolithen 8.
Optik 17.
Organismenwelt 3.
Orthocladiinen 98, 105, 123, 142.
Oscillatoria 72.
— *Redekei* 73.
Osmiumsäure 78.
Ostracoden 110, 117, 136.
OSTWALD 43, 50, 209.
Otomesostoma auditivum 149.
Oxyethira EAT. 118.

Paläobiozönologie 182.
Pallasea quadrispinosa 149, 155, 156, 211.
Paludina 133.
Pandion haliaetus L. 134.
Panzer 79.
Parachironomus 105, 123.
Parallele 36.
Paramermis-Würmer 148.
Paraponyx stratiotata 129.
Parasiten 58.
Parthenogenese 51, 60.
Partikelchen 18.
PAUSE 142, 146, 147, 209.
Pediastrum 45.
Pelagial 10, 38, 39, 40, 42, 59, 83, 84, 138, 168, 169, 170, 179.
Pelotom 29.
Pentapedilum 105.
Perca fluviatilis L. 133.
PERFILIEV 9, 12, 29, 162, 163, 167, 183, 209.
Peridinium 79.
Periode 14.
Peristom 56.
Perliden 101.
PETTERSON-NANSEN 32.
Phalacrocorax carbo L. 134.
Pfahlkratzer 108, 109, 135.
PFISTERER 56, 210.
Pflanzengeographie 192, 193.
Pflanzenregionen 114.
PFLÜGER 142, 209.
Phosphorsäure 21.
Phototaxis 81.
Phragmites 95, 113.
— *communis* 115.
Ph. communis TRINIUS 93.
Phryganea 119.
Phyllopoden 46, 55, 136.
Physa 133.
Physiographie 4.
Physiologie 1, 70.
Phytochironomus 124.
Phytoneuston 81.
Phytoplankton 10, 41, 43, 54, 69, 74, 187.
Piona 129.
— *nodata* 130.
— *paucipora* 149.
Pipette 33.
Piscicola BLAINV. 99.
Pisidien 157.
Pisidium 131, 143.
— *substruncatum* 152.
Pisidium-Art 150.
Planaria 99.
— *lugubris* O. SCHM. 99.
— *polychroa* O. SCHM. 99.
— *torva* M. SCHULTZE 99.
Plankton 25, 38, 40ff.
Planktonbiozönose 68, 175.
Planktoncrustaceen 69.
Planktonentwicklung 19.
Planktonkalender 71.
Planktonkammer 78.
Planktonkrebse 11.
Planktonproduktion 11, 12, 18.
Planktontiere 10.
Planorbis 101, 118, 132.
Planorbis-Arten 105.
Platambus maculatus 106.
Pleuston 82, 83.
Plön 3.
Plötze 133, 195.
Plumatella fungosa 117.
Plumosus 154.
— -Gruppe 145, 147, 154, 156.
— -Imagines 156.
— -Larve 157.
— -Typus 153.
PODHRADSKY 208.
Polen 195.
Pollenanalyse 183.
Polyarthra 46.
— *platyptera* 74.
Polycelis tenuis 99.
Polycentropinen 103, 118.
Polycentropus 118.
— *flavomaculatus* PICT. 103.
Polypen 138.
Polygonum amphibium 96.
Polypedilum 142, 153, 158.
Polypedilum-Larven 157.
Polytrophie 174.
Polytypus 22, 174.
Polyphemus 46.
Pommern 9.
Pontoporeira affinis 149, 155, 211.
Potamogeton 95.
— *natans* 96.
— -Blätter 118.
— -Gürtel 93.
Praxis 22, 27.
Prinzip 31, 37.
Problemkomplex 15, 37.
Problemstellung 2, 3.
Produkt 23.
Produktion 26.
Produktionsfaktoren 172.
Produktionsverhältnisse 20.
Produzenten 178.
Profillot 28.
Profundal 6, 7, 38, 39, 89, 90, 92, 138, 142, 145, 148, 150, 151, 152, 154, 157, 158, 167, 168, 171.
Profundalfauna 152ff.
Profundalregion 38ff.
Protoclepsis LIVANOW 99.
Protoplasma 147.
Protozoen 57, 58, 112, 145, 163, 167.
Prozent 32.
Prozeß 9, 11, 15, 25, 27.
Psammoryctes fossor DITL. 112.
Pseudovakuolen 44, 65.
Pterodina elliptica EHRBG. 63.
Pumpe 77.
Purpurbakterien 80.
PÜTTER 57, 58, 179, 210.
PÜTTERsche Theorie 57.

Quantum 77.

Räderorgan 56.
Rädertiere 56, 59, 62, 67, 68, 119.
RAMMNER 52, 210.
Ranunculus lingua L. 96.
Raubfische 84, 133.
Reagenzien 33.
Reaktion 22, 23.
REDEKE 201, 210.

Reduzenten 160, 178.
Regenerationsvermögen 99.
Region 4.
Regionale Limnologie 22, 191, 193.
Reibung 43, 48.
Reiher 134.
REINSCH 136, 210.
Reliktenkrebse 155.
Renken 195.
RESVOY 175, 210.
Rhizopoden 55.
Rhodeus amarus BLOCH. 133.
RICHTER 30, 31.
Riemenwurm 134.
Rivularien 94.
Rohrammer 134.
Rohrlot 27, 28.
Rohrlottypus 28.
Rohrkäfer 122, 135.
Rohrschilf 93.
Rohrweihe 134.
Rotatorien 63, 209.
Rotfeder 133.
Rückenschwimmer 125.
Ruderfüßer 50.
Ruderwanze 126.
Rußland 80.
RUTTNER 32, 33, 34, 35, 65, 66, 67, 210.
RYLOV 46, 54, 70, 72, 74, 75, 80, 82, 210.

Sägerarten 134.
Saibling 88, 195.
Saisonpolymorphismus 61.
Salmo salvelinus var. *profundus* SCHILL. 150.
Salzseen 202.
Salzsteppengebiet 200.
Sandflächen 111.
Scapholeberis mucronata 52, 210.
Scardinius erythrophthalmus 133.
Sceletonema costatum 59, 208.
Scirpus 95, 113.
— *lacuster* 93, 115.
Schaffer 73, 178.
SCHÄPERCLAUS 196, 180, 210.
Schar 6.
Scharberg 6.
Schema 6, 13, 22.
Schilfrohr 115.
Schilfwälder 114.
Schizophyceen 8, 71.
Schizophyceenalgen 43, 44, 71.
Schizothrix 95.
Schlammfliege 143.
Schlammfresser 141, 142, 161.
Schlammschnecke 132.
Schleie 133.
Schleimbildung 43.
Schließnetz 77, 79.
SCHMIDT 25, 210.
Schnakenlarve 125.
Schnecken 111.
Schneckenegel 101.
Schnegglisand 8.
SCHRÖTER 49, 210.
SCHUBERT 210.
Schweben 42, 43, 45, 48.
Schwebeorgane 46.
Schwebetheorie 48, 52.
SCHWEDER 165, 166.
Schwefelbakterien 69.
Schwefelsäure 20.
Schwefelwasserstoff 25, 26.
Schweiz 15.
Schwimmblase 84, 85.
Schwimmwanzen 127.
Scytonema myochrous 94.
SECCHI 34.
Sediment 8, 10, 11, 12, 27, 28, 30.
Sedimentation 9.
Sedimentatoren 56, 57.
Sedimentierer 55, 56.
Sedimentschicht 7.
Seebecken 4, 5, 7.
See-Erz 8, 9.
Seeforelle 84, 88.
Seenbiozönose 134.
Seencharakteristik 20.
Seeprofil 90, 94, 95.
Seesaibling 84.
Seetypen 186ff.
Seetypenproblem 193.
Seetypus 3.
Seiches 13.
Selbsterhaltung 42.
SELENKOWA 163, 209.
SELIGO 195, 196, 206, 210.
Sergentia profundorum 150, 152.
Sergentia-See 189, 190.
Sericostomatiden 118.
SERNANDER 92, 210.
Seston 41, 55.
Sialis 123, 143.
Sichttiefe 17, 18.
Sida cristallina 46, 98.
Sigara 113.
Silo 111.
Silo-Gehäuse 104.
Siphone 131.
Sinkgeschwindigkeit 43, 46, 48.
Skandinavien 20.
Sommerformen 49.
Sommerstagnation 24, 25.
Sommerstagnationsperiode 14.
Sonnenflecken 163.
Sonnenfleckenhypothese 183.
Spaltalgen 10, 44, 71.
Sparganium ramosum HUDS. 96.
Spektrum 22, 35.
Sphaerium 131, 140.
Sphaerocystis 44.
Sphaerotilus 200.
SPITTA-IMHOFF 32.
Spongilla lacustris 117.
Spongillen 98.
Spongillenkolonie 103.
Sporozoen 58.
Sprungschicht 16, 36, 40.
Stagnation 21, 24, 25, 144.
Stagnationsperiode 16, 25, 36.
Stammeserhaltung 42.
Steinbeißer 133.
STEINER 206, 210.
Steinfliegen 101.
STEINMANN 99, 110, 210.
Steinzone 96ff.
Stenophylax 117.
Stephanodiscus 10, 45.
— *hantzchii* var. *pusilla* 73.
Sterna hirundella 134.
STEUER 51, 58, 75, 206, 210.
Stickstoff 26.
Stictochironomus 188, 189.
— *histrio* 112, 150, 152.
— -Larve 114.
Stigmen 111.
Stint 196.
Stockente 134.
Stoffkreislauf 177ff.
STORCH 55, 56, 210.
Strand 6.
Strandseen 20, 21, 201.
Stratiodes aloides 83, 124, 129.
Stratometer 29.
Strömungen 13.

Strudelwürmer 98, 99, 100, 108, 110, 111.
Struktur 30.
Stygobionten 151.
Subitaneier 60.
Sublitoral 91, 92.
Substanz 25.
Substrat 39, 42.
Sulfate 21.
Sumpf 184.
Sumpfdeckelschnecke 133.
Synchaeten 45.
Synedra 45.
Synökologie 39.
System 2, 37.
— der Biologie 1.
Systematik 1.

Tabellaria 43, 45, 50.
— *fenestrata* 49.
Talsperre 203.
Tanypus-Art 157.
— -Larve 142, 148.
Tanytarsus-Form 150, 152, 203.
— -Gruppe 145, 188.
— -Larve 112, 142.
— -See 189.
Taucher 134.
Taumelkäfer 83, 120.
Technik 26, 75, 82, 108, 113, 135, 163.
Teich 183, 184, 185.
Teichmuschel 131.
Teichrose 121.
Teilzirkulation 14, 21.
Tellerschnecke 132.
Temperatur 13, 14, 15, 16, 17, 18, 23, 33, 34, 43.
Temperaturdifferenz 15.
Temperaturhaushalt 13.
Temperaturkurve 24.
Temperatursprungschicht 15, 141.
Temperaturvariation 49, 50.
Terminologie 38, 92.
Thanatotop 181.
Thanatozönosen 180, 181. 182.
Thema 26, 34, 37, 39.
Theorie 22.
Thermometer 30, 31, 34.
Thermometertypus 31.
THIENEMANN 1, 2, 15, 24, 25, 26, 32, 38, 48, 66, 72, 73, 86, 87, 91, 92, 99, 104, 145, 147, 149, 150, 151, 154, 155, 156, 171, 172, 173, 174, 178, 179, 180, 184, 186, 189, 190, 191, 192, 193, 196, 203, 206, 210.
Thummi-Gruppe 200.
Tiefendistanz 15.
Tiefenregion 138.
Tiefsee 195.
Tiergeographie 192, 193.
Tinca vulgaris CUV. 133.
Tinodes-Larve 103.
Tipuliden 124.
Tollensesee 155.
Tolypothrix 94.
Topographie 4, 5, 27, 97.
Torfbohrer 29.
Torfgeologie 182.
Torfmoor 10, 183.
Torfschlamm 10, 144.
Tracheen 44.
Tracheenkiemen 102, 111.
Trachelomonas 79.
— *volvocine* EHRENBG. 82.
Triarthra 46, 57, 74.
Trichopteren 102, 104.
Trichopterenlarven 103.
Tricladen 99.
Trilobus gracilis 150.
Tripton 41, 81, 82.
TSCHULOK 1, 211.
Tubifex barbatus 150, 152, 154.
— *hammoniensis* 150, 154.
— *tubifex* 150, 154.
— *velutinus* 150.
— -Würmer 146, 153, 200.
Tubificiden 142, 154, 157, 159, 161, 207.
Tubuli 147.
Tuffbildung 8.
Turbellarien 98, 99.
Turbulenzströmung 25.
Tuusulasee 155, 208.
Typen 2, 5.
Thypha-Arten 115.
Typus 26.

Übersättigungskalk 8.
Uferfliegen 102, 106, 111.
Uferprofil 6.
Uferzone 40.
Uklei 196.
ULE 34, 206, 211.
ULMER 103, 206, 211.
Unio 130.
Unionicola 130.
Unioniden 143.
Unterer Ausgrabensee 3.
UTERMÖHL 45, 66, 72, 78, 211.
Übergewicht 43, 48.
Urgebirge 194.

Valvata 133, 140.
— *piscinalis* 143.
Variationsreihe 51.
Variationsvermögen 42.
Verbreitungsfaktoren 172.
Verlandung 183.
Verteilungsproblem 41, 64.
Vertikalschicht 24.
Vertikalverteilung 23, 65.
VIETS 107, 130, 211.
Viskosität 17, 43, 47, 51.
Vivipara 133.
VOGLER 210.
VOIGT 99, 211.
Vollzirkulation 24.
Volvox aureus 54, 66, 67.
— -Kolonie 58.
Vulkanseen 197.

WAGLER 32, 48, 51, 211.
WALTER 206, 211.
Wanderungen 67, 158.
Warmwasserformen 51.
WASMUND 140, 181, 182, 211.
Wasseraloë 83.
Wasserassel 117.
Wasserblüte 44, 65, 71, 75.
Wasserflöhe 55, 59, 73.
Wasserkäfer 120.
Wasserlinse 83.
Wassermilben 129.
Wasserrosen 96.
Wasserschnecken 132.
Wasserstoffionen 23.
Wasserstoffionenkonzentration 22, 70.
Wasservögel 133.
Wasserwanzen 83, 126, 128.
Weiher 183, 184.
Weinfelder Maar 185.
WEISMANN 61, 67, 211.
Wellenbewegung 40.
WESENBERG-LUND 45, 48, 49, 50, 51, 52, 62, 63, 91, 92, 98, 101, 102, 103, 105, 106, 112, 113, 118, 119, 139, 145, 206, 211.

Wiesenmoor 183.
Wigrysee 195.
Willer 115, 116, 136, 137, 212.
Windstauströmung 13.
Winkler 33.
Winterformen 51.
Winterstagnation 24.
Woltereck IV, 46, 47, 48, 51, 55, 68, 212.
Wundsch 164, 212.
Zacharias 49, 212.
Zander 88, 133, 195, 196.
Zederbauer 207.
Zehrer 73, 178.
Zentrifuge 78.
Zentrifugenplankton 41.
Zeppelinnetz 76.
Zirkulationsströmung 13, 16.
Zirkulationssystem 16.
Zonen 93 ff.
Zoologie 1, 37.
Zooneuston 81.
Zooplankton 41, 65, 173.
Zschokke 149, 212.
Züricher See 12, 162.
Zwergmännchen 62.
Zwergplankton 41.
Zyklomorphose 49, 50,51.
Zylinder 33.

Druckfehler-Berichtigung.

S. 56 Zeile 27 von oben lies *Bythotrephes* statt *Bytothrephes*.
S. 118 Zeile 11 von oben lies Molaniden statt Mollanniden.
S. 120 (Unterschrift zu Abb. 69) lies „*Gomphus*“ statt „*Comphus*“.

GPSR Compliance

The European Union's (EU) General Product Safety Regulation (GPSR) is a set of rules that requires consumer products to be safe and our obligations to ensure this.

If you have any concerns about our products, you can contact us on ProductSafety@springernature.com

In case Publisher is established outside the EU, the EU authorized representative is:

Springer Nature Customer Service Center GmbH
Europaplatz 3
69115 Heidelberg, Germany

Batch number: 10682411

Printed by Printforce, the Netherlands